2017-2018年中国工业和信息化发展系列蓝皮书

The Blue Book on the Development of Cyberspace Security in China (2017-2018)

2017-2018年
中国网络安全发展
蓝皮书

中国电子信息产业发展研究院　编著

主　编／黄子河

副主编／刘　权

人　民　出　版　社

责任编辑：邵永忠
封面设计：黄桂月
责任校对：吕　飞

图书在版编目（CIP）数据

2017－2018年中国网络安全发展蓝皮书／中国电子信息产业发展研究院编著；黄子河 主编．—北京：人民出版社，2018.9
ISBN 978－7－01－019788－3

Ⅰ.①2… Ⅱ.①中… ②黄… Ⅲ.①计算机网络—网络安全—研究报告—中国—2017－2018 Ⅳ.①TP393.08

中国版本图书馆CIP数据核字（2018）第213502号

2017－2018年中国网络安全发展蓝皮书

2017－2018 NIAN ZHONGGUO WANGLUO ANQUAN FAZHAN LANPISHU

中国电子信息产业发展研究院 编著

黄子河 主编

人民出版社出版发行

（100706 北京市东城区隆福寺街99号）

北京市燕鑫印刷有限公司印刷　新华书店经销

2018年9月第1版　2018年9月北京第1次印刷

开本：710毫米×1000毫米 1/16　印张：19.5

字数：320千字　印数：0,001—2,000

ISBN 978－7－01－019788－3　定价：80.00元

邮购地址　100706　北京市东城区隆福寺街99号

人民东方图书销售中心　电话（010）65250042　65289539

前　言

随着互联网技术的快速发展，我国互联网用户量呈爆发式的增长，网络已经快速蔓延并深入渗透进人们的日常生活和社会生产活动。据中国互联网络信息中心（CNNIC）发布的第41次《中国互联网络发展状况统计报告》显示，截至2017年12月，我国网民规模达7.72亿。与此同时，网络安全形势日益严峻复杂，国家级有组织的网络攻击持续发生，大体量数据泄露事件不断爆发，融合领域安全问题日益凸显，网络安全风险成为威胁国家安全、社会发展和公民合法权益的重大隐患。面对新形势新挑战，我国网络安全工作还存在网络安全意识不足、核心技术受制于人、网络安全基础建设总体薄弱、法律法规不完善、人才短缺等问题。

党中央、国务院高度重视网络安全工作，国家层面相继出台《国家网络空间安全战略》和《网络安全法》等重要战略规划和法律法规，网络安全工作迈入目标更加清晰、任务更加具体、责任更加明确的新阶段。

知己知彼方能百战不殆。遵循习近平总书记网络安全和信息化新理念新思想新战略，全面贯彻落实《网络安全法》，明晰网络安全发展现状，追踪掌握网络安全形势，把握网络安全核心问题，建设健全完备的网络安全保障体系，已经成为我国网络安全发展的当务之急。基于对当前国内外网络安全严峻形势的考量，赛迪智库网络空间研究所开展了全方位、多角度的研究，最终形成了本书，其中涵盖了综合篇、专题篇、政策法规篇、产业篇、企业篇、热点篇、展望篇7个部分。

本书全面、系统、客观地概括了2017年全球网络安全战略规划、法律法规、安全管理、基础设施、国际合作等发展状况，总结了我国在网络政策环境、标准体系、基础工作、产业实力、技术能力、国际合作等方面取得的成果，从政策、产业、行业等角度进行了深入研究，重点剖析了云计算、大数据、物联网、移动互联网、工业控制系统等新技术、新产品、新应用的网络安全发展态势，梳理了年度热点网络安全事件，并对2018年我国网络安全形势和发展趋势进行预测，提出了加强我国网络安全能力建设的对策建议。本书内容全面、观点独到，为业内人士研究网络安全提供借鉴，具有较高参考价值。

（中国科学院院士）

目　　录

专　题　篇

政策法规篇

产 业 篇

企 业 篇

热　点　篇

展　望　篇

综 合 篇

第一章　2017年全球网络安全发展状况

作为21世纪信息交换、获取、分享的平台渠道，网络已经成为了国家建设与人民生活的必需品。它不仅深刻影响着国家政治、经济、文化等多方面的建设，还密切关系着国家安全、社会利益和公民合法权益。2017年，全球网络安全发展状况表现为以下几个方面：多国将网络安全目标列入到国家战略中，同时积极开展网络安全相关战略制修订，战略规划持续出台；美、欧、英、澳等国家和地区加速调整法律法规体系，制定多项网络安全综合性法律，全面指导网络安全工作，同时强化数据保护、网络监管和新技术应用；多国通过新建、整合网络安全管理机构进一步完善网络安全管理体制；各国持续加强关键基础设施保护，制定关键基础设施保护专门制度，明确关键基础设施范围，并通过演习等锻炼提升保障实战能力；全球各国积极开展网络安全领域合作，通过开展网络安全对话等活动，共同维护网络环境。

第一节　战略规划持续出台

网络技术的发展与应用引发国家安全领域的重大变革，网络安全作为国家安全的重要内容和关键要素，事关国家政治、经济、文化等各个领域，提升网络安全能力是保障国家安全的必要手段。2017年，多国将网络安全提高到国家战略层面，将网络安全目标列入到所制定的国家战略中，凸显出对网络安全的重视。除此之外，各国也积极开展网络安全相关国家战略制修订，明确国家层面网络安全发展目标和路径。

一、国家总体战略凸显网络安全目标

3月，英国政府发布《英国数字化战略》，提出要为个人与企业提供安全

的环境保障其线上生活与工作，确保网络空间安全与用户信心，同时与国际伙伴保持合作，共同维持一个自由、开放且安全的网络空间。5月，瑞典政府发布《数字化战略》，确立技能、安全、创新、领导力和基础设施五方面目标，提升竞争力、就业率，实现经济、社会和环境可持续发展，使瑞典能够充分利用数字化带来的机遇并领先全球。6月，英国信息专员办公室发布《2017—2021年国际战略》，针对信息化领域的国际合作与交流以及欧盟《通用数据保护条例》在英国的应用与发展进行长期规划。12月，美国总统特朗普签署《2018财年国防授权法案》，表示将进一步调整并完善网络空间关键外交策略，继续强调进攻性网络威胁战略。美国发布新版《国家安全战略报告》，提出要提升网络空间能力，建立有防御力的政府网络，震慑和打击恶意网络行为者。网络空间安全对于国家的重要性不断提升，因此欧美国家在数字化和国家安全方面战略中均将网络安全目标也列入其中，凸显网络安全核心地位，为网络安全应如何协助推动国家发展作出了明确规划。

二、专门网络安全战略规划陆续出台

3月，波兰数字事务部发布《2017—2022年网络安全战略草案》，提出强化网络安全能力的相关措施和机制。4月，澳大利亚公布《网络安全领域竞争力计划》，提出将全国网络安全行业规模从20亿澳元拓展到60亿澳元的目标。5月，澳大利亚政府发布修订版《国家网络安全战略》，打击网络犯罪、与私营部门合作提升物联网设备的安全性、降低政府IT系统的供应链风险等成为新重点。菲律宾正式启动《2022年国家网络安全计划》，加强国内关键信息基础设施、政府网络、企业网络的防护。9月，欧盟推出网络安全一揽子计划，提出提升欧盟网络与信息安全的一系列措施，包括加强欧盟网络与信息安全局的职能、在整个欧盟范围内建立一个网络安全认证框架、制定应对大规模网络安全事件及危机的计划，以及成立欧洲网络安全研究和能力中心。10月，乌克兰议会通过《确保乌克兰网络安全的基本原则》，将整合国有、私营部门以及公民社团，建立国家网络安全基本体系。日本发布《网络空间安全方案》，制订年度网络安全计划。11月，苏格兰政府发布《可靠、安全和繁荣：苏格兰的网络弹性战略》，描述2017—2018年度改善国家公共部门机构网络安全的行动计划。12 月，美国国家标准与技术研究院发布《国家网络安全框架》更新草案第二版，引入授权、身份验证和漏洞披露等有关的新规定。波兰、菲律宾等国发布网络安全战略，明确现阶段网络安全顶层设计；已制定网络安全战略的国家，例如美国、欧盟、澳大利亚等，对其现有网络安全战略进行调整与修订，进一步满足实践需求。

第二节　法律法规体系不断健全

由于网络安全持续处于快速发展过程中，新情况新问题层出不穷，法律法规体系仍需进一步完善。2017 年，各国在网络安全保障、网络信息管控及新技术业务的规范方面持续探索，不断完善制度体系，为网络空间各项活动提供了行动指南。

一、加强网络安全保障

4 月，新加坡议会通过《计算机滥用和网络安全法》修正案，表示将对严重的数据保护和网络安全漏洞采取新的刑事制裁。9 月，欧盟委员会发布《欧盟非个人数据自由流动框架的条例提案》，旨在建立欧盟境内非个人数据的跨境自由流动框架。10 月，英国上议院通过《数据保护法草案》，提出将加强个人数据保护，维持用户信任、促进贸易发展、确保数据安全，进一步落实欧盟《一般数据保护条例》。欧盟发布《根据第 2016/679 号条例关于个人数据泄露通知的指南》草案与《基于第 2016/679 号条例目的的自动化个人决策与特征分析指南》草案，提出了欧洲对个人数据泄露通知的基本要求和自动化决策与特征分析风险的解决方案。11 月，新加坡个人数据保护委员会发布《数据保护管理程序指南》与《数据保护影响评估指南》，通过实施数据保护管理程序与指导建立数据保护影响评估过程，帮助组织开发和促进自身的个人数据保护政策和实践，并更好地遵从《个人数据保护法》。美国政府发布《美国政府漏洞衡平政策和程序》，说明联邦政府确定是否应向私营公司披露其产品或服务中存在的网络安全漏洞的程序。12 月，欧盟发布了根据

《一般数据保护条例》制定的“同意指南”与“透明度指南”，并就该指南征求公众意见，对GDPR以及最新的欧盟《电子隐私指令》中“同意”与“透明度”的概念进行全面分析。随着欧盟《一般数据保护条例》生效日2018年5月25日的临近，为推动条例的顺利执行，欧盟持续开展实施指南的制定，对个人数据的收集、使用、跨境流动等做出了明确规定。此外，已宣布脱离欧盟的英国，为与欧盟保持一致性，也加紧落实《一般数据保护条例》。

二、强化网络信息管控

2月，美国众议院批准《电子邮件隐私法》，规定美国执法机构在获得法院命令的搜查令之后，可以搜索超过6个月的电子邮件以及其他存储在第三方的数据。7月，荷兰参议院通过新《情报与安全法案》，授予警方追踪可疑恐怖分子或其他严重犯罪分子及其亲属的权利。以色列议会通过新法律，允许法院下令封锁或移除煽动犯罪和恐怖活动的网站。俄罗斯国家杜马通过了有关网络通信和网络匿名服务的两项法案，要求实施即时通信工具实名制，禁止使用各种手段绕过俄罗斯互联网监管机构的限制，访问监管机构封锁的网站。9月，欧盟委员会发布指南，要求在线平台建立自动检测机制，在规定时间内有效移除非法内容，并采取措施预防其再次出现。10月，德国通过《社交网络执行法》，社交平台如存在对虚假新闻、仇恨言论等违法内容处理不力、不当情况，最高将被处以5000万欧元罚款。美国多名参议员提出《诚实广告法草案》，要求数字平台保存并发布部分政治广告用户数据，提升在线政治广告的透明度和问责制。12月，美国众议院情报委员会将《外国情报监视法案》（FISA）第702条款再次授权到2021年。互联网作为信息传输的重要平台，同样也充斥了暴恐、涉黄、谣言等有害信息，为用户带来不良影响，因此各国强化对平台及用户的监管，努力营造健康的网络空间。

三、加快规范新技术新业务

1月，美国在线信任联盟发布更新的《物联网信任框架》，作为物联网设备开发商、采购商和零售商的产品开发与风险评估指南，此框架是未来物联网认证计划的基础。8月，美国参议院提出《2017物联网网络安全改进法案》，对联邦设备供应商作出要求，为政府采购、电脑、路由器、监控联网设备等提供安全基准。英国交通运输部和国家关键信息基础设施保护中心联合发布《联网和自动驾驶汽车网络安全关键原则》，提出八项基本原则，确保网络安全被纳入联网汽车的设计、开发及制造全生命周期。印度电信管制局发布《关于“云服务”的建议》，明确云服务监管部门与提供者的职责，加强对云服务的管理。10 月，日本出台了《物联网安全综合对策》，对物联网漏洞管理、技术研发、人才培养与国际合作等进行提前部署。随着云计算、物联网和车联网等新技术的应用，网络安全面临新挑战，部分国家已经开始针对新技术新业态做出探索。

第三节　安全管理体制进一步完善

随着网络空间安全管理实践的推进，各国纷纷完善管理体制，对管理机构进行调整，除持续建立新网络安全专门机构外，也在各行业、领域中建立了网络安全机构，并进一步细化了机构职能，使网络安全管理体制更加全面且具有针对性。

一、建立健全网络安全专门机构

11 月，印度联邦内政部创建网络与信息安全部，负责网络犯罪和威胁进行监控，并提出方案打击犯罪，降低犯罪率。沙特阿拉伯宣布成立国家网络安全管理局，维护沙特国家安全与利益，并保障网络安全以及敏感的基础设施安全。12 月，欧盟建立计算机应急响应小组 CERT－EU，该小组作为部门常设性机构，能覆盖所有欧盟机构，负责确保欧盟在应对网络攻击方面的协调一致。网络安全专门机构在世界各国进一步普及，绝大部分国家都设立了国家级的网络安全机构。此外，如欧盟这种联合实体，在各国建立网络安全机构的基础上，也建立了具有组织协调功能的机构，加强欧盟各国之间的协调。

二、细化网络安全机构职能

3月，澳大利亚第一个网络威胁信息共享中心正式开始运行。该中心旨在推动政府、企业和网络安全学者的协作，提供IT安全威胁的相关数据和建议。10月，美国国土安全部联合选举协助委员会、全国秘书服务协会，以及全国各州和地方选举官员召集首届政府协调理事会，针对于选举系统基础设施，将在联邦政府和委员会伙伴之间共享威胁信息、推进风险管理工作。印度警方将创建一个由经认证的道德黑客组成的专门力量，由选定的警务人员组成，用于保护关键信息基础设施免受全球迅速变化的网络安全威胁。12月，美国众议院通过《2017年网络安全与基础设施安全机构法案》批准国土安全部重组国家防护与计划司，建立一个新的能够处理和保护网络与关键基础设施的独立机构——网络安全和基础设施安全局。12月，印度政府决定设立第三个计算机应急响应小组NIC－CERT，专门承担保护印度政府信息基础设施的责任。由于网络安全目标多样，内容丰富，各国在建立国家级网络安全综合机构的基础之上，针对关键基础设施保护、网络威胁等具体目标建立专门机构，进一步细化网络安全机构职能。

三、设立行业和领域内部网络安全机构

5月，美国国务院在外交安全局内设立网络与技术安全处，服务对象为美国外交使团，负责提供先进的网络威胁分析、事件监测与响应服务，以及网络调查协助和新兴技术解决方案等全球外交活动的实施。7月，印度成立金融部门计算机应急响应小组CERT－FIN，负责保障印度金融部门网络安全并向印度计算机应急响应小组报告。9月，美国证券交易委员会宣布，将成立新信息安全部，旨在关注暗网不当行为、打击信息犯罪的最新行动、瞄准分布式账簿技术和虚拟货币的ICO。10月，新加坡金融管理局宣布设立首席网络安全官职位，首席网络安全官将在加强MAS和金融业的网络韧性方面扮演重要的角色。英国宣布将于伦敦设立专门网络法院，运用最先进的信息技术处理金融领域内的网络犯罪与欺诈，该法院重点管辖欺诈、经济犯罪和网络犯罪，同时也会受理其他刑事、民事案件。互联网时代为各领域都带来了新的挑战，

网络安全风险规避与处置也开始了一些探索，例如美国、新加坡等国已经开始在金融领域设立专门网络安全机构。

第四节 基础设施保护日益加强

2017 年发生多次关键信息基础设施遭到破坏的事件，例如土耳其电力系统频遭攻击，导致多地大面积停电，委内瑞拉网络运营商网络系统遭遇大规模网络攻击，导致大量手机用户无法使用通信服务，造成重大影响。为应对这一挑战，各国进一步加强基础设施保护力度。

一、加紧开展关键信息基础设施保护制度建设

5 月，美国总统特朗普签署《增强联邦政府网络与关键性基础设施网络安全总统行政令》，规定了加强联邦政府、关键基础设施和国家网络安全采取的保护措施。7 月，俄罗斯国家杜马通过《俄罗斯联邦关键信息基础设施保护法》，明确定义关键信息基础设施范围，以保护国家重要的 ICT 基础设施免受黑客攻击。10 月，澳大利亚政府发布《关键基础设施安全法案》草案，旨在管理外国对澳大利亚关键基础设施带来的破坏、间谍和胁迫性国家安全风险。11 月，俄罗斯联邦出口管制局提交《关于创建俄联邦关键信息基础设施的安全系统和保障其运行的要求》命令草案，要求关键基础设施行为主体建立重要目标安全系统，并保障其正常运行。12 月，美国国家标准与技术研究院发布了《提升关键基础设施网络安全框架》草案第二稿，旨在改进和加强网络安全框架，扩大其价值并使其更加易于使用。相对于 2016 年，更多针对于关键信息基础设施保护的法律规范发布实施，为国内关键基础设施保护的开展奠定了基础，提供了依据。

二、进一步明确关键信息基础设施范围和清单

美国特朗普政府首份《网络安全行政令》将电力和国防工业划定为关键基础设施优先保障领域，要求开展先行试点，启动风险承压评估。美国发布

《阻止特定群体参与重大恶意网络攻击行动之总统行政令（修正案）》将全国选举系统纳入关键基础设施范围。7月，俄罗斯《俄罗斯联邦关键信息基础设施保护法》中，将国防工控系统、医疗、通信、交通等领域识别为关键基础设施。新加坡《网络安全法》草案中，明确关键信息基础设施范围包括政府、医疗、信息通信、金融等11类。12月，荷兰政府制定重要基础设施企业和组织名单，其中包括饮用水、电力、煤气以及一些核设施的供应商。部分港口、机场、基础设施和水资源管理部门等也出现在该名单上。此外，拥有超过100万终端客户的网络服务商，包括直接或间接提供互联网服务、电话或短信服务公司等也在名单之列。根据法律规定与保护实践，关键基础设施的范围进一步明晰，水、电力、部分互联网与电信企业等都被列入关键基础设施，为关键信息基础设施保护实践奠定了基础。

三、开展漏洞悬赏计划和网络安全演习

4月，欧盟开展"锁定盾牌2017"大规模网络防御演习，模拟国家空军基地电网系统、无人机、军事指挥和控制系统等遭到网络攻击的场景。5月30日至6月23日，国防部邀请安全研究人员、军人、"五眼联盟"等白帽黑客"入侵"空军网络。6月，美国开展"网络卫士"演习，模拟全国基础设施面临严重网络攻击的情况并采取应对措施。美国举办工控系统网络安全培训课程，关键基础设施行业系统防护人员将在实际工控系统环境中展开对抗演练。7月，美国举办网络司令部年度夺旗演习，重点保护关键基础设施。新加坡进行网络星光演习，涵盖范围扩大至网络安全法草案里提到的11个关键领域。11月，土耳其进行国家网络安全演习，以测试其国家机构可能存在的漏洞，考验土耳其国家机构的信息基础设施及其应对安全威胁的能力。12月，美国空军举办"入侵空军2.0"活动，美空军专业网络空间力量与私营、商业机构及国际伙伴共同参与寻找漏洞。新加坡国防部宣布将邀请约300名白帽黑客渗透国防部网络系统，测试是否存在漏洞。日本内阁网络安全中心举行2017年度关键基础设施跨领域网络安全演习。由于关键基础设施领域存在着较高的被攻击风险，因此利用漏洞悬赏和安全演习对其网络安全状况进行检测是必不可少的，通过这两种实践方式，不仅能够发现关键基础设施存在的网

络安全风险，同时也能提升相关工作人员应对网络攻击威胁的应对能力与经验。

第五节 国际网络安全合作日趋深化

网络安全问题作为一个全球性问题，并非是由某个或某些国家可以解决的，世界各国对网络安全之间的合作需求逐渐增大。国际组织联盟在原有基础上针对网络空间领域开展新合作，世界各国广泛开展网络安全双边、多边合作，部分国家联合力量，目的在于共同打击网络犯罪。

一、多个国际组织发布网络安全联合声明

2 月，北约协作网络空间防御卓越中心发布《塔林手册 2.0》，对现有国际法在网络战中的适用性进行了全面分析，并提出如何将相关规则应用于和平时期的网络行动的措施。4 月，七国集团部长会议联合发布关于网络空间安全的国家责任声明，鼓励各国在使用信息通信技术时遵纪守法、互尊互助和建立相互信任的行为。部分欧盟成员国和北约成员国签署了《谅解备忘录》，将在赫尔辛基建立应对网络攻击、政治宣传和虚假信息等问题的安全研究中心。7 月，五眼联盟会议已经发布正式公报，承诺要求各技术企业负责解决网络恐怖主义以及加密通信领域的各项难题。二十国集团在联合声明中指出将与私营部门合作，以打击利用互联网和社交网络开展恐怖主义活动为目的，促进情报部门、执法部门和司法机关之间快速和定向交换信息。10 月，七国集团的央行行长和财长们在采用《G7 有效评估财政部门网络安全的基本要素》（G7FE）上达成了一致，以防止网络犯罪日益增长。随着进入互联网时代，网络安全已成为国际组织合作的新领域，各国际组织发布多项网络安全联合声明，在传统领域的合作关系基础之上，提出网络安全领域合作的措施与方式。

二、各国积极开展网络空间战略合作

1 月，美国与印度签署谅解备忘录，旨在促进两国网络安全方面的合作和

信息交流更密切。2 月，北约和芬兰签署网络防御合作的政治框架协议，促进双方网络防护信息和经验的交流，并提升网络弹性。3 月，日本与德国政府通过发布《汉诺威宣言》，表示将在物联网和人工智能等尖端技术领域开展合作，强化制造业网络安全。5 月，日本与以色列开展经济政策对话，并在网络安全领域达成合作协议，将举办联合演习，并加强网络防御合作。6 月，新加坡与澳大利亚签署为期两年的网络安全合作协议，共同维护关键性信息基础设施安全，包括在信息交流、培训和联合网络演习等领域的合作。美国和以色列宣布将建立新的网络安全合作关系，以抵御网络攻击，并采取措施对恶意攻击者进行追责。7 月，美日两国发布《美日网络对话联合声明》，强调了两国将在双边网络领域展开合作，加强与工业界、学术界以及民间团体的公私合作伙伴关系，维护网络安全和网络自由。8 月，第四次印度—欧盟网络对话在新德里举行，此次对话的议题包括：国内网络政策的落地、网络威胁的缓解、网络的监管，双边以及在多个国际和地区机制中的合作等。印度与日本举行第二次网络对话，讨论两国的网络政策情况、网络威胁与缓解形势、双边合作机制以及在各种国际和地区论坛的合作机会。11 月，英国和法国组成数字网络威胁联盟，以加强各自的网络防御。11 月，德国与以色列将在网络安全创新和技术方面进行合作。国家之间的双边与多边会谈中，网络安全也成为重要议题，多国在网络政策、网络威胁、关键基础设施保护、网络安全技术等方面开展对话，并取得重要成果，建立了两国或多国的网络安全领域合作关系。

三、部分国家合作打击网络犯罪

1 月，英国总理特雷莎・梅和美国总统特朗普同时发表讲话，宣布英美两国将共同打击网络空间中极端主义意识形态的传播。6 月，澳大利亚表示正加强与泰国方面的网络犯罪打击合作，旨在提升区域内商业安全水平。7 月，美国、欧洲刑警组织、荷兰等共同铲除暗网黑市交易平台“阿尔法湾”，泰国、立陶宛、加拿大等国也参与了打击暗网黑市行动。11 月 29 日，美国、欧盟及德国等多个执法机构在微软与 ESET 等公司的协助下，联手击溃分布于全球 200 多个国家的大型僵尸网络仙女座。12 月，欧洲刑警组织、美国联邦调查局和罗马尼亚等相关执法机构在罗马尼亚东部抓获5名黑客，这5名黑客涉嫌入侵欧洲和美国境内数以万计算机，并肆意传播勒索软件CERBER和CTB LOCKER。网络无国界，网络犯罪也往往涉及多个国家，因此打击网络犯罪迫切需要国家之间的紧密联系与相互合作。2017年，部分国家联合执法对跨国网络犯罪组织进行了有力打击，取得了良好的成效，也为未来打击网络犯罪提供了指导。

第二章　2017 年我国网络安全发展状况

2017 年，我国高度重视网络空间安全，不断健全完善网络安全政策环境。3 月，《网络空间国际合作战略》发布实施，系统地阐述了国家关于在网络空间开展国际合作的系列主张和立场；《国家网络安全事件应急预案》《公共互联网网络安全突发事件应急预案》等文件政策的出台，成为我国网络空间应急管理的重要抓手；《中华人民共和国国家情报法（草案）》《中华人民共和国网络安全法》等法律法规相继发布或实施，进一步完善了我国网络安全法律法规体系。在网络安全的标准方面，从技术、管理、应用等方面不断完善，通信、密码等重要行业的网络安全标准稳步推进。在基础工作方面，国家网信办、公安部等部委开展个人隐私保护方面的专项行动；国家网信办、工业和信息化部等部门对关键信息基础设施开展了网络安全检查；工商总局、工业和信息化部、公安部等部委联合开展了网络市场监管专项行动。在网络安全产业发展方面，由于政策环境不断优化，市场需求继续增长，使得我国网络安全产业规模保持高速增长，企业通过频繁的合作、重组实现快速发展。在技术方面，我国网络安全可控技术取得重大突破，安全防护技术明显增强，量子技术的应用取得重大突破。在国际合作方面，我国继续与美国、德国、澳大利亚等国进行双边合作，取得显著效果；积极参与国际网络治理，提供中国方案；通过举办高水平的国际会议，加强交流，并取得诸多成果。

第一节　政策环境持续优化

一、顶层设计进一步加强

自 2014 年中央网络安全和信息化领导小组成立以来，我国不断强化对网络安全的重视程度，习近平总书记提出的“没有网络安全就没有国家安全”更是将网络安全上升至国家战略高度。2016 年，《国家网络空间安全战略》发布实施，确立了我国网络安全发展的战略方针，提出了保护关键信息基础设施、夯实网络安全基础、提升网络空间防护能力等网络安全发展的战略任务，为新时期网络安全工作指明了方向。2017 年 3 月外交部和国家互联网信息办公室共同发布《网络空间国际合作战略》，系统地阐述了国家关于在网络空间开展国际合作的系列主张和立场，是我国网络空间治理理念在网络空间国际合作领域的延伸和发展，也是指引我国网络外交工作的纲领性文件。国家网络空间安全战略的确立，对于指导我国网络空间安全工作，维护国家在网络空间的主权、安全、发展具有重大意义。

二、政策文件出台明显加快

2017 年，我国政府出台多项网络空间安全的相关政策文件，加强对网络空间的安全管理。6 月 27 日，中央网络安全和信息化领导小组发布了《国家网络安全事件应急预案》，是我国网络安全应急事件预警、处理和响应的纲领性和指导性文件。预案共分为八个部分，分别是总则、组织机构与职责、监测与预警、应急处置、调查与评估、预防工作、保障措施、附则。11 月 25 日，工业和信息化部印发了《公共互联网网络安全突发事件应急预案》，建立了网络安全突发事件从监测预警、应急处置、事后总结、预防与应急准备到保障措施的全流程规范和措施。主要有九大部分，分别是总则、组织体系、事件分级、监测预警、应急处置、事后总结、预防与应急准备、保障措施、附则。

三、法律体系不断完善

2017 年，我国多部网络安全相关法律法规制定发布，进一步完善了我国网络安全法律法规体系。2 月 21 日，全国人大常委会审议《反不正当竞争法（修订草案）》，首次增加了互联网领域不正当竞争行为的规定，并于 11 月 4 日在全国人民代表大会常务委员会上表决通过。5 月 16 日，全国人大常委会公布《中华人民共和国国家情报法（草案）》公开征求意见，并于 6 月 27 日在全国人民代表大会常务委员会上通过。6 月 1 日，《网络安全法》正式实施，作为我国网络空间安全管理的基本法，框架性地构建了多项法律制度和要求。随后，国家相关部门制定了多项配套规范，包括《关键信息基础设施安全保护条例（征求意见稿）》等行政法规，《网络产品和服务安全审查办法》《个人信息和重要数据出境安全评估办法（征求意见稿）》等规范性文件，《信息安全技术信息技术产品安全可控评价指标》《数据出境安全评估指南》等配套标准规范。具体内容如表 2－1 所示。

表 2－1　2017 年全国出台的网络安全法律法规情况

序号	文件名称	发布机构	生效时间
1	《互联网新闻信息服务管理规定》	国家互联网信息办公室	2017/5/2
2	《网络安全法》	全国人大代表常务委员会	2017/6/1
3	《互联网信息内容管理行政执法程序规定》	国家互联网信息办公室	2017/6/1
4	《互联新闻信息服务管理规定》	国家互联网信息办公室	2017/6/1
5	《互联网新闻信息服务许可管理实施细则》	国家互联网信息办公室	2017/6/1
6	《网络产品和服务安全审查办法（试行）》	国家互联网信息办公室	2017/6/1
7	《关于办理侵犯公民个人信息刑事案件适用法律若干问题的解释》	最高人民法院 最高人民检察院	2017/6/1
8	《工业控制系统信息安全事件应急管理工作指南》	工业和信息化部	2017/7/1
9	《互联网跟帖评论服务管理规定》	国家互联网信息办公室	2017/10/1
10	《互联网论坛社区服务管理规定》	国家互联网信息办公室	2017/10/1
11	《互联网群组信息服务管理规定》	国家互联网信息办公室	2017/10/8
12	《互联网用户公众账号信息服务管理规定》	国家互联网信息办公室	2017/10/8
13	《互联网新闻信息服务新技术新应用安全评估管理规定》	国家互联网信息办公室	2017/10/30
14	《互联网新闻信息服务单位内容管理从业人员管理办法》	国家互联网信息办公室	2017/10/30

资料来源：赛迪智库，2018 年 1 月。

第二节　标准体系继续完善

一、国家标准发展迅速

（一）国家标准数量继续快速增加

我国在 1995 年发布了网络安全领域的第一个国家标准《GB 15851 - 1995 信息技术安全技术带消息恢复的数字签名方案》。此后 10 年，全国累计形成了 7 个网络安全国家标准。2005 年开始，我国网络安全标准建设进入快速发展的新时期，仅 2005 年全国网络安全标准化技术委员会就发布 14 个国家标准，此后每年都有新的国家标准发布。2017 年全国网络安全标准化技术委员会新发布 43 个网络安全国家标准，截至 2017 年底，全国信息安全标准化技术委员会发布的网络安全国家标准数量达 238 个，整体呈现上升趋势。具体情况如表 2 - 2 和图 2 - 1 所示。

表 2 - 2　全国网络安全标准化技术委员会历年发布的国标数量情况（1995—2017 年）

年份	新增国标数量	累计国标数量
1995	1	1
1999	3	4
2000	1	5
2002	2	7
2005	14	21
2006	13	34
2007	13	47
2008	18	65
2009	3	68
2010	18	86
2011	1	87
2012	23	110
2013	29	139
2014	2	141
2015	24	165
2016	30	195
2017	43	238

资料来源：赛迪智库，2018 年 1 月。

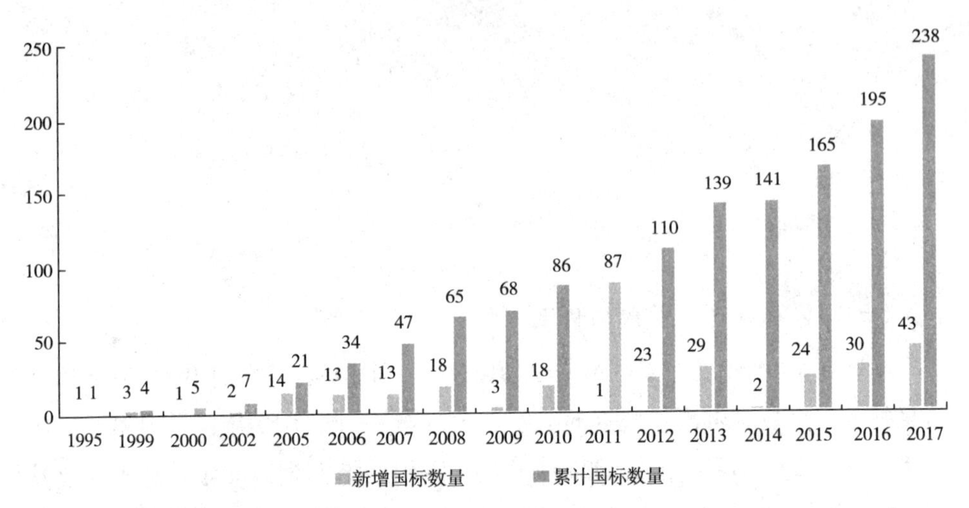

图 2－1　全国信息安全标准化技术委员会历年发布的国标数量情况（1995—2017 年）

资料来源：赛迪智库，2018 年 1 月。

（二）各类国家标准继续完善

我国的网络安全国家标准分为基础标准、技术标准、管理标准和应用标准四大类。从 1995 年开始，历经 20 余年的发展，我国网络安全标准体系基本建立，2017 年各类国家标准继续完善。我国网络安全标准建设详细情况如表 2－3 所示。

表 2－3　我国网络安全国家标准建设现状

年份	基础标准（数量）	技术标准（数量）	管理标准（数量）	应用标准（数量）
1995		GB 15851－1995（1）		
1999		GB/T 17902. 1－1999 GB/T 17901. 1－1999 （2）	GB 17859－1999 （1）	
2000		GB/T 18238. 1－2000 （1）		
2002		GB/T 18238. 2－2002 GB/T 18238. 3－2002 （2）		

续表

年份	基础标准（数量）	技术标准（数量）	管理标准（数量）	应用标准（数量）
2005	GB/T 16264.8－2005 (1)	GB/T 15843.5－2005 GB/T 17902.2－2005 GB/T 17902.3－2005 GB/T 19713－2005 GB/T 19714－2005 (5)	GB/T 19715.1－2005 GB/T 19715.2－2005 GB/Z 19717－2005 GB/T 19771－2005 (4)	GB/T 20008－2005 GB/T 20009－2005 GB/T 20010－2005 GB/T 20011－2005 (4)
2006		GB/T 20270－2006 GB/T 20271－2006 GB/T 20272－2006 GB/T 20273－2006 GB/T 20276－2006 (5)	GB/T 20269－2006 GB/T 20518－2006 GB/T 20282－2006 GB/T 20519－2006 GB/T 20520－2006 (5)	GB/T 20274.1－2006 GB/T 20280－2006 GB/Z 20283－2006 (3)
2007		GB/T 21052－2007 GB/T 21053－2007 GB/T 21054－2007 (3)	GB/T 20984－2007 GB/Z 20985－2007 GB/Z 20986－2007 GB/T 20988－2007 (4)	GB/T 18018－2007 GB/T 20979－2007 GB/T 21028－2007 GB/T 21050－2007 GB/T 20983－2007 GB/T 20987－2007 (6)
2008		GB/T 15843.1－2008 GB/T 15843.2－2008 GB/T 15843.3－2008 GB/T 15843.4－2008 GB/T 15852.1－2008 GB/T 17903.1－2008 GB/T 17903.2－2008 GB/T 17903.3－2008 GB/T 17964－2008 (9)	GB/T 22080－2008 GB/T 22081－2008 GB/T 22239－2008 GB/T 22240－2008 (4)	GB/T 17710－2008 GB/T 20274.2－2008 GB/T 20274.3－2008 GB/T 20274.4－2008 GB/T 22186－2008 (5)
2009			GB/Z 24294－2009 GB/T 24363－2009 GB/Z 24364－2009 (3)	

续表

年份	基础标准（数量）	技术标准（数量）	管理标准（数量）	应用标准（数量）
2010	GB/T 25069－2010 （1）	GB/T 25055－2010 GB/T 25057－2010 GB/T 25059－2010 GB/T 25060－2010 GB/T 25061－2010 GB/T 25062－2010 GB/T 25064－2010 GB/T 25065－2010 （8）	GB/T 25067－2010 GB/T 25068.3－2010 GB/T 25068.4－2010 GB/T 25068.5－2010 GB/T 25058－2010 GB/T 25070－2010 GB/T 25056－2010 （7）	GB/T 25063－2010 GB/T 25066－2010 （2）
2011		GB/T 26855－2011 （1）		
2012	GB/T 25068.2－2012 GB/T 29246－2012 （2）	GB/T 15852.2－2012 GB/T 29242－2012 GB/T 29243－2012 （3）	GB/T 25068.1－2012 GB/T 28447－2012 GB/T 28450－2012 GB/T 28453－2012 GB/T 28454－2012 GB/T 28455－2012 GB/Z 28828－2012 GB/T 29245－2012 （8）	GB/T 28448－2012 GB/T 28449－2012 GB/T 28458－2012 GB/T 28451－2012 GB/T 28456－2012 GB/T 28457－2012 GB/T 29240－2012 GB/T 29244－2012 GB/T 28452－2012 GB/T 29241－2012 （10）
2013	GB/T 29828－2013 GB/Z 29830.1－2013 GB/Z 29830.2－2013 GB/Z 29830.3－2013 （4）	GB/T 29767－2013 GB/T 29829－2013 GB/T 30274－2013 GB/T 30275－2013 GB/T 30277－2013 GB/T 30280－2013 GB/T 30281－2013 （7）	GB/T 29827－2013 GB/T 30283－2013 GB/T 30285－2013 GB/T 30276－2013 GB/T 30278－2013 （5）	GB/T 20275－2013 GB/T 20278－2013 GB/T 20945－2013 GB/T 29765－2013 GB/T 29766－2013 GB/T 30270－2013 GB/T 30271－2013 GB/T 30272－2013 GB/T 30273－2013 GB/T 30279－2013 GB/T 30282－2013 GB/T 30284－2013 GB/Z 30286－2013 （13）

续表

年份	基础标准（数量）	技术标准（数量）	管理标准（数量）	应用标准（数量）
2014				GB/T 31167 - 2014 GB/T 31168 - 2014 (2)
2015	GB/T 18336. 1 - 2015 GB/T 18336. 2 - 2015 GB/T 18336. 3 - 2015 GB/T 31495. 1 - 2015 GB/T 31495. 2 - 2015 GB/T 31495. 3 - 2015 (6)	GB/T 31504 - 2015 GB/T 31508 - 2015 GB/T 32213 - 2015 GB/T 31501 - 2015 GB/T 31503 - 2015 (5)	GB/T 31497 - 2015 GB/T 31506 - 2015 GB/T 31722 - 2015 GB/T 31496 - 2015 (4)	GB/T 20277 - 2015 GB/T 20279 - 2015 GB/T 20281 - 2015 GB/T 31499 - 2015 GB/T 31500 - 2015 GB/T 31502 - 2015 GB/T 31505 - 2015 GB/T 31507 - 2015 GB/T 31509 - 2015 (9)
2016		GB/T 15843. 3 - 2016 GB/T 32905 - 2016 GB/T 32907 - 2016 GB/T 32915 - 2016 GB/T 32918. 1 - 2016 GB/T 32918. 2 - 2016 GB/T 32918. 3 - 2016 GB/T 32918. 4 - 2016 GB/T 33133. 1 - 2016 (9)	GB/T 22080 - 2016 GB/T 22081 - 2016 GB/T 25067 - 2016 GB/T 32914 - 2016 GB/Z 32916 - 2016 GB/T 32920 - 2016 GB/T 32921 - 2016 GB/T 32923 - 2016 GB/T 32924 - 2016 GB/T 32925 - 2016 GB/T 32926 - 2016 GB/T 33132 - 2016 GB/T 33134 - 2016 (13)	GB/T 20276 - 2016 GB/T 22186 - 2016 GB/T 33131 - 2016 GB/T 32919 - 2016 GB/Z 32906 - 2016 GB/T 32917 - 2016 GB/T 32927 - 2016 GB/T 32922 - 2016 (8)

续表

年份	基础标准（数量）	技术标准（数量）	管理标准（数量）	应用标准（数量）
2017	GB/T 33560 - 2017 GB/T 33561 - 2017 GB/T 35273 - 2017 GB/T 35274 - 2017 GB/T 35278 - 2017 GB/T 35286 - 2017 GB/T 35287 - 2017 GB/T 35290 - 2017 GB/T 33563 - 2017 GB/T 33565 - 2017 GB/T 34978 - 2017 GB/T 35279 - 2017 GB/T 35284 - 2017 GB/T 33562 - 2017 (14)	GB/T 15843. 1 - 2017 GB/T 15843. 2 - 2017 GB/T 35275 - 2017 GB/T 35276 - 2017 GB/T 35277 - 2017 GB/T 35285 - 2017 GB/T 34953. 1 - 2017 GB/T 34975 - 2017 GB/T 34976 - 2017 GB/T 34977 - 2017 GB/T 34990 - 2017 GB/Z 24294. 4 - 2017 GB/T 32918. 5 - 2017 GB/Z 24294. 2 - 2017 GB/Z 24294. 3 - 2017 GB/T 34095 - 2017 GB/T 33746. 1 - 2017 GB/T 33746. 2 - 2017 (18)	GB/T 35288 - 2017 GB/T 35289 - 2017 GB/T 20985. 1 - 2017 GB/T 29246 - 2017 GB/T 35280 - 2017 GB/T 34942 - 2017 (6)	GB/T 35281 - 2017 GB/T 35282 - 2017 GB/T 35283 - 2017 GB/T 35291 - 2017 GB/T 35101 - 2017 (5)

资料来源：赛迪智库，2018 年 1 月。

（三）密码标准数量显著上升

密码的发展对我国网络安全标准体系的建设起着支柱作用。目前，国家密码算法已经广泛应用于社保卡、银行卡等重要领域，随着国家密码重要性的不断提高，国家加紧对国产密码研制工作，2017 年国家密码算法相关标准取得较大进展。2017 年新发布的网络安全国标共 43 个，仅密码算法就有 5 个，即 GB/T 33560 - 2017《信息安全技术密码应用标识规范》、GB/T 35276 - 2017《信息安全技术 SM2 密码算法使用规范》、GB/T 35275 - 2017《信息安全技术 SM2 密码算法加密签名消息语法规范》、GB/T 35276 - 2017《信息安全技术 SM2 密码算法使用规范》、GB/T 32918. 5 - 2017《信息安全技术 SM2 椭圆曲线公钥密码算法第 5 部分：参数定义》。

二、重点行业标准有序推进

（一）通信行业网络安全标准逐年推进

这些年随着通信网络的发展，安全问题日益凸显，国家工业和信息化部为适应通信业发展需求，促进行业健康发展，不断完善通信行业网络安全标准，因此在我国通信行业已形成相对较多的网络安全行业标准，与网络安全直接相关的标准多达47个。如表2－4所示。2017年发布通信行业网络安全标准4个，分别为《通信户外机房安全门技术要求和检测方法》（YD/T 3224－2017）、《移动应用软件安全评估方法》（YD/T 3228－2017）、《基于移动通信系统的公共预警系统的安全技术要求》（YD/T 3229－2017）、《生物灾害防治和预警系统信息发布网络接口技术要求》（YD/T 3242－2017）。

表2－4　通信行业网络安全标准

年份	标准编号
2001	YD/T 1163－2001
2005	YDN 126－2005
2006	YD/T 1534－2006，YD/T 1536.1－2006，YD/T 1486－2006
2007	YDN 126－2007，YD/T 1699－2007，YD/T 1700－2007，YD/T 1621－2007，YD/T 1701－2007，YD/T 1613－2007，YD/T 1614－2007，YD/T 1615－2007
2008	YD/T 1826－2008，YD/T 1827－2008，YD/T 1799－2008，YD/T 1800－2008
2009	YDN 126－2009，YD/T 5177－2009
2010	YD/T 2095－2010
2011	YD/T 2252－2011，YD/T 2255－2011，YD/T 2248－2011，YD/T 2387－2011，YD/T 2391－2011，YD/T 2392－2011，YD/T 2251－2011
2012	YD/T 2248－2012，YD/T 2405－2012，YD/T 2406－2012
2013	YD/T 2670－2013，YD/T 2671－2013，YD/T 2672－2013，YD/T 2674－2013
2014	YD/T 2697－2014，YD/T 2707－2014
2015	YD/T 2248－2015，YD/T 2405－2015，YD/T 2874－2015，YD/T 2853－2015
2016	YD/T 3164－2016，YD/T 3165－2016，YD/T 3169－2016
2017	YD/T 3224－2017，YD/T 3228－2017，YD/T 3229－2017，YD/T 3242－2017

资料来源：赛迪智库，2018年1月。

（二）保密行业信息安全标准发展较缓

自从1994年开始，国家保密行业信息安全标准工作扎实推进，国家保密局形成一批相关的信息安全标准。见表2－5。2017年没有公布新保密行业信息安全标准。

表2－5　保密行业信息安全标准

年份	标准编号
1994	BMB1－1994
1998	BMB2－1998
1999	BMB3－1999
2000	BMB4－2000，BMB5－2000
2001	BMB6－2001，BMB7－2001，BMB7.1－2001
2004	BMB8－2004，BMB10－2004，BMB11－2004，BMB12－2004，BMB14－2004，BMB15－2004，BMB16－2004
2006	BMB17－2006，BMB18－2006，BMB19－2006
1999	GGBB1－1999，GGBB2－1999
2000	BMZ1－2000
2001	BMZ2－2001，BMZ3－2001
2007	BMB9.1－2007，BMB9.2－2007，BMB20－2007，BMB21－2007，BMB22－2007
2008	BMB23－2008
2011	BMB15－2011
2012	BMB26－2012，BMB27－2012

资料来源：赛迪智库，2018年1月。

（三）等级保护行业标准逐步形成

目前，等级保护标准已经成为我国网络安全的重要保障。国家在积极制定等级保护标准的同时，以公安部门为核心，包括中国人民银行、交通运输部、工信部、国家邮政局、国家烟草专卖局、海关等部门已形成了等级保护技术的相关行业标准。目前，全国各部委已形成13个相关的等级保护标准，如表2－6所示。2017年发布2个等级保护行业标准，GA 745－2017《银行自助设备、自助银行安全防范要求》、GA/T 1368－2017《警用数字集群（PDT）通信系统工程技术规范》。

表2-6 登记保护行业信息安全标准

序号	标准编号	标准名称
1	GA/T388-2002	计算机信息系统安全等级保护操作系统技术要求公安部
2	GA/T389-2002	计算机信息系统安全等级保护数据库管理系统技术要求公安部
3	GA/T390-2002	计算机信息系统安全等级保护通用技术要求公安部
4	GA/T391-2002	计算机信息系统安全等级保护管理要求公安部
5	GA/T483-2004	计算机信息系统安全等级保护工程管理要求公安部
6	GA/T708-2007	信息安全技术信息系统安全等级保护体系框架公安部
7	GA/T709-2007	信息安全技术信息系统安全等级保护基本模型公安部
8	GA/T710-2007	信息安全技术信息系统安全等级保护基本配置公安部
9	GA/T711-2007	信息安全技术应用软件系统安全等级保护通用技术指南公安部
10	GA/T712-2007	信息安全技术应用软件系统安全等级保护通用测试指南公安部
11	GA/T1141-2014	信息安全技术主机安全等级保护配置要求公安部
12	GA 745-2017	银行自助设备、自助银行安全防范要求
13	GA/T 1368-2017	警用数字集群（PDT）通信系统工程技术规范

资料来源：赛迪智库，2018年1月。

三、团体标准发展空间广阔

我国鼓励对团体标准的建设，特别是在信息安全领域团体标准的发展。《国家标准化体系建设发展规划（2016—2020年）》（国办发〔2015〕89号）提出，“培育发展团体标准，鼓励具备相应能力的学会、协会、商会、联合会等社会组织和产业技术联盟协调相关市场主体共同制定满足市场和创新需要的标准，供市场自愿选用，增加标准的有效供给”①。2016年8月，中央网络安全和信息化领导小组办公室、国家质量监督检验检疫总局和国家标准化管理委员会联合发布《关于加强国家网络安全标准化工作的若干意见》（中网办发文〔2016〕5号）提到，引导社会公益性基金支持网络安全标准化活动。目前，我国在信息技术领域的团体标准建设方面已取得了新突破，例如2017年6月7日，中国电子认证服务产业联盟为促进联盟团体标准发展，充分发

① 《国家标准化体系建设发展规划（2016—2020年）》（国办发〔2015〕89号）。

挥团体标准的重要作用，促进电子认证技术、产品和服务模式创新和应用，推进电子认证服务产业发展和网络可信环境建设，在北京组织召开了CA联盟标准专家委员会成立大会。我国信息安全团体标准拥有广阔的发展前景，可以借助此类平台，充分发挥社会各界的力量，促进我国网络安全团体标准的健康发展。

第三节　基础工作扎实推进

一、个人隐私保护力度不断增强

2017年，随着我国信息化建设的不断推进和互联网应用的日趋普及，个人隐私泄露所引发的侵权、欺诈等信息犯罪行为日益严重，个人隐私保护将受到空前的重视。一方面，个人隐私保护的法律制度不断完善。5月，最高人民法院和最高人民检察院发布《关于办理侵犯公民个人信息刑事案件适用法律若干问题的解释》，完善了我国关于个人信息侵害行为的刑事规范体系。6月《网络安全法》正式施行，个人信息保护法律规范作为本法的重要内容得到贯彻执行。另一方面，国家有关部门加大个人隐私保护的工作力度。9月，中央网信办、公安部、工信部及国家标准委组织开展“四部委隐私政策审查”，对国内10家大型互联网企业隐私政策规范进行了评审，并公布评审结果。

二、关键信息基础设施保护进一步强化

2017年，针对关键信息基础设施的攻击较为频繁，且范围不断扩大，攻击目标从金融、能源、电力、交通等传统关键基础设施，延伸到公共服务系统、互联网等关键信息基础设施。2016年，国家网信办、公安部、工信部等行业主管部门相继开展了针对关键信息基础设施的网络安全检查，有力推动了关键信息基础设施的安全保障工作。在此基础上，为保障国家关键信息基础设施安全，进一步落实《网络安全法》，国家互联网信息办公室于7月11

日制定并推出了《关键信息基础设施安全保护条例（征求意见稿）》，突出体现了对关键信息基础设施保护的动态全链条保护、重点保护和各类主体全面负责等创新思维，为保护关键信息基础设施提供新的解决思路。同时，我国相关主管机构也已经组织了多次针对电力、民航等关键基础设施的攻防演习，提高保护关键信息基础设施的实战能力。

三、网络市场监管有序推进

目前，网络市场蓬勃发展，2017 年政府部门加强对网络市场的监管。1 月，工信部官方网站上公布了《工业和信息化部关于清理规范互联网网络接入服务市场的通知》。3 月，警方破获全国首例微信红包外挂案，涉案金额近 3000 万元，抓获嫌疑人 10 多人。6 月，工商总局、工信部、公安部等 10 部委联合开展 2017 年网络市场监管专项行动，进一步规范网络市场秩序，优化网络消费环境。12 月，互联网金融风险专项整治工作领导小组办公室、网络借贷风险专项整治联合工作办公室发布《关于规范整顿"现金贷"业务的通知》，"明确了现金贷"的开展原则。

第四节　产业实力不断增强

一、产业规模持续快速增长

随着《网络安全法》《国家网络空间安全战略》《网络空间国际合作战略》《网络产品和服务审查办法（试行）》等一系列网络安全文件的出台，我国网络安全政策环境得到显著改善，在政策环境与市场需求的共同作用下，网络安全产业迎来高速增长的机遇期，发展潜力巨大。当前，网络安全需求快速增加，特别是在网络攻防、基础安全、可信身份服务等方面要求不断加强，相关细分领域的产业规模保持较高增速。据统计，2017 年中国网络安全市场规模预测为 1933. 5 亿元，同比增长 34. 2%，保持较快增长速度。预计，我国网络安全产业将在"十三五"期间迎来黄金发展期，产业复合增速将达到25%—30%。

二、产业资源整合力度加大

一方面，网络安全行业凝聚力不断增强。2017年1月，亚信安全与新华三战略合作取得重大进展，全力推动我国自主可控云计算产业的创新发展；360企业安全与浪潮战略合作，促进国内云计算产业的创新发展。3月，赛宁网安与匡恩网络签订战略合作协议；龙芯中科与金山办公软件在龙芯产业园举行“龙芯—金山战略合作仪式”。8月，通付盾与北京数字认证股份有限公司签署战略合作协议。10月，新华三与东安检测缔结五大安全领域战略合作。同时，国家工业信息安全产业发展联盟、中国区块链生态联盟、移动安全联盟等相继成立，进一步推动相关企业间的合作。

另一方面，网络安全行业的融资并购趋势不减。2月，身份认证安全公司九州云腾PRE－A融资1000万元，投资方为绿盟科技。3月，云安全公司上元信安A轮融资3000万元。6月，智能身份认证公司芯盾时代B轮融资近亿元。7月，大数据安全公司瀚思安信B轮融资1亿元。10月，风控反欺诈公司同盾科技C轮融资7280万美元。此外，众多新兴和初创网络安全企业受到资本市场的青睐，发展前景一片光明。

三、企业实力显著提升

在政策环境不断优化、市场需求引导下，我国网络安全企业的实力显著提升。网络安全产品的国际竞争力明显增强，新兴领域的新技术产品不断涌现。

一方面，我国网络安全企业的产品国际竞争力明显增强。2017年2月，RSA 2017大会上，包括360企业安全、阿里巴巴、安恒信息、安天、华为、绿盟科技、微步在线、天融信等在内的我国31家网络信息安全企业参会并展示了最新的技术产品，参会企业数量比上年增长82%；绿盟科技凭借WEB应用漏洞扫描系统（WVSS）和网站安全监测系统（WSM），入围GARTNER应用安全测试魔力象限，并凭借IDPS系统，入围2017GARTNER入侵检测与防御魔力象限。7月，根据CARTNER发布的《2017年度企业防火墙魔力象限报告》，华为由“利基者”象限迈入“挑战者”象限。9月，新华三通过软件能力成熟度模型CMMI 5级认证，其研发软件开发成熟度、研发过程的控制能力和目标达成能力已达到世界一流水平。12月，阿里云通过德国C5云安全（Cloud Computing Compliance Controls Catalog）标准评审，成为全球唯一完成德国C5云安全基础附加标准审计云服务商。

另一方面，新兴领域的新技术产品不断涌现。在工控安全领域，安恒信息成立了工业安全威胁感知中心，可以打通“安全防御孤岛”，协同并调动工控系统各构成单元，构建全面的综合性工控安全防护体系。在区块链技术领域，中信银行上线了基于区块链的国内信用证信息传输系统，建立了基于区块链技术的信用证信息和贸易单据电子化传输体系，实现了国内信用证电开代替信开。在移动安全领域，指掌易携亚信发布移动办公安全解决方案，结合了指掌易科技的VSA（虚拟安全空间）与亚信安全的VMI（虚拟移动架构），有效降低移动办公环境下的数据泄露风险。在云安全领域，启明星辰发布了云审计产品，以解决云端数据库和业务系统的数据审计与防护问题。绿盟科技携手上海诺基亚贝尔推出全新云安全解决方案，在有效隔离网络攻击的同时降低网络负载。在威胁感知领域，360企业安全集团发布了天御云网络威胁感知中心（云镜）、智慧管理与分析系统（SMAC）、高级威胁检测工具箱等产品，大幅增强了边界的预防、感知和响应能力，可以实现威胁发现、攻击溯源、流量取证和可视化展现。

第五节　技术能力继续提升

一、安全可控技术取得突破

2017年，我国安全可控技术方面取得较大突破。3月，中标麒麟发布基于龙芯3A2000/3A3000处理器的桌面操作系统V7.0，在运行速度、系统兼容性方面进一步完善，整体系统更是升级到64位架构，运行效率获得极大提升。最新龙芯笔记本电脑已经可以完美运行中标麒麟V7版本，支持龙芯

3A2000处理器。龙芯召开2017新品发布会，发布了面向桌面/服务器应用的龙芯3A3000/3B3000等四款芯片以及面向通用领域的龙芯64位社区版操作系统等两款操作系统平台，携手操作系统、整机、网络安全等领域合作伙伴共创自主生态之路。10月，龙芯7A1000桥片流片成功；12月，兆芯发布开先KX－5000系列处理器，整体性能较上一代产品提升高达140%，达到国际主流通用处理器性能水准。

二、安全防护技术显著增强

2017年，我国网络安全相关厂商不断提升自身产品性能，以满足来自各行业的网络安全需求。2月，华为发布首款T级云综合安全网关，帮助企业全面提升云化安全能力。4月，犇众信息盘古实验室推出国内首个移动应用威胁数据平台——JANUS移动安全威胁数据平台，深度挖掘分析应用的安全性及可靠性，感知未知威胁及攻击；知道创宇发布雷达星图、创宇云图两款态势感知新品，为网络空间资产关联普查、技术保护带来了新的解决方案。此外，多因素认证、生物识别、设备指纹等新型身份认证技术正在快速发展，以解决传统的口令、密码认证的弊端。利用大数据技术进行行为分析逐渐成为解决针对性攻击的重要手段；人工智能、区块链、量子计算等前沿技术正在兴起，与网络安全的结合应用正在开展研究。

三、量子技术应用取得重大突破

2017年，我国在量子技术应用层面取得重大突破，处于国际领先水平。7月，我国首个商用量子通信专网——济南党政机关量子通信专网完成测试，保密性、安全性、成码率的测试均达到设计目标，在国防、金融领域示范推广的条件已经具备。中国科学技术大学的研究团队在国际上首次实现了白天远距离（53公里）自由空间量子密钥分发，通过地基实验在信道损耗和噪声水平方面，验证了未来构建基于量子星座的星地、星间量子通信网络的可行性。9月，国家量子保密通信“京沪干线”通过技术验收，具备开通条件，我国在量子技术的实用化和产业化方面继续走在世界前列。同时，济南党政机关量子通信专网所有用户之间的通信，实现了每秒至少产生4000个密钥用于数据保护，作为第一个真正实用化的量子通信专网，济南党政机关量子通信专网建设完成以后将作为示范，向全省乃至全国进行推广。10 月，中科曙光与国科量子通信网络有限公司联合研发基于量子通信的云安全一体机 QC SERVER，重点提供与量子保密通信深度融合的云计算操作系统、云存储服务平台。

第六节　国际合作逐步深化

一、网络安全双边合作成绩斐然

2017 年，我国不断加强与世界各国的交流合作，并取得显著成果。4 月，中国与澳大利亚达成网络安全协议，两国均承诺不会从事或支持借助网络展开的、意在获取竞争优势的、窃取知识产权、商业秘密或机密商业信息的行为。9 月，中德两国首次启动网络安全认证认可合作，将着眼于促进两国在《中国制造 2025》和《德国工业 4.0》方面的战略合作。10 月，中国国务委员、公安部部长郭声琨和美国司法部部长杰夫·塞申斯、国土安全部代理部长伊莲·杜克共同主持了首轮中美执法及网络安全对话。10 月，俄罗斯副总理罗戈津表示，中俄将探讨建造防范网络攻击电信设备。11 月，中俄信息高速公路建成。

二、国际互联网治理参与度提高

我国积极参与国际互联网治理事务，推动互联网治理体系构建与完善。2017 年 3 月 1 日，经中央网信办批准，外交部和国家互联网信息办公室共同发布《网络空间国际合作战略》，系统地阐述了国家关于在网络空间开展国际合作的系列中国主张和立场。12 月 3 日，第四届世界互联网大会在浙江乌镇拉开帷幕。习近平主席向大会致贺信，“中国希望与国际社会一道，尊重网络主权，发扬伙伴精神，大家的事由大家商量着办，做到发展共同推进、安全共同维护、治理共同参与、成果共同分享的中国方案。伴随着中国向网络强国迈进的坚定有力步伐，中国将继续同世界各国深化对话合作，提高国际互联网治理的参与度”。

三、通过举办国际会议加强交流

2017 年，我国政府积极举办各类互联网大会，促进行业内专家、学者、政府官员、企业代表等多方人士的交流，促进网络安全产业的发展。2017 年，国内网络安全相关会议活动总数预计超过 300 场；其中，百人规模的活动超过 100 场，千人规模的活动也在 10 场以上。全球范围内，具有影响力的国际互联网大会大部分在中国举办。详情如表 2 –7 所示。

表 2 –7　2017 年全球互联网峰会

会议名称	地点	会议时间
RSA CONFERENCE	美国 · 旧金山	2 月 13 日至 17 日
RSAC 热点研讨会	中国 · 北京	3 月 28 日
“4 · 29” 首都安全日	中国 · 北京	4 月 26 日至 28 日
C3 安全峰会	中国 · 成都	7 月 6 日至 7 日
BLACKHAT & DEFCON	美国 · 拉斯维加斯	7 月 23 日至 31 日
CSS 互联网安全领袖峰会	中国 · 北京	8 月 15 日至 16 日
ISC 互联网安全大会	中国 · 北京	9 月 11 日至 13 日
国家网络安全宣传周	中国 · 上海	9 月 16 日至 24 日
GEEKPWN 极棒	中国 · 上海	10 月 24 日
世界互联网大会	中国 · 浙江	12 月 3 日至 5 日

资料来源：赛迪智库，2018 年 1 月。

第三章　2017 年我国网络安全发展主要特点

2017 年，我国网络安全领域呈现出四大特点。一是安全可控成为各方关注的焦点。国家推进安全可控的政策体系更加完善，安全可控的内涵更加明确，安全审查制度成为安全可控的重要抓手，安全可控的标准体系基本形成。二是网络空间的治理能力显著增强。国家对网络空间的治理理念更加清晰，治理思路更加明确，相关的政策法规密集出台，网络空间进一步净化。三是网络可信体系建设加速。第三方网络身份管理体系开放取得成效；网络可信身份服务模式丰富，多因素身份识别模式涌现，应用广泛；国产认证技术产品基本成熟，可信身份技术自主可控能力显著提升。四是网络安全人才培养进程加快。国家更加重视网络安全人才的全方位培养，培养力度进一步加强，培养模式不断创新，更加重视提升网络安全的实战技能。

第一节　安全可控成为关注焦点

一、安全可控的政策体系逐渐完善

国家宏观政策法规关于安全可控的描述不断增多，政策体系不断完善，安全可控的要求更加明确。我国于 2015 年 7 月 1 日正式实施的《中华人民共和国国家安全法》明确提出了“实现网络和信息核心技术、关键基础设施和重要领域信息系统及数据的安全可控”。2016 年 12 月发布的《国家网络空间安全战略》明确提出了“核心技术装备安全可控，网络和信息系统运行稳定可靠”以及“重视软件安全，加快安全可信产品推广应用”。2017 年 6 月实施的《网络安全法》明确提出了“推广安全可信的网络产品和服务”，并且明确指出“网络安全审查重点审查网络产品和服务的安全性、可控性，主要包括：（一）产品和服务自身的安全风险，以及被非法控制、干扰和中断运行的风险；（二）产品及关键部件生产、测试、交付、技术支持过程中的供应链安全风险；（三）产品和服务提供者利用提供产品和服务的便利条件非法收集、存储、处理、使用用户相关信息的风险；（四）产品和服务提供者利用用户对产品和服务的依赖，损害网络安全和用户利益的风险；（五）其他可能危害国家安全的风险。”

二、安全审查制度是安全可控的重要抓手

国家网信办已经发布安全审查制度，成为实现安全可控的重要抓手。自2014年5月国家互联网信息办公室公开表示中国将推出网络安全审查制度以来，相关部门采取一系列政策措施，不断落实网络安全审查制度，推进网络安全审查工作。2017年5月2日，国家网信办颁布《网络产品和服务安全审查办法（试行)》，于6月1日起实施，明确指出关系国家安全的重要网络产品和服务，在采购前均需经过网络安全审查，重点审查该产品或服务的安全性和可控性。

三、安全可控标准体系逐渐完善

为配合国家推进安全可控相关政策的落地实施，安全可控配套系列标准制定工作稳步推进。一方面，信息技术产品安全可控评价指标系列标准出台在即。2015年6月《信息技术产品安全可控水平评价指标体系》在全国信息安全标准化委员会WG7工作组下正式立项，经过编制组两年多的工作，2017年已经完成征求意见阶段，进入报批阶段，预计2018年正式发布实施。另一方面，人工智能、云计算、大数据等信息技术服务的安全标准体系逐步完善。全国信息安全标准化技术委员会成立了大数据安全标准特别工作组，大力推动云计算和大数据等相关标准制定工作。2018年5月1日，GB/T 34942－2017《信息安全技术 云计算服务安全能力评估方法》正式开始实施；2018年7月1日，GB/T 35274－2017《信息安全技术大数据服务安全能力要求》、GB/T 35279－2017《信息安全技术云计算安全参考架构》正式开始实施。

第二节 网络空间治理能力显著增强

一、政策法规密集出台

2017 年，各项网络与信息安全管理政策法规密集出台，大力弥补了监管空白，为净化网络空间提供了行动指南和法律依据。5 月，国家互联网信息办公室发布新的《互联网新闻信息服务管理规定》《互联网信息内容管理行政执法程序规定》《互联网新闻信息服务许可管理实施细则》。8 月，国家互联网信息办公室公布《互联网跟帖评论服务管理规定》。9 月，国家互联网信息办公室印发《互联网群组信息服务管理规定》《互联网用户公众账号信息服务管理规定》。11 月，工信部发布《关于规范互联网信息服务使用域名的通知》。这些政策法规针对网络空间中现有的信息服务问题，细化了监管措施，明确了监管责任，网络监管长效机制正在形成。

二、网络犯罪的打击力度不断加大

2017 年，国家各部委及相关单位，开展多项网络安全专项治理行动，深入推进互联网治理，网络空间不断净化。3 月，公安部破获一起盗卖公民信息的特大案件；公安部召开打击网络侵犯公民个人信息犯罪的专项行动部署会；公安部部署国家级重要信息系统和重点网站安全执法检查工作。5 月，浙江温岭警方摧毁了以指导投资为名进行诈骗的特大网络诈骗团伙。9 月，百度公司辟谣平台上线，同时，来自全国各地的 372 家网警执法巡查账号正式入驻该平台。12 月，吉林 12 部门联合整治网络市场违法行为，责令整改网站 187 家。

三、社会力量有效配合

社会力量积极配合网络空间的治理，可以在政府监管不到位的地方发挥作用，逐渐形成多方参与、共同治理网络空间的良好局面。一方面，引导行业自律，督促企业全面落实主体责任。3 月，工信部下发紧急通知，要求重点互联网企业做好信息安全工作。另一方面，充分调动网民的力量，多方共同参与网络空间的安全监管。如斗鱼直播事件、购物退款诈骗事件、美容贷事件、刷单炒信事件等重大安全事件都是通过网民举报、媒体报道等方式引起相关部门注意，从而加强网络安全监管。

第三节　网络可信体系建设加速

一、第三方网络身份管理体系开放

网络可信身份服务最初的应用主要是互联网平台用户管理、电子政务对公服务平台身份管理等内部应用，这些应用尤其是互联网企业的身份管理体系向社会开放提供互联网身份认证服务已经取得一定成效。当前大多数电子商务、社交网站等都允许用户使用可靠第三方账户进行授权登录，免去账号注册过程并完成身份认证。OAUTH、OPENID、SAML、FIDO 等标准已成为该认证方式的事实标准，规模较小的电商平台、网站等广泛利用互联网企业的身份管理体系实现用户的身份管理。这些身份管理服务平台的开放，极大地推动了我国网络身份管理服务产业的发展，加速了互联网诚信建设。

二、网络可信身份服务模式丰富

互联网应用场景多样化以及安全威胁的严重化，推动网络身份认证技术不断创新，认证模式不断涌现，身份认证手段日趋丰富。网络身份认证模式从最早适用于社交平台、电子邮件等安全性需求较低的用户名 + 账号、手机号、二维码等低强度认证方式，逐渐演变为适用于电商平台、电子支付、证券交易等安全性需求较高的电子认证、生物特征识别、动态口令等认证模式。随着网络攻击源的多样化、攻击结果的严重化、攻击范围的普遍化，与之相适应的基于多维度的安全等级更高的认证方式开始显现，如基于大数据分析、综合应用生物特征、网上行为、动态口令等多种因素身份识别模式。目前，我国的网络可信身份服务已经形成基于身份证的实名制、基于PKI/CA技术的第三方权威认证、基于人体生物特征的身份验证以及第三方账号认证等模式。

三、我国网络可信身份服务应用范围不断扩大

目前，我国的网络可信身份服务已经广泛使用于电商平台、社交网络、电子政务对公服务系统等网络应用，并已有一定数量的身份服务提供商。身份证号、手机号、电子邮箱号、QQ账号、微信号、支付宝账号以及USBKEY等各种身份及其身份服务已经广泛在电商平台、社交网络、电子政务对公服务系统等互联网应用的登录环节使用，提供不同在线业务的安全需求。目前，我国已形成基于PKI技术的电子认证服务机构、电信运营商、互联网公司等多个类别的网络可信身份服务商。电子认证服务机构是重要、成熟、服务体系完备的网络身份服务提供商，全国已有43家电子认证服务机构，其发放证书包括机构证书、个人证书和设备证书，已为电子政务、电子商务、电子金融等领域提供了专业的可信身份服务和电子签名服务。此外，中国电信、腾讯、阿里巴巴、联想、公安部一所和三所等企业也提供基于各种技术的网络可信服务，并不断发展壮大，积极推动互联网可信应用。

四、网络可信身份技术产品成熟

随着网络可信身份管理与服务的不断深入，我国网络可信身份技术自主可控能力显著提升，以实现网络主体身份"真实性"和属性"可靠性"的国产认证技术产品基本成熟。一是以非对称加密算法、散列算法等为主的基础密码技术逐渐实现国产化替代，国产密码算法产品不断丰富、性能比较稳定。二是基于数字证书的身份认证技术日益成熟，包括数字签名、时间戳等关键技术，以及身份认证网关、电子签名服务器、统一认证管理系统、电子签章系统等一系列身份认证安全支撑产品，国产服务器证书正在逐步替代国外同类产品。三是以与新兴技术、应用、产品相结合的身份认证技术产品为代表的前沿应用技术处于国际领先水平，包括移动应用程序签名技术、可信数据电文管理技术等方面产品开始出现并成功得到应用。

第四节　网络安全人才培养进程加快

一、安全人才培养力度进一步加大

网络安全保障能力的建设，人才队伍是关键。我国政府高度重视安全人才的培养。2017 年，我国政府出台相关政策，加强网络安全人才的培养力度。8 月 15 日，为落实《网络安全法》《关于加强网络安全学科建设和人才培养的意见》明确的工作任务，中央网信办、教育部印发了《一流网络安全学院建设示范项目管理办法》，决定在 2017 年至 2027 年期间实施一流网络安全学院建设示范项目，以加强和创新网络安全人才培养。9 月 18 日，中央网信办、教育部公布首批一流网络安全学院建设示范高校名单，分别为：西安电子科技大学、东南大学、武汉大学、北京航空航天大学、四川大学、中国科学技术大学、战略支援部队信息工程大学。

二、安全培养模式不断创新

我国建立多个网络安全人才培养和创新基地，促进多方合作，探索网络安全人才培养新模式。3 月，360 企业安全集团与东莞理工学院共建的 360 网络空间安全产业学院和 360 网络空间安全创新研究院正式成立。4 月，贵州师范大学联合多家大数据安全领域的机构和企业共同建立了国内首个大数据安全实验室。5 月，东莞理工学院与中国信息安全测评中心合作共建网络空间安全创新基地。6 月，360 企业安全集团与九江学院信息科学与技术学院合作共建网络安全人才培养基地。8 月，武汉临空港经济技术开发区管委会与杭州安恒信息签署战略合作协议，双方将加强在网络安全人才建设等领域的广泛合作，共同建设国家网络安全人才与创新基地。9 月，中国联通网络技术研究院与 360 企业安全集团联合成立了“联通 360 企业信息安全联合实验室”。11 月，安天携手广州大学共建网络空间高级威胁对抗联合实验室。12 月，360 联合多所高校宣布成立 360 网络安全大学。

三、安全竞赛提升实战技能

2017 年，我国举办多项网络安全竞赛，聚政府、企业和高校之力，优化网络安全人才技术实践环境。2 月，腾讯信息安全争霸赛品牌发布会在北京邮电大学召开。5 月，河南省“安恒杯”第二届信息安全与攻防技术大赛开赛。8 月，全国青少年科技创新大赛首次设立信息安全创新领域的专项奖。11 月，2017 年全国大学生网络安全邀请赛暨第三届上海市大学生网络安全大赛在东华大学举行。

第四章　2017年我国网络安全存在的问题

2017年，我国网络安全建设成果丰富，然而还是存在诸多不足之处。一是政策法规体系有待进一步完善，主要是围绕着《网络安全法》的配套法律法规需要加快完善。二是信息技术的自主生态体系尚未形成，我国的基础软硬件严重依赖进口的局面仍未扭转，安全可控的实现路径仍然不清晰。三是网络威胁的监测技术有待加强，对产品的漏洞和“后门”的发现还不够及时、全面，尤其是新兴信息技术产品的监测能力更加需要关注。四是关键信息基础设施的安全保障体系需加快健全。我国的关键信息基础设施安全保障需要从完善标准体系、健全网络安全检查评估机制等方面稳步推进。五是网络可信身份体系建设仍需强化。针对我国网络可信身份体系目前存在的问题应该尽快制定国家网络可信身份战略，建设网络身份体系，创建可信网络空间。六是我国网络安全领域的缺口较大。我国网络安全学科的设置不合理、薪酬体系不完善等原因共同导致我国网络安全人才供需不平衡。

第一节　政策法规体系有待进一步完善

2017年6月1日，《网络安全法》正式实施，作为我国网络空间安全管理的基本法，它框架性地构建了多项法律制度和要求。目前，一部分《网络安全法》的配套法规已开始生效，例如《网络产品和服务安全审查办法（试行)》等，但是仍有大量相关的法规尚未出台，例如个人信息安全保护方面的法律法规、数据安全管理办法、关键信息基础设施安全保护条例、个人信息和重要数据出境安全评估办法等。2017年12月，全国人大常委会组织开展了《网络安全法》执法检查，主要问题之一仍是加快我国信息安全、网络安全等方面立法的进程。

第二节　信息技术产品自主生态尚未形成

在经济社会的发展过程中，我国对网络安全的问题认识不足，基础核心技术自主创新能力不足，导致对国外信息技术产品的依赖度较高。目前，我国的 CPU、内存、硬盘、操作系统等核心基础软硬件产品严重依赖进口。例如，CPU 主要依赖 INTEL 和 AMD 等西方发达国家的厂商，内存主要依赖三星、镁光等厂商；硬盘主要依赖希捷、东芝、日立等厂商；操作系统则主要被微软垄断。2017 年，欧美跨国企业对核心技术的开放程度继续提升，国内信息技术产业出现新一轮引进式创新热潮。然而，相关专家学者对此持有不同观点，一种表示赞同，另一种认为应该走独立自主发展的道路。由于各界人士的认识不统一，政府尚未集中优势资源对某一条具体实现路径进行扶持，尚未构建真正自主的产业生态体系。

第三节　网络威胁监测技术不强

长期以来，我国网络安全核心技术一直受制于人，尤其网络攻防技术发展日新月异，使我国在应对网络安全威胁方面处于劣势。一是信息技术安全检测能力不强。我国对进口网络技术和产品的检测分析以合规性评测为主，很少涉及软件技术核心，规模化、协同化漏洞分析评估能力较低，难以发现产品的安全漏洞和“后门”。二是网络攻击追溯能力不足。目前，我国对于海量网络数据缺乏有效的分析方法，针对 APT 等新型安全威胁的监测技术不成熟，即便监测到这种威胁，由于缺少回溯手段，也难以找出攻击源头。三是我国在基于大数据的安全分析、可信云计算、安全智能联动等重要方面的技术实力不足，难以应对云计算、移动互联网、大数据等新兴信息技术带来的网络信息安全挑战。

第四节　关键基础设施安全保障体系有待完善

目前，物联网时代已经来临，关键信息基础设施互联互通的发展趋势愈发明显，在实现数据高效交互、信息资源共享的同时，也为针对关键信息基础设施的网络攻击提供了可能。目前，随着信息化与工业化的不断融合，网络攻击路径不断增多，工业控制系统的采集执行层、现场控制层、集中监控层、管理调度层以及企业内网和互联网等都成为潜在攻击发起点。此外，我国的关键信息基础设施安全保障还存在着标准缺失、网络安全检查评估机制不健全等问题。因此，面对日益严峻的网络安全挑战，我国应尽快完善关键信息基础设施安全保障体系。

第五节　网络可信身份体系建设仍需强化

我国网络身份管理存在缺漏，难以确保网络身份真实性、数据保密性，无法有效解决身份盗用等安全问题，导致网络欺诈、网络谣言等行为猖獗，给公众造成经济损失的同时，也扰乱了网络空间的秩序。《网络安全法》明确提出，“国家实施网络可信身份战略，支持研究开发安全、方便的电子身份认证技术，推动不同电子身份认证之间的互认”。然而，目前我国网络可信身份体系建设存在缺乏顶层设计、统筹规划和布局尚不明晰；身份基础资源尚未实现互联互通，重复建设现象严重；标准体系更新滞后，资金投入等保障措施不健全的一系列问题。因此，亟须开展针对性的研究，尽快制定国家网络可信身份战略，建设网络身份体系，创建可信网络空间。

第六节　网络安全领域人才缺口较大

加强网络安全保障能力建设，人才队伍是关键，尤其是既懂技术、又懂管理的复合型人才。调查显示，我国网络安全人才需求高达 90 万，并以每年 11% 左右的需求增长，到 2020 年我国网络安全人才需求数量将达到 140 万。然而，目前我国网络安全专业毕业生仅维持在 1 万人/年的水平。这意味着我国网络安全岗位配备的人员大部分并非来源于网络安全专业，网络安全人才缺口巨大。究其原因是我国尚未形成专业、完整的网络安全人才培养机制。网络安全学科建设、资源投入、教学科研能力、人才培养模式等方面的体系不够完善，导致网络安全人才供需严重不平衡，且毕业生在科学素养、综合分析素养和创新精神方面与先进国家存在较大差距。此外，人才待遇和薪酬激励机制不合理造成人才流失严重，优秀的网络安全人才或流失到欧美等发达国家的企业，或流向黑色产业链。

专 题 篇

第五章　云计算安全

自谷歌于2006年首次提出云计算以来，云计算以高性能、低成本的计算与数据服务支持着各类信息化应用，成为备受瞩目的新型互联网服务模式。云计算应用迅速推广普及，渗透至各个行业，给生活、生产方式和商业模式带来根本性的改变。云计算极大地提高了IT资源的使用效率，同时也给用户的信息资产安全及隐私保护等带来了巨大威胁和考验。数据丢失、拒绝服务、隐私泄露等云计算安全事件频发，云计算安全与否已成为用户选择云计算服务商的重要考量，云计算安全已经成为影响云计算产业进一步发展最重要的因素。国家和行业主管部门进一步加强监管，出台政策和标准指导规范云计算行业安全、健康、有序发展。信息安全企业以及学术研究团体，对云计算安全课题已着手进行深度研究。云服务商联合传统安全厂商研究开发基于云计算的信息安全产品及应用，推动云计算安全市场急速增长。

第一节　概　　述

一、相关概念

（一）云计算

云计算是分布式计算（Distributed Computing）、并行计算（Parallel Computing）、效用计算（Utility Computing）、网络存储（Network Storage Technologies）、虚拟化（Virtualization）、负载均衡（Load Balance）、热备份冗余（High Available）等传统计算机和网络技术发展融合的产物。云计算的运算能力每秒可达10万亿次，如此强大的计算能力可以模拟核爆炸、预测气候变化和市场发展趋势等。

云计算的定义目前并没有统一的标准，被广为认可的是美国国家标准与技术研究院（NIST）给出的定义：云计算是一种按使用量付费的模式，这种模式提供可用的、便捷的、按需的网络访问，进入可配置的计算资源共享池（资源包括网络、服务器、存储、应用软件、服务），这些资源能够被快速提供，只需投入很少的管理工作，或与服务供应商进行很少的交互。中国电子学会云计算专家委员会将云计算定义为：云计算是一种基于互联网的、大众参与的计算模式，其计算资源（计算能力、存储能力、交互能力）是动态的，可伸缩的且被虚拟化的，以服务的方式提供。

从服务模式来看，云计算按照其提供的资源所在层次，主要分为：（1）基础设施即服务（Infrastructure AS A Service，简称 IAAS），提供基础性计算资源，如计算、网络、或存储；（2）软件即服务（Software AS A Service，简称 SAAS），由服务商管理和托管的完整应用软件，用户可以通过 WEB 浏览器、移动应用或轻量级客户端应用来访问；（3）平台即服务（Platform AS A Service，简称 PAAS），抽象并提供开发或应用平台，如数据库、应用平台，文件存储和协作，甚至专有的应用处理。

从部署模式来看，云计算根据其提供服务的不同对象，可以分为：（1）公有云，由独立第三方建设并运行，面向公众或某一行业提供云计算服务；（2）私有云，由应用方单独构建云基础设施，将云基础设施与软硬件资源部署在内网中，供机构或企业内各部门独立使用；（3）社区云，在一定的地域范围内，由云计算服务提供商统一提供计算资源、网络资源、软件和服务；（4）混合云，由两个或多个云（公有云、私有云或社区云）组成，以独立实体存在，通过标准的或专有的技术绑定在一起。

（二）云计算安全

云计算安全融合了并行处理、网格计算、未知病毒行为判断等新兴技术和概念，通过网状的大量客户端对网络中软件行为的异常监测，获取互联网中木马、恶意程序的最新信息，传送到 SERVER 端进行自动分析和处理，再把病毒和木马的解决方案分发到每一个客户端。云计算安全可以促进云计算创新发展，有利于解决投资分散、重复建设、产能过剩、资源整合不均和建设缺乏协同等很多问题。

云计算安全与传统的信息安全没有本质上的区别，包括保密性（Confidentiality）、完整性（Integrity）和可用性（Availability）。保密性指网络信息不泄露给非授权的用户、实体或过程，即信息只为授权用户使用；完整性指在存储或传输信息的过程中，原始的信息不允许被随意更改（有可能是无意的错误，如输入错误，软件瑕疵，也有可能是有意的人为更改和破坏）；可用性指得到授权的实体在需要时可访问资源和服务，即无论用户何时需要，信息系统必须是可用的，不能拒绝服务。传统信息安全在云计算时代面临的新问题是要适配云计算环境动态化、软件化、虚拟化等特点。

1. 云计算带来边界变化。云计算技术使得传统边界发生变化，SDN、VPC、弹性扩展、动态迁移等技术打破了传统的网络架构。公有云、社区云、混合云的出现，将企业的安全边界扩展至企业内网之外。

2. 云计算带来资产集中。云让数据资产更集中，更容易吸引黑客的攻击。

3. 云计算带来管理变化。云计算将过去分散的独立的 IT 系统进行了集中，带来运维和管理的集中，原来的角色和责任分工也相应改变。

4. 云计算带来复杂升级。复杂 IT 融合环境、SDN 技术带来的控制和数据平面分开、弹性调度与动态迁移等，给网络安全的配置与管理带来更大的复杂度；面对云环境中常态化的变化问题，静态的部署和策略配置基本无效。

二、云计算面临的网络安全挑战

云计算被广泛应用于各个行业，安全威胁和安全技术挑战也纷至沓来。云安全联盟（CSA）于 2017 年底发布了最新版本的《12 大顶级云安全威胁：行业见解报告》，据调查结果，12 个最严重的云计算安全问题分别是：数据泄露；身份、凭证和访问管理不善；不安全的接口和应用程序编程接口（API）；系统漏洞；账户劫持；怀有恶意的内部人士；高级持续性威胁（APT）；数据丢失；尽职调查不足；滥用和恶意使用云服务；拒绝服务（DOS）；共享的技术漏洞。

（一）云基础架构安全

大多数云基础架构没有深层次地考虑应用和服务的需求和特点，可靠性、可用性和安全性都存在一些问题。

系统漏洞是攻击者可以用来侵入系统窃取数据、控制系统或破坏服务操作的程序中可利用的漏洞。操作系统组件中的漏洞使得所有服务和数据的安全性都面临重大风险。随着云计算中多租户的出现，允许访问共享内存和资源，催生出新的攻击方式。

云计算服务提供商通过共享基础架构，平台或应用程序来扩展其服务。云技术将“即服务”产品划分为多个产品，而不会大幅改变现有的硬件/软件（有时以牺牲安全性为代价），可能会导致共享的技术漏洞，在所有交付模式中被攻击者利用。

（二）云存储安全

云存储安全风险主要与数据有关，包括数据泄露、数据丢失等。

数据泄露是针对性攻击的主要目标，也可能是人为错误、应用程序漏洞或安全措施不佳的结果。它可能涉及任何不适合公开发布的信息，包括个人健康信息、财务信息、个人可识别信息、商业秘密和知识产权等。

怀有恶意的内部人员（如系统管理员）可以访问潜在的敏感信息，访问更重要的系统，并最终访问数据。仅依靠云服务提供商提供安全措施的系统将面临更大的风险。

存储在云端的数据可能因恶意攻击以外的原因而丢失。意外删除、火灾或地震等物理灾难可能导致客户数据的永久丢失，云计算提供商或客户应当采取适当的措施来备份数据，实现灾难恢复。

（三）云应用及服务安全

云计算应用及服务面临的安全威胁有很多，主要体现在以下几个方面：

不安全的接口和应用程序编程接口（API）。IT 团队使用界面和 API 进行云服务管理和互动，服务开通、管理、配置和监测都可以借由这些界面和接口完成。通常情况下，云服务的安全性和可用性取决于 API 的安全性。

高级持续性威胁（APT）是一种如寄生虫般的网络攻击形式，它渗透到目标公司 IT 基础设施，窃取数据。APT 用很长一段时间逐步达成目标，经常能够适应防御安全措施。APT 可以通过数据中心网络横向移动，混入正常流量中，很难被侦测到。

尽职调查不足。企业当高管制定业务战略时，必须对云计算技术和服务提供商进行考量。在评估云计算技术和提供商时，尽职调查清单至关重要。急于采用云计算技术并选择提供商没有执行尽职调查的组织将面临诸多风险。

滥用和恶意使用云服务。安全性差的云服务部署，免费的云服务试用，以及通过支付工具进行的欺诈性账户登录将云计算模式暴露在恶意攻击之下。攻击者可能会利用云计算资源来定位用户、组织或其他云计算提供商。

拒绝服务（DOS）攻击意图阻止用户访问数据或应用程序，其通过消耗过多的有限系统资源，如处理器能力、内存、磁盘空间或网络带宽，导致系统速度下降，致使合法用户无法访问服务。

（四）云认证安全

云计算面临用户身份认证的安全风险，主要体现在以下几个方面：

身份、凭证和访问管理不善。网络犯罪分子伪装成合法用户、运营人员或开发人员，读取、修改和删除数据，获取控制平台和管理功能，在用户传输数据的过程中进行窥探，发布恶意软件等等。因此，身份不足、凭证或密钥管理不善可能导致未经授权的数据访问，并可能对组织或最终用户造成灾难性的损害。

账户劫持。如果攻击者获得对用户凭证的访问权限，就可以窃听活动和交易，操纵数据，返回伪造的信息并将客户重定向到非法的站点。账户或服务实例可能成为攻击者的新基础。由于凭证被盗，攻击者经常可以访问云计算服务的关键区域，从而危及这些服务的机密性、完整性、可用性。

三、云计算安全防护的重要性

据有关报道，2017年前10个月，我国境内超过300G的DDOS攻击月均发生数百起，峰值超过1TBPS，形势极为严峻，几乎波及所有互联网的主要业务，其中以游戏娱乐、电子商务、互联网金融为主要攻击目标。频发的云计算安全事件使得人们进一步思考云计算面临的安全防护问题。

云计算服务已经被越来越多的企业和用户所使用，成为未来的发展趋势，云计算安全备受关注。使用者和管理者最关心的是自己的敏感数据、商业机密、隐私信息等是否安全，这是选择云计算服务时的最大考量。云计算安全是用户信息与企业业务安全的强大保障。

云计算的发展将导致全球信息在收集、储存、处理、传输等各个环节上进一步集中，国家信息将面临“去国家化”的严峻考验。处理好国内外网络安全风险和威胁，保护关键信息基础设施免受攻击、侵入、干扰和破坏，维护网络空间安全和秩序至关重要。

云计算安全是相关技术标准和服务监管模式等问题的综合，离不开国家在大数据及隐私保护方面政策和法律法规的进一步完善。解决云计算安全问题，需要相关学者、政府信息安全部门、云计算服务商、IT 厂商的共同努力。

第二节　发展现状

一、云计算安全顶层设计逐步完善

党中央、国务院高度重视以云计算为代表的新一代信息产业发展以及信息安全挑战等问题，于 2015 年 1 月底发布《国务院关于促进云计算创新发展培育信息产业新业态的意见》。在保障安全方面，提出在现有信息安全保障体系基础上，结合云计算特点完善相关信息安全制度，强化安全管理和数据隐私保护，增强安全技术支撑和服务能力，建立健全安全防护体系，切实保障云计算信息安全。充分运用云计算的大数据处理能力，带动相关安全技术和服务发展。2015 年 6 月，中央网络安全和信息化领导小组办公室发布《关于加强党政部门云计算服务网络安全管理的意见》，提出六条意见：充分认识加强党政部门云计算服务网络安全管理的必要性；进一步明确党政部门云计算服务网络安全管理的基本要求；合理确定采用云计算服务的数据和业务范围；统一组织党政部门云计算服务网络安全审查；加强云计算服务过程的持续指导和监督；强化保密审查和安全意识培养。2016 年 12 月，国务院办公厅印发发布《“十三五”国家信息化规划》。该规划提出“十三五”将基本建立新一代网络技术体系、云计算技术体系、端计算技术体系和安全技术体系基本建立，培育发展一批具有国际竞争力的云计算骨干企业。2016 年底，国家互联网信息办公室正式发布《国家网络空间安全战略》，这是指导国家网络安全工作的纲领性文件，第一次向全世界系统、明确地宣布和阐述我国网络空间发展和安全的立场和主张。2017 年 4 月 10 日，工业和信息化部发布《云计算发展三年行动计划（2017—2019 年）》，对信息技术发展和服务模式创新的大方向给予了指引。该行动计划指出，未来 3 年，国家计划发布云计算相关标准超过 20 项，形成较为完整的云计算标准体系和第三方测评服务体系。云计算网络安全保障能力明显提高，网络安全监管体系和法规体系逐步健全。

二、云计算安全标准制定稳步推进

工业和信息化部于 2015 年 10 月印发《云计算综合标准化体系建设指南》，指出云计算作为战略性新兴产业的重要组成部分，是信息技术服务模式的重大创新，对贯彻实施《中国制造 2025》和“互联网 +”行动计划具有重要意义。2016 年，全国信息安全标准化技术委员会推出一系列关于云计算安全的标准：《信息安全技术云计算服务安全能力评估方法》和《信息安全技术云计算安全参考架构》已制定完成并进入征询意见阶段，年底制定形成国家标准《信息安全技术网络安全等级保护基本要求第 2 部分：云计算安全扩展要求》，并开始征求意见。2017 年，全国信息安全标准化技术委员会推出更多关于云计算安全的标准：年初制定形成《信息安全技术网络安全等级保护测评要求第 2 部分：云计算安全扩展要求》和《信息安全技术网络安全等级保护设计技术要求第 2 部分：云计算安全要求》，并开始征求意见；5 月制定形成《信息安全技术桌面云安全技术要求》征求意见稿；8 月制定形成《信息安全技术政府网站云计算服务安全指南》征求意见稿与《信息安全技术网站安全云防护平台技术要求》征求意见稿。

2017 年底，中国国家标准化管理委员会发布了《信息安全技术云计算安全参考架构》，清晰地描述云服务中各种参与角色的安全责任，提出云计算角色、角色安全职责、安全功能组件以及它们之间的关系。我国正在积极推进云计算安全标准化工作，加大标准对构建云计算安全生态系统的支撑作用，持续完善云计算安全标准化体系。

三、云计算安全行业实力明显增强

近年来，云计算快速崛起并成为IT产业发展的战略重点。根据中商产业研究院预测，2017年中国云计算安全将达到41亿美元的市场规模，为信息安全行业带来广阔发展空间。

云计算安全市场日趋繁荣。目前阿里巴巴、腾讯、百度等在内的互联网巨头以及电信运营商纷纷抢滩布局。（1）云平台服务主要提供商有阿里云、腾讯云、百度云等。根据GARTNER最新市场份额研究数据显示，阿里云已成为全球前三大公共云服务提供商。目前，阿里云在全球16个地域开放了33个可用区，为200多个国家和地区的企业、开发者和政府机构提供服务，为全球数十亿用户提供计算支持。腾讯云提供集云计算、云数据、云运营于一体的云端服务体验，目前共获得20多项专项认证，提供至少130种云产品服务。百度云为公有云需求者提供稳定、高可用、可扩展的云计算服务。已拥有云服务器BCC、内容分发网络CDN、关系型数据库RDS、对象存储BOS等40余款产品，智能大数据—天算、智能多媒体—天像、智能物联网—天工、人工智能—天智四大智能平台解决方案。（2）专业的云安全解决方案主要提供商有安全狗、云锁等。安全狗目前已经和亚马逊AWS、阿里云、腾讯云、UCLOUD、华为企业云、金山云等主流云平台建立合作伙伴关系，联合打造云端安全生态。安全狗云安全服务平台已经为客户保护超过300万台（云）服务器及200万个网站，日均拦截超过两亿次的攻击。云锁立足于操作系统加固和WEB访问控制技术，开创云安全产品新领域，高效防护服务器和网站安全。目前云锁防护的服务器及网站数量已经超过350万，每日拦截网络攻击数千万次。（3）传统IT安全解决方案主要提供商有360和金山云等。360公司开发出拥有数亿用户的360安全卫士、360手机卫士等安全产品，利用大数据、云计算及人工智能技术，致力于智能手机、智能穿戴、智能家居及车联网等智能产品的开发应用。金山云目前估值已达到23.73亿美元，在北京、上海、成都、广州、香港和北美等全球各地设立大型数据中心及运营机构，每天为用户抵御数万次DDOS攻击。已推出完整云产品，以及适用于游戏、视频、政务、医疗、金融等垂直行业的云服务解决方案。

云计算安全服务不断与国际接轨。2016 年 10 月，2016 云安全高层论坛暨云安全联盟大中华区峰会在北京召开，英国标准协会（BSI）携手华为、苏宁、普华永道、上海优刻和阿里云等 5 家获得 STAR 认证的先锋企业，共同开展云安全标准与技术研讨，并发布了《云环境下信息安全与隐私保护国际标准研究与实践》。2016 年 11 月，腾讯云发布《2016 腾讯云安全白皮书》，推动国际化安全生态建设，腾讯云宣布与 RADWARE 将在海外 DDOS 防护、国内腾讯云应用层、私有云、服务市场以及加密数据安全合作等领域展开全面合作，达成全方面战略合作关系。2017 年底，第一届国际云安全大会在安徽省宿州市举行，来自美国、德国、澳大利亚等国家和地区的 300 多位政府、研究机构和企业的代表参会，共议全球网络安全。会议期间，中国云安全联盟与国际云安全联盟签署合作协议，分享全球网络安全的经验和案例。

第三节　面临的主要问题

一、云计算安全保障制度尚未完善

我国云计算相关法律法规和管理制度急需建立健全。云计算防护管理制度体系建设明显滞后，云计算安全防护标准远未完善，云计算安全评估认证体系亟待建立。公有云服务网络安全防护检查工作开展不到位，云服务企业网络与信息安全主体责任未切实落实，安全防护手段落实和能力有待提升。

二、云计算安全核心技术急需提升

虽说我国近年来云计算技术能力有显著增强，在大规模并发处理、海量数据存储、数据中心节能等关键计算技术领域不断取得进展，有些地方已达到国际先进水平，但拥有关键核心技术、强劲国际竞争力的龙头企业寥寥可数。针对虚拟机逃逸、多租户数据保护等云计算环境下产生的新型安全问题尚未解决，云计算平台的关键核心安全技术急需突破。企业投入不够，云计算环境下网络与边界类、终端与数字内容类、管理类等安全产品和服务的研发及产业应用还不到位，云计算专业化安全服务队伍需加快建设。

三、云计算安全服务产业亟待发展

我国云计算安全服务产业正处于成长期，市场需求还没有完全释放。云计算行业应用还没有深度拓展，尤其是与智慧城市建设还未深入结合。面向电信企业、互联网企业、网络安全企业的云计算安全试点示范工作需持续开展，推动企业加大新兴领域的安全技术研发，促进先进技术和经验的推广应用。随着“一带一路”的盛行，云计算安全企业还面临着国际化问题，相应的标准体系、服务能力测评、知识产权保护利用等急需跟进。

第六章　大数据安全

2018 年 1 月 23 日至 26 日，第 48 届世界经济以论坛（WEF）在瑞士达沃斯举行，大会宣布建立全球网络安全中心，以建立安全可靠的全球网络空间。世界经济论坛发布的《2018 年全球风险报告》显示，全球网络安全风险进一步升级，数据欺诈和数据盗窃已成为仅次于极端天气、自然灾害、网络攻击之外的全球第四大威胁。随着大数据深刻地融入经济社会生活，大数据安全风险越发严峻，大数据除了面临传统安全挑战外，还面临多重挑战，如大数据本身安全风险大数据平台架构、软件存在的安全风险，传统安全防护措施不能满足大数据安全防护需求，大数据挖掘技术带来新的安全风险等等。因此加强大数据安全建设意义重大，不仅有利于保障国家重要数据安全、护航行业和企业数据安全，还有利于保护公民个人信息和隐私安全。目前，产业界积极投身于大数据安全发展。然而，我国大数据还面临一些主要问题，如我国大数据安全标准有待加强，大数据核心技术仍受制于人，大数据安全人才匮乏。

第一节　概　　述

一、相关概念

（一）大数据

国内对大数据的相关定义。《促进大数据发展行动纲要》（国发〔2015〕50 号）提出，“大数据是以容量大、类型多、存取速度快、应用价值高为主要特征的数据集合，正快速发展为对数量巨大、来源分散、格式多样的数据进行采集、存储和关联分析，从中发现新知识、创造新价值、提升新能力的新一代信息技术和服务业态”[①]。全国信息安全标准化技术委员会于2017年12月29日正式发布的GB/T 35274－2017《信息安全技术大数据服务安全能力要求》对大数据的定义为“具有数量巨大、种类多样、流动速度快、特征多变等特性，并且难以用传统数据体系结构和数据处理技术进行有效组织、存储、计算、分析和管理的数据集。”[②]《大数据产业发展规划（2016—2020年）》（工信部规〔2016〕412号）提出，大数据产业指以数据生产、采集、存储、加工、分析、服务为主的相关经济活动，包括数据资源建设、大数据软硬件产品的开发、销售和租赁活动，以及相关信息技术服务[③]。

国际对大数据的相关定义。2012年达沃斯世界经济论坛发表的《大数据，大影响》报告中提出“数据成为一种新型的经济资产，大数据将像土地、石油和资本一样，成为经济运行中的稀缺战略资源”。维基百科将大数据定义为“无法在一定时间内使用常规数据库管理工具对其内容进行抓取、管理和处理的数据集”。亚马逊公司认为大数据是“任何超过了一台计算机处理能力的数据量”。研究机构GARTNER将大数据视为“需要新处理模式才能具有更强的决策力、洞察发现力和流程优化能力的海量、高增长率和多样化的信息资产”。麦肯锡认为大数据是“大小超出了典型数据库软件工具获取、存储、管理和分析能力的数据集”。

（二）大数据安全

大数据安全包括多层面，大数据平台和技术安全、大数据本身安全、大数据服务安全、大数据行业应用安全等。其中，大数据平台和技术安全涵盖大数据基础平台安全、大数据基础平台安全运维、大数据安全相关技术；大数据本身安全涵盖重要数据安全、数据跨境安全、个人信息安全；大数据服务安全涵盖大数据服务安全能力、大数据交易服务安全；大数据

① 《促进大数据发展行动纲要》（国发〔2015〕50号），http：/www. gov. cn/zhengce/content/2015－09/05/content_ 10137. htm。

② GB/T 35274－2017《信息安全技术大数据服务安全能力要求》。

③ 《大数据产业发展规划（2016—2020年）》（工信部规〔2016〕412号）。

行业应用安全涵盖政务大数据安全、健康医疗大数据安全及其他行业大数据安全。

二、大数据面临的网络安全挑战

（一）大数据本身面临的安全挑战

数据本身安全面临着两方面的挑战。一方面，大数据体量大，数据中蕴含巨大价值，因此成为当前网络攻击的显著目标。近年来频繁发生邮箱账号、社保信息、银行卡号等数据泄露的严重安全事件，由于大数据体量大，数据泄露产生的后果更为严峻。另一方面，大数据所有者权难以保障。在大数据的共享交换、交易流通过程中，数据会脱离数据所有者的控制，存在数据滥用、权属不明确、安全监管责任不清晰等安全风险，将严重损害数据所有者的权益。

（二）大数据平台全面临架构、软件的安全风险

大数据的使用的技术架构、支撑平台和大数据软件面临安全风险。大数据管理平台大多基于 Hadoop 生态架构的 Hbase/Hive、Cassandra/Spark、Mongodb 等，但是这些平台和技术对大数据应用用户的身份鉴别、授权访问、密钥服务以及安全审计等方面考虑较少整体安全性较弱。此外，大数据应用中多采用缺乏严格的测试管理和安全认证第三方开源组件，存在大量漏洞和恶意后门，使得大数据在保密性、完整性、可用性等方面面临更大的挑战。

（三）大数据挖掘技术带来的安全挑战

随着数据抽取能力不断加强，将看似不相关的大量数据片段整合在一起，可以分析一个国家的政治、经济、科技、社会、文化等特征，也可以识别出个人行为特征、性格特征等，一方面，造成国家重要数据泄露的隐患。国家行政部门、各产业、社会保障部门的官网数据与互联网相连，巨大的数据流动起来，形成关乎国家各领域的重要、详尽、实时的大数据，如果非法利用大数据挖掘技术分析重要数据，则对我国国家安全产生重大隐患。另一方面，造成个人隐私数据泄露隐患。电商、网站或运动医疗等智能产品采集个人性别、年龄、种族或经济类信息，有些还进一步收集饮食、睡眠、偏好等行为

特征以及性格特征等，如果使用大数据挖掘技术分析个人隐私数据，个人隐私将面临巨大威胁。

（四）传统安全防护难以满足大数据安全需求

大数据体现出海量、多源、异构、动态性数据等显著特征，大数据应用底层一般采用开放的分布式计算和存储架构，基于边界的安全保护传统措施难以适配。此外，大数据面临高级持续性威胁攻击、分布式拒绝服务攻击，以及基于机器学习的新型攻击，传统的防御、检测等安全控制措施暴露出严重不足。

三、加强大数据安全建设的重要性

（一）保障国家重要数据安全

国家的能源、金融、通信、交通等重要领域的关键信息基础设施都依赖信息网络，各领域国家重要数据的汇集，无疑形成一个国家最为宝贵的数据资源，在数据挖掘等分析工具下，这些重要数据能够分析出一个国家政治、经济、科技、文化等多方面的信息。因此，提高大数据安全技术能力，加强大数据安全管理，加强大数据平台安全建设，提升国家网络安全态势感知预警能力，有利于保障关键信息基础设施中流动的海量数据免受网络攻击，防止国家重要数据资源被非法窃取、非法利用，保障国家安全。

（二）护航行业和企业数据安全

各个行业和企业在利用大数据获得信息价值的同时，大数据安全风险也不断累积。一方面，提高大数据安全技术能力建设，加强大数据安全管理，有利于防止大数据平台和各类应用服务系统被入侵，防止大数据在信息系统上传、下载、交换的过程中被攻击，保障数据安全，减少大数据安全影响行业和企业的品牌信誉、研发、销售、服务等。另一方面，加强行业大数据在行业之间或组织之间的安全交换与共享，加强电子政务、电子商务、健康医疗等行业大数据安全建设和运营。

（三）保护公民个人信息和隐私安全

大数据的汇集加大了个人信息和隐私数据信息泄露的风险。电子邮件、微信、微博、购物网站、论坛等已进入人们生活，成为人们日常使用的平台。而这些平台中的数据涉及大量的个人信息和隐私数据，通过关联分析和数据挖掘，可分析出公民个人身份、账户、位置、轨迹等敏感或隐私信息，这些数据的非法采集和利用侵犯公民的个人信息和隐私。提高大数据安全技术能力建设和加强大数据安全管理，着重个人数据收集、传输、存储、处理、共享，有利于保护公民个人信息和隐私安全。

第二节　发展现状

一、大数据安全法律政策加紧出台

大数据安全受到国家和部委的高度重视。中共中央政治局2017年12月8日下午就实施国家大数据战略进行第二次集体学习。中共中央总书记习近平在主持学习时强调，“要切实保障国家数据安全。要加强关键信息基础设施安全保护，强化国家关键数据资源保护能力，增强数据安全预警和溯源能力。要加强政策、监管、法律的统筹协调，加快法规制度建设。要制定数据资源确权、开放、流通、交易相关制度，完善数据产权保护制度。要加大对技术专利、数字版权、数字内容产品及个人隐私等的保护力度，维护广大人民群众利益、社会稳定、国家安全。要加强国际数据治理政策储备和治理规则研究，提出中国方案”。[①]

大数据安全相关的法律政策加紧制定出台。一方面，数据安全在网络安全法中得到体现。我国在积极推动大数据产业发展的过程中，非常关注大数据安全问题，继近几年发布大数据产业发展和安全保护相关的法律法规之后，数据安全在我国网络安全法中得到体现，2017年6月《中华人民共和国网络安全法》正式实施。另一方面，大数据安全相关的政策逐步建立。国务院印发《促进大数据发展行动纲要》（国发〔2015〕50号），提出网络空间数据主

① 《习近平：实施国家大数据战略加快建设数字中国》，http：//www. xinhuanet. com/politics/leaders/2017 - 12/09/c_ 1122084706. htm。

权保护是国家安全的重要组成部分。《关于国民经济和社会发展第十三个五年规划纲要》，提出加强数据资源安全保护，具体表现为要建立大数据安全管理制度、实行数据资源分类分级管理和保障安全高效可信应用。2017 年 4 月，为保障个人信息和重要数据安全，维护网络空间主权和国家安全、社会公共利益，促进网络信息依法有序自由流动，国家互联网信息办公室会同相关部门起草的《个人信息和重要数据出境安全评估办法（征求意见稿）》向社会公开征求意见。

二、大数据安全相关国家标准加快制定

全国信息技术标准化技术委员会为推动和规范我国大数据产业的快速发展，培育大数据产业链，并与大数据安全标准化国际标准接轨。2014 年 12 月，全国信息技术标准化技术委员会成立了大数据标准化工作组（BD-WG），工作组主要负责制定和完善我国大数据领域标准体系，组织开展大数据相关技术和标准的研究，推动国际标准化活动，对口 ISO/IEC JTC1 WG9 大数据工作组。2016 年 4 月，为了加快推动我国大数据安全标准化工作，全国信息安全标准化技术委员会成立大数据安全标准特别工作组，主要负责制定和完善我国大数据安全领域标准体系，组织开展大数据安全相关技术和标准研究。

2017 年我国加强大数据安全标准化建设，2017 年 4 月 8 日，《大数据安全标准化白皮书》正式发布。截至 2018 年 1 月 22 日，我国在大数据安全标准建设方面情况如表 6 – 1 所示。

表 6－1 大数据安全标准

标准类型		标准名称（中文）	立项年份	所属工作组	所处阶段
制定	1	信息安全技术大数据安全管理指南	2016	SWG－BDS 大数据安全标准特别工作组	送审稿阶段
	2	信息安全技术大数据交易服务安全要求	2017	SWG－BDS 大数据安全标准特别工作组	送审稿阶段
	3	信息安全技术大数据安全能力成熟度模型	2017	SWG－BDS 大数据安全标准特别工作组	送审稿阶段
	4	信息安全技术大数据服务安全能力要求	2016	SWG－BDS 大数据安全标准特别工作组	发布
	5	大数据基础平台安全要求	2017	SWG－BDS 大数据安全标准特别工作组	
	6	电信大数据安全指南	2017	SWG－BDS 大数据安全标准特别工作组	
	7	信息安全技术大数据业务安全风险控制平台安全能力要求	2017	SWG－BDS 大数据安全标准特别工作组	
修订	1	信息安全技术网络安全等级保护基本要求第 6 部分：大数据安全扩展要求	2017	WG5 信息安全评估工作组	
研究	1	大数据平台安全管理产品安全技术要求研究	2014	WG5 信息安全评估工作组	征求意见稿阶段
	2	大数据安全防护标准研究	2015	SWG－BDS 大数据安全标准特别工作组	征求意见稿阶段
	3	大数据交易服务平台安全要求	2016	SWG－BDS 大数据安全标准特别工作组	征求意见稿阶段
	4	大数据安全能力成熟度评估模型	2016	SWG－BDS 大数据安全标准特别工作组	征求意见稿阶段
	5	大数据安全标准体系研究	2016	SWG－BDS 大数据安全标准特别工作组	草案阶段

资料来源：赛迪智库，2018 年 1 月。

三、大数据安全产业加快发展步伐

产业界积极举办参与大数据安全峰会。大数据安全引起了政产学研等社会各界的关注。2017 年 5 月 27 日，由国家密码管理局、中国电子科技集团公司指导，“‘法’‘治’并举数据长安——中国大数据安全发展峰会”在贵阳国际生态会议中心隆重召开，会议从大数据安全的趋势、应用、实践、生态等方面深入探讨了如何建立更为安全的大数据管控，数据安全相关企业积极参会。2017 年 6 月 17 日，由中国保密协会、浙江省网信办、浙江省经信委指导的 2017 首届中国数据安全峰会顺利召开，会议以“共建数据安全共享安全数据”为主旨，发表数据安全宣言，发布首个中国数据安全险，阿里巴巴技术安全参会。2017 年 12 月 17 日，中国社会科学院法学研究所、中国法学会网络与信息法学研究会和腾讯集团数据与隐私保护中心联合举办“2017 大数据合作与合规峰会”。

大数据安全产业自身加快发展步伐。2017 年 7 月 25 日，号称“中国第一家大数据安全公司”的瀚思科技（HANSIGHT）举办了 B 轮融资发布会，宣布获得 1 亿元人民币融资，本轮融资由国科嘉和基金和 IDG 资本领投，南京高科等 A 轮投资方继续跟投。2017 年 11 月 28 日，贵州大数据安全工程研究中心在贵阳国家经济技术开发区成立，中心将以国家网络强国战略和贵州大数据发展战略为引领，为整合大数据安全技术领域创新资源、推动大数据安全体系进步和产业发展提供技术支持和保障。

产业界开展大数据安全攻防演练助推大数据健康发展。2017 年 11 月 21 日至 28 日，贵阳市成功举办“2017 贵阳大数据及网络安全攻防演练”活动，40 余位大数据及网络安全领域的知名院士、专家莅临指导，30 余支国内一流水平的攻防团队参与演练。本次演练以“共建安全生态，共享数据未来”为主题，来自全国各地的 21 支检测队伍、14 支应急响应队伍以及 36 支防守队伍齐聚贵阳大数据安全产业示范区，各方以代码作刀戟，展开激烈角逐，上演了一场“真枪实战”的网络攻击防卫战役。

第三节　面临的主要问题

一、大数据安全标准有待加强

一是当前我国信息安全技术并不能满足大数据应用的安全需求，需要加强大数据安全核心技术标准研究。二是大数据应用中存在各种数据安全和隐私安全风险，为提高大数据产品和服务的安全可控水平，维护国家安全和公众利益，有必要依据《网络安全法》《网络安全产品和服务审查办法》研制加快大数据安全审查支撑性标准。三是数据共享缺乏安全标准、技术手段和管理能力，严重阻碍了数据共享进程，亟须加快数据交易安全相关标准的制定工作。

二、大数据核心技术受制于人

一方面，大数据硬件、软件、服务供应链的安全问题严重。大数据安全涉及底层芯片、基础软件到应用分析软件及服务等全产业链的安全支撑，目前，我国大数据底层的核心技术基础薄弱，处理芯片、存储设备、大数据软件等方面多受制于人。硬件方面，甲骨文公司、IBM 占据中国服务器市场，搭载英特尔芯片的联想、惠普和戴尔占据我国电脑市场。软件方面，微软的 WINDOWS 操作系统占据我国操作系统市场，与数据处理密切相关的基础软件更是由国外主导。服务方面，思科把持 163 骨干网所有的超级核心节点。另一方面，我国缺乏大数据的系统开发核心技术。我国缺乏对大数据技术研发的整体设计框架，HADOOP 分布式数据处理技术、NOSQL 数据库及流式数据处理技术等分别被 CLOUDERA、IBM 以及亚马逊等国外企业掌控，国内使用的数据挖掘、关联分析等大数据关键技术大多来源他国。

三、大数据安全产业人才匮乏

我国大数据安全产业发展较为滞后，国内仅有瀚思等少数企业专门发展大数据安全。究其原因，我国大数据安全产业研发能力不足，大数据安全人才稀缺。大数据安全属于“跨界”的前沿领域，要求人才既懂“大数据”，又懂“安全”，要求人才的知识结构具有前沿性，又要求实际操作能力的综合性，在客观上决定了大数据安全人才是比较缺乏的。从高校人才培养来看，网络空间安全刚刚兴起，网络空间安全一级学科的设立也是最近一年多的事情，培养人才远远不能满足社会需求，大数据安全企业所用安全人才大都属于“半路出家”，在工作岗位上逐步成长成熟，缺乏完善的人才培养体系。

第七章　物联网安全

当前全球物联网正处于蓬勃发展阶段，已经在部分领域取得了显著进展，从技术发展到产业应用已显现了广阔的前景。但是，伴随着物联网的发展，物联网在信息安全方面的各种隐患逐步暴露出来，对国家网络安全、企业业务安全和用户个人隐私安全造成重大影响，如 2017 年 3 月，SPIRAL TOYS 旗下的 CLOUDPETS 系列动物填充玩具遭遇数据泄露，敏感客户数据库受到恶意入侵，儿童姓名、地址、录音数据大量泄露；4 月，华为海思麒麟芯片被爆出存在基带漏洞，影响 WWAN 模块和物联网通信模块，波及市面 50% 的华为手机；8 月，深圳某公司生产的 17.5 万个安防摄像头爆出安全漏洞，可被黑客远程控制；11 月，CHECK POINT 研究人员发现 LG 智能家居设备存在漏洞，黑客利用漏洞可以远程劫持 LG SMARTTHINQ 的家用电器，包括智能冰箱、智能干洗机、智能洗碗机、智能微波炉和智能扫地机器人，窃取用户隐私或者进行破坏。当前物联网设备几乎无处不在，一旦发生安全事故影响十分广泛，美国的东海岸的断网事故就是前车之鉴，因此，全面加强物联网安全防护势在必行。

近年来，我国对物联网安全的重视程度日渐提高，在顶层设计方面，国务院及各部委均出台了相关文件推进物联网行业健康发展；在安全技术方面，我国科研人员除在传统的加密技术、认证技术、安全路由技术方面加强研究外，在区块链等的新兴技术方面也展开了研究；在标准制定方面，通过大量专家、企业、行业协会的不懈努力，我国主导的 NB－IOT（窄带蜂窝物联网）标准和空中安全接口协议 TRAIS－X 成为国际标准，并在物联网语义、物联网大数据、物联网网关等重要领域具有决定性话语权。但不可否认的是，在我国物联网安全取得显著进展的同时，也面临着诸多挑战，如预警与应急响应机制缺乏、隐私保护力度不够、专业人才缺乏等。

第一节　概　　述

一、相关概念

（一）物联网

物联网是通过二维码识读设备、射频识别（RFID）装置、红外感应器、全球定位系统和激光扫描器等信息传感设备，按约定的协议，把任何物品与互联网相连接，进行信息交换和通信，以实现智能化识别、定位、跟踪、监控和管理的一种网络。物联网主要解决物品与物品、人与物品、人与人之间的互联。与传统互联网不同的是，人与物品互联是指人利用通用装置与物品之间的连接，从而使得物品连接更加简化，而人与人互联是指人之间不依赖于 PC 而进行的互联。物联网还包含以下几个重要技术与产品概念。

1. M2M

M2M 可代表机器对机器（Maching to Machine）、人对机器（Man to Machine）、机器对人（Machine to Man）、移动网络对机器（Mobile to Machine）之间的连接与通信，它涵盖了所有实现在人、机器、系统之间建立通信连接的技术和手段。目前，M2M 在某些情境下已经成为物联网应用场景的代名词。

2. 无线传感器网络

无线传感器网络（Wireless Sensor Networks，WSN）是一种分布式传感网络，它的末梢是可以感知和检查外部世界的传感器。WSN 中的传感器通过无线方式通信，因此网络设置灵活，设备位置可以随时更改，还可以跟互联网进行有线或无线方式的连接，通过无线通信方式形成的一个多跳自组织网络。WSN 的发展得益于微机电系统（Micro - Electro - Mechanism System，MEMS）、片上系统（System ON Chip，SOC）、无线通信和低功耗嵌入式技术的飞速发展。WSN 广泛应用于军事、智能交通、环境监控、医疗卫生等多个领域。WSN 技术是目前物联网应用过程中最基础也是应用最广泛的技术。

3. 智能硬件

智能硬件是通过软硬件结合的方式，对传统设备进行改造，进而让其拥有智能化的功能的设备。传统设备智能化之后，硬件具备网络连接的能力，而基于硬件的各类应用软件和服务实现了互联网服务的加载。智能硬件应用呈现一种明显的“云+端”的构架，是物联网中物品与物品、人与物品的典型应用。智能硬件已经从可穿戴设备延伸到智能电视、智能家居、智能汽车、医疗健康、智能玩具、机器人等领域，目前市面上已经有各类智能手环、智能家居系统等商用化产品出现。

4. NB-IOT

基于蜂窝的窄带物联网（Narrow Band Internet Of Things，NB-IOT）是IOT领域一个新兴的技术，支持低功耗设备在广域网的蜂窝数据连接，也被叫作低功耗广域网（LPWAN）。在频段资源占用方面，NB-IOT网络可直接部署于GSM网络、UMTS网络或LTE网络，仅占用约180kHz的带宽；在待机方面，NB-IOT支持待机时间长、对网络连接要求较高设备的高效连接，设备电池可至少维持10年。鉴于其资源占用少、功耗低、可以基于当前电信基础设施实现平滑升级，其应用前景极其广阔。2017年7月，OFO小黄车与中国电信、华为推出的“物联网智能锁”是我国NB-IOT的首次大规模商用案例。

（二）物联网安全

物联网安全主要体现在感知、传输和应用三个环节。在感知环节，由于网络环境的错综复杂，信息采集对象往往是不可信的，而采集节点受限于功耗，无法采用复杂的身份鉴别机制，一旦信息采集对象存在身份仿冒将会对整个物联网系统造成风险；在传输环节，感知节点在数据传输的过程中是暴露在整个错综复杂的网络环境之下的，数据链路加密强度、信道拥堵攻击等都影响着整个物联网系统的稳定性；在应用环节，由于当前缺乏统一的强制性物联网信息安全检测标准，物联网产品的安全防护性能仅依赖于研发厂商的技术能力和安全意识，这就导致市面上物联网产品的安全防护能力千差万别，当系统中存在多种应用、多种产品时，由于“短板效应”的存在，一旦某个应用节点被攻破将导致整个物联网应用系统的崩塌。

二、物联网面临的网络安全挑战

物联网是互联网的延伸，因此物联网的安全也是互联网安全的延伸，物联网面临的网络安全挑战既有来自传统互联网的通用安全问题又有其自身架构先天缺陷带来的特有问题。

（一）通用安全问题

主要包括两方面，一方面终端节点弱口令加剧了物联网系统的安全风险。用户和企业在操作物联网设备时往往采用互联网社交上惯用的弱口令，如简单的数字组合、账号相同、键盘临近键、常见姓名构成的密码、终端设备的出厂默认配置等，黑客通过建立弱口令字典，对物联网设备进行暴力攻击撞库来获得系统控制权；另一方面，不安全的终端访问接口造成信息传输交互易被攻击，如HTTP简单连接、数据包没有数字签名、没有接口验证参数、没有身份验证等。

（二）物联网专有安全问题

物联网专有安全问题主要包含五个方面。

一是智能感知节点资源受限造成系统防护难度加剧。无线传感器网络是物联网应用的基础技术之一，很多感知节点受功耗限制，运算和存储能力有限，自身安全防护能力脆弱，无法运行PC级身份认证机制和授权机制，无法抵御高强度的身份仿冒攻击。

二是物联网系统数据量极大且数据结构复杂导致系统安全管理难度极大。由于物联网中节点数量庞大，且以集群方式存在，一旦被非法利用，大量节点的数据传输需求可能会导致网络拥塞，产生DDOS拒绝服务攻击。2016年10月底，美国东海岸的断网事件就是黑客利用物联网节点向顶级域名服务商DYN公司发动DDOS攻击的典型案例。此外，物联网数据多是格式复杂多样的多元异构数据，数据本身带来的网络安全问题更加复杂。

三是复杂的网络拓扑结构推高系统安全防护难度。目前主流物联网应用多采用MESH网结构，任何一个节点被病毒侵染将会导致整个网络被攻破，整个系统的网络安全防护实际上就是“短板效应”典型案例，安全防护人员很难做到时时确保网络中成百上千的节点软硬件安全性，对于犯罪分子来说，这就相当于在无线网络环境和传感网络环境中有成百上千的攻击入口。

四是非受控环境终端的安全保障难度较高。物联网节点设计之初针对的就是各类恶劣的军事及生产环境，这些环境往往是无人监控的，攻击者可以对硬件节点进行硬件拷贝、芯片替换等本地破解，而这种破解攻击隐蔽性极大，即便被攻破也很难被系统管理者发现。

五是万物互联导致用户个人信息保护难度加大。当前，物联网设备已经深入用户日常生活中，如各种智能运动手环、儿童定位手表、儿童智能玩具、智能摄像头、智能感应卡、智能家居设备（智能电视、扫地机器人）等，由于使用者并不能随时觉察到这些设备对个人信息如声音、GPS、通信记录的采集行为，导致使用者在未经授权情况下被不受控制地扫描、定位和追踪，很多设备缺乏加密、认证、访问控制管理的安全措施，使得设备中的数据很容易被窃取或非法访问，当用户发现个人隐私信息泄露时，往往又无法定位泄露源头，举证维权困难。

三、加强物联网安全防护的重要性

当前全球物联网正处于蓬勃发展阶段，已经在部分领域取得了显著进展，从技术发展到产业应用已显现了广阔的前景。但是，伴随着物联网的发展，物联网在信息安全方面的各种隐患逐步暴露出来，对国家网络安全、企业业务安全和用户个人隐私安全造成重大影响，全面加强物联网安全防护势在必行。

在关键信息基础设施防护方面，物联网技术已经在石油化工、装备制造、航空航天、电力运行、市政管理等涉及国计民生的重要行业广泛应用，美国东海岸断网事件、乌克兰电网瘫痪事件、比亚迪和特斯拉车联网被攻破事件等等都为政府敲响了安全警钟，随着国际安全形势的日益严峻，网络空间主权的争夺日趋激烈，黑客利用联网设备对他国关键信息基础设施实施远程攻击的形势愈演愈烈，政府有必要在重要行业全面加强物联网安全防护。在企业生产安全和信息安全方面，由于部分企业急于上马新业务和新应用，重功能实现轻安全防护，内外网没有实现完全物理隔离，边界防护薄弱，造成系统防护短板，黑客通过底层物联网设备侵入企业经营管理系统窃取生产数据和经营情报，此前俄罗斯被爆出黑客通过攻击石油管道监测节点侵入石油公司内网的严重事件，大量机密数据被窃。因此，加强物联网设备安全防护对保障企业运营安全具有重要意义。在用户个人隐私保护方面，物联网设备引发的信息泄露已经十分严重，全面加强物联网产品的信息安全管理对用户具有重要意义。

第二节　发展现状

一、物联网安全顶层设计进一步完善

随着网络空间安全形势的日益严峻，全球范围内物联网安全事件频发引起各国政府的高度重视。2017 年，国务院、工业和信息化部等中央部委在《“十三五”国家战略性新兴产业发展规划》《“十三五”国家信息化规划》《物联网发展规划（2016—2020 年）》《工业和信息化部办公厅关于全面推进移动物联网（NB－IOT）建设发展的通知》均明确提出了物联网安全保障的工作要求。

国务院《“十三五”国家战略性新兴产业发展规划》中明确提出“着眼于提升当前网络体系架构可扩展性、安全性、可管控性、移动性和内容分发能力，系统布局新型网络架构、技术体系和安全保障体系研究，开展实验网络建设，研究构建泛在融合、绿色带宽、智能安全的新型网络”。

国务院《“十三五”国家信息化规划》中明确提出“加强智慧城市网络安全规划、建设、运维管理，研究制定城市网络安全评价指标体系。加快实施网络安全审查，对智慧城市建设涉及的重要网络和信息系统进行网络安全检查和风险评估，保证安全可靠运行”。

工业和信息化部《物联网发展规划（2016—2020 年）》中明确提出“坚持安全可控。建立健全物联网安全保障体系，推进关键安全技术研发和产业化，增强物联网基础设施、重大系统、重要信息的安全保障能力，强

化个人信息安全，构建泛在安全的物联网”。文件还明确了进行物联网安全建设的两项重要任务，一是推进关键安全技术研发和产业化，“引导信息安全企业与物联网技术研发与应用企业、科研机构、高校合作，加强物联网架构安全、异构网络安全、数据安全、个人信息安全等关键技术和产品的研发，强化安全标准的研制、验证和实施，促进安全技术成果转化和产业化，满足公共安全体系中安全生产、防灾减灾救灾、社会治安防控、突发事件应对等方面对物联网技术和产品服务保障的要求”。二是建立健全安全保障体系，“加强物联网安全技术服务平台建设，大力发展第三方安全评估和保障服务。建立健全物联网安全防护制度，开展物联网产品和系统安全测评与评估”。

工业和信息化部《关于全面推进移动物联网（NB－IOT）建设发展的通知》中明确提出“建立健全 NB－IOT 网络和信息安全保障体系，提升安全保护能力。推动建立 NB－IOT 网络安全管理机制，明确运营企业、产品和服务提供商等不同主体的安全责任和义务，加强 NB－IOT 设备管理。建立覆盖感知层、传输层和应用层的网络安全体系。建立健全相关机制，加强用户信息、个人隐私和重要数据保护”。

二、物联网安全技术研究多点开花

物联网安全技术是保障物联网健康快速发展的基石，近年来，物联网安全技术研究进展迅速呈现多点开花的局面。一方面传统信息安全技术与物联网技术相结合爆发出强大生命力，如异常行为检测技术，传统条件下，该技术主要对 TCP/IP 等主流互联网协议流量进行检测，改良后，该技术可以对工控环境中的 MODBUS、PROFIBUS 等协议流量进行检测，广泛应用于车联网等应用环境中；代码签名技术，通过代码签名可以保护设备不受攻击，保证所有运行的代码都是被授权的，保证恶意代码在一个正常代码被加载之后不会覆盖正常代码，保证代码在签名之后不会被篡改。相较于互联网，物联网中的代码签名技术不仅可以应用在应用级别，还可以应用在固件级别，所有的重要设备，包括传感器、交换机等都要保证所有在上面运行的代码都经过签名，没有被签名的代码不能运行。目前代码签名技术研究的热点在于如何在资源受限的物联网节点设备上实现轻量级的签名算法；OTA（OVER THE AIR）在线升级技术，最初是运营商通过移动通信网络（GSM 或者 CDMA）的空中接口对 SIM 卡数据以及应用进行远程管理的技术，后来逐渐扩展到固件升级，软件安全等方面。随着技术的发展，物联网设备中总会出现脆弱性，所以设备在销售之后，需要持续地打补丁。而物联网的设备往往数量巨大，如果花费人力去人工更新每个设备是不现实的，但受限于节点运算能力和网络带宽有限，主流安全厂商和物联网设备厂商都在积极研究轻量级的 OTA 在线升级技术。目前，360 公司、绿盟、华为、思科等都在进行上述相关技术研究。

另一方面以区块链为代表的新技术与物联网技术融合发展解决特定场景下的安全问题。区块链是一个链式数据结构存储的分布式账本（数据库），利用共识机制、加密算法等保障数据的安全性、一致性。区块链实现了在弱信任或不信任环境下，帮助用户分布式地建立一套信任机制，保障用户业务数据难以被非法篡改、公开透明、可溯源。由于物联网的基础是分布式传感节点，其与区块链技术的应用场景高度重合，二者的融合有望解决传统物联网设备中的身份认证问题。该技术目前研究火热，2018 年 1 月，《财富》杂志把“区块链物联网”列为改变世界的四大技术趋势之一，国外也已有相关项目研究（IOTA）；白盒密码技术是一种新的密码算法，它与传统密码算法的不同点是能够抵抗白盒攻击环境下的攻击。白盒密码使得密钥信息可充分隐藏、防止窥探，因此确保了在物联网感知设备中安全地应用原有密码系统，极大提升了安全性。该技术作为一种新兴安全技术已经在 HCE 云支付、车联网、智能终端等领域试点应用。

三、物联网安全标准研制工作实现突破

我国物联网研究起步较晚，在物联网发展过程中核心标准多是由 ITU、IEEE 等国外标准组织把控，造成物联网安全不可控。近些年来，经过政府、企业、专家的不懈努力，我国已经主导了一些物联网核心技术领域标准的制定工作，并逐步占据优势地位。

国际方面，我国物联网安全标准研制话语权日益增强，部分关键标准成

为国际标准。我国专家、科研机构为打破国外垄断，积极参与 ONEM2M、3GPP、ITU、IEEE、WAPI 等主要标准化组织物联网领域的标准研制工作，凭借实力取得了国外同行的认可。2016 年底，由我国华为主导的 NB-IOT 标准核心协议研制完成，由国际标准组织 3GPP 发布，奠定了我国在窄带物联网领域的绝对话语权；2017 年 10 月，我国自主研发的物联网安全协议关键技术 TRAIS-X，由国际标准组织 WAPI 正式发布，成为国际标准化组织/国际电工委员会（ISO/IEC）国际标准；2018 年 1 月中旬，我国自主研发的近场通信安全测试技术 NEAU-TEST 由 WAPI 正式发布，成为国际标准化组织/国际电工委员会（ISO/IEC）国际标准。上述这些行业核心标准的发布有力地提升了我国国际标准影响力，截至 2017 年底，我国已在 50 多项国际标准组织中占据领导席位。

国内方面，国内单位积极立项，推动物联网安全标准体系的建立。2017 年 5 月，国家信息安全标准化技术委员会发布了《信息安全技术物联网数据传输安全技术要求》《信息安全技术智能卡安全技术要求（EAL4+）》《信息安全技术智慧城市建设信息安全保障指南》《信息安全技术智慧城市安全体系框架》等 4 项物联网安全相关标准的征求意见稿；2018 年 1 月，由国家物联网基础标准工作组及全国信标委传感器网络标准工作组组织编制的 GB/T 30269.602-2017《信息技术传感器网络第 602 部分：信息安全：低速率无线传感器网络网络层和应用支持子层安全规范》等 5 项物联网安全相关标准正式成为国家标准。

第三节 面临的主要问题

一、预警与应急响应机制缺乏影响事故事态控制

当前，物联网已经广泛应用于电力、石油、冶金、机械制造、市政等重点行业领域，但是我国尚未建立完善的工业物联网信息安全管理体系，缺少统一的信息安全预警与重大事件应急响应机制。此前，乌克兰的断网

事件、美国东海岸断网事件、美国伊州供水系统中断事件由于当地政府缺乏预警和应急机制，没有完全控制住事态，给国民造成了巨大的经济损失。我国工业物联网建设起步较晚，仍处于摸索阶段，企业搭建工业物联网系统仍以“功能实现”作为首要目标，安全设计考虑较少，部分企业管理者对内网安全的理解停留在“内外网隔离”层面，针对物联网系统的安全预警和应急响应机制更是空白。这种状况导致企业不能及时发现系统内异常节点并进行威胁评估与预警、发生重大网络安全事故后不能及时控制事态降低损失。

二、人才供给不平衡制约行业发展

人才短缺已成为制约物联网安全发展的重要因素。一方面，物联网安全领域对人才的复合型能力要求很高，除需要掌握计算机、软件设计、硬件设计、数据分析、协议设计、操作系统等跨学科基础知识外，还需要具备工厂一线生产实践能力，根据物联网实际应用场景统筹设计符合业务安全等级的物联网安全防护技术和管理措施。另一方面，网络空间安全一级学科刚刚获批，相关网络安全人才培养机制缺乏，更不论细分的物联网安全领域，能够培养物联网安全相关人才的院校或者培训单位非常少，而高职教育也没有突出物联网安全职业导向所重视的实操能力培养。两大因素综合作用导致当前物联网安全领域人才供给不平衡，高端人才、专业技术人才极度紧缺，严重制约了我国物联网产业的发展。

三、隐私保护力度不够打击用户信心

在物联网设备大量普及的今天，针对物联网展开的攻击越发普遍。鉴于物联网设备在设计和构造上相对简单，同时厂商对信息安全重视不足，都导致这些物联网设备成为隐私数据泄露的元凶。此前已有报道黑客通过入侵智能家居系统网关，远程操纵智能摄像头、智能电视、AI 音箱对用户进行录音录像；早在 2015 年，我国媒体曾曝光多个品牌的儿童智能手表存在严重安全漏洞，黑客不仅可以精准掌握手表所处的位置，还能完整获取儿童日常行走路线，窃听儿童对话及周围声音，通过撞库攻击还可以获得网上账户中儿童的姓名、生日等敏感信息。鉴于存在巨大的安全风险，德国于2016年全面禁止本国售卖儿童智能手表产品。用户一般仅注意智能硬件功能实现，并不会随时察觉这些设备对个人信息如声音、GPS、通信记录的采集行为，一旦发生个人隐私数据泄露，很难定位泄露源头，举证维权困难，最终打击用户使用信心。

第八章　移动互联网安全

近几年我国移动互联网发展迅猛，但安全问题也日益严重，个人、企业和国家都面临着严峻的信息安全挑战。个人层面，由于通信录、账号密码、银行卡信息等个人隐私数据大量存储在智能终端并在网络中传输，由恶意软件、伪基站等造成的个人隐私泄露、通话窃听、信息盗用等情况不断发生，个人隐私信息和财产安全受到严重威胁。企业层面，智能手机、平板电脑等设备在工作中逐渐普及，大量企业经营信息在通过移动互联网传输时引发的核心技术资料被窃取、商业活动被破坏等情况不断出现，为企业带来巨大隐患。国家层面，由于金融、能源乃至政府等核心领域数据信息通过移动互联网传输或者上传到云中，非法组织利用窃取数据进行大数据分析，可能获取国家经济社会各个方面的核心信息，威胁国家安全。

国家高度重视移动互联网安全，不断加强移动互联网安全管理力度，全面整治通信信息诈骗。移动互联网终端企业、网络运营商、应用服务提供商等加速技术应用创新，努力推出安全性更高的产品。但不可否认，当前移动互联网安全发展仍面临诸多挑战，如法律法规不够完善、核心技术受制于人、个人信息保护力度不够等，未来整个行业的发展任重道远。

第一节　概　　述

一、相关概念

（一）移动互联网

移动互联网是指互联网的技术、平台、商业模式和应用与移动通信技术结合并实践的活动总称。当前4G技术与以智能手机为代表的智能终端广泛应用极大地推动了移动互联网的发展。移动互联网主要涉及以下几类重要概念。一是通过社交网络平台开展电商活动的社交化电商，如各类微商等。二是不同种类型的移动互联网商业模式，如O2O、B2B、B2C、C2C等。三是近距离无线通信技术，如NFC、蓝牙等。四是LBS，即通过运营商网络、GPS定位等技术提供位置信息服务。五是VR、AR等新兴的人工智能技术。移动互联网的应用已深入到我们日常工作、生活、社交等各个方面。

（二）移动互联网安全

移动互联网与传统互联网及通信网络相比，终端、网络结构、业务类型等都已发生重大变化，在带来极大便利性的同时，也带来了更多的安全威胁。移动互联网主要面临以下几个方面的安全威胁。

一是移动智能终端问题，新型手机、平板、智能可穿戴设备等层出不穷，智能终端功能日益强大，能够提供通信、搜索、支付、办公等多样化的服务。因此，由智能终端"后门"、操作系统漏洞、API开放、软件漏洞等所带来的安全威胁不断增多。

二是接入网络安全。传统有线网络传输具有等级保护和边界防护等安全机制，而移动互联网更加扁平、开放，网络边界不再明显，传统安全措施的防护能力大大下降。而且，由于移动互联网增加了无线接入和大量的移动通信设备，以及IP化的电信设备、信令和协议存在可被利用的软硬件漏洞，接入网络面临着新的安全威胁，例如通过破解空中接入协议非法访问网络等。

三是应用及业务安全威胁。移动互联网业务是指与网络紧密绑定的、向用户提供的服务，随着移动互联网应用日渐广泛，移动互联网的业务提供、计费管理、信令控制等都面临着严峻的安全威胁，主要包括SQL注入、拒绝服务DDOS攻击、非法数据访问、非法业务访问、隐私敏感信息泄漏、移动支付安全、恶意扣费、业务盗用、强制浏览攻击、代码模板、字典攻击、缓冲区溢出攻击、参数篡改等。

二、移动互联网面临的安全挑战

（一）移动支付安全风险加大

移动支付面临的安全风险主要是数据传输与信息泄露的风险。当前短信支付密码被破译、短信验证码劫持、客户真实身份验证都是移动支付应用的主要技术难题。当手机仅仅用作通信工具时，相关账户密码保护相较而言优先级并不高，但当作支付工具时，短信验证码劫持，病毒挂马等问题都会造成重大财产损失。

据360互联网安全中心统计显示，2017年第三季度，监测到移动端用户累计感染恶意程序达5109.9万人次，平均每天55.5万人次。根据猎网平台统计显示，2017年第三季度共收到手机端诈骗案例6172件，涉案金额达到9102.4万元，人均损失14748元，其中金融理财类诈骗以18%高居首位。据2018年1月17日中国银联发布的《2017移动互联网支付安全调查报告》显示，网上实物类消费购物、线下商店消费两类场景使用移动支付的比例占到了72%和73%，有超过80%的用户开始“不区分大小额均使用手机支付”。2018年1月9日，腾讯安全玄武实验室正式对外披露移动攻击威胁模型——“应用克隆”：用户在手机上点击来历不明的链接，即可导致自己的支付宝登录信息被“克隆”，链接制造者利用窃取来的登录信息在另一台手机上进行直接消费。据腾讯方面的研究，市面上300多款安卓应用中，包括主流支付APP在内的27款APP有此漏洞。

（二）移动端钓鱼挂马网站呈现增长趋势

网络钓鱼其实就是一种通过网络进行诈骗的手段。因为它的诈骗方式就是用一个诱饵来诱骗用户上当，比如一个假冒网站，不知情的用户就会因为进入这个假冒网站而上当受骗，这种诈骗手段和现实生活中的钓鱼很相似，所以我们把它称作网络钓鱼。目前，随着移动互联网的高速发展，很多网站都开发了针对移动设备优化的网站，部分客户在使用过程中，极有可能通过搜索引擎误点进入“李鬼”网站。

据360互联网安全中心统计显示，2017年第三季度，360手机卫士移动端共拦截各类钓鱼网站攻击7.9亿次，发现境外彩票类和虚假购物中奖类钓鱼网站占到了总数的80.2%，移动端拦截的钓鱼网站中有93.9%是不法分子自建的网站，其余6.1%是被黑客攻击后控制的网站。第三季度钓鱼网站攻击数量总和较去年同期上涨102%，呈现快速增长的趋势。

（三）通信信息诈骗黑色产业链持续扩大

诈骗电话、中奖短信一直是困扰我国手机用户的顽疾，其方式随着社会发展和技术进步在不断"丰富"，从开始的中奖电话诈骗、冒充公检法、票务诈骗，到快递签收诈骗、助学金、"二孩补贴"诈骗，骗子甚至开发出线上线下联通的全新诈骗方式——在获取用户购物网站账户及密码后，利用编辑功能隐藏订单，植入钓鱼链接，然后伪装成客服打电话给用户，诱导用户进行转账操作。

据360互联网安全中心统计结果显示，2017年第三季度，用户通过360手机卫士标记各类骚扰电话号码约5038.7万个，平均每天被用户标记的各类骚扰电话号码约54.8万个；360手机卫士共识别和拦截各类骚扰电话80.7亿次，平均每天8781.2万次。在垃圾短信方面，同期360手机卫士共拦截各类垃圾短信约20.6亿条，平均每天2238.1万条。对诈骗短信作进一步分类，其中冒充电商、冒充银行类诈骗短信占比最高，分别为42.5%和36.7%，其次是冒充电信运营商7.3%、赌博赌彩6.9%。

（四）个人信息泄露情况日趋严重

相较传统互联网时代，当前移动互联网的高速发展使得个人隐私泄露的途径更加复杂，泄露原因更加多样。从泄露途径上来看，主要体现在以下三个方面：一是个人隐私数据的过度搜集。在当前共享经济模式下，信息资源就是财富，网络运营商、平台服务商为了掌握更大市场主动权，会千方百计地通过各种渠道搜集用户个人隐私数据。在搜集方式上又分直接和间接两种，直接方式如服务提供商以各种理由要求用户注册，提供手机号、姓名、生日、邮箱、地址等相关信息；间接方式则是在用户不知情的情况下，利用后台权限读取用户通信录、通话记录、GPS位置信息。二是个人隐私数据的不当使用。部分非法微信公众号在掌握大量用户隐私数据后通过地下产业链将其出售牟取暴利，如注册某网站或参加某调研后，会收到大量垃圾短信和垃圾邮件；另外，部分平台通过对掌握的数据进行大数据分析，进而利用用户行为习惯进行精准广告轰炸。三是个人隐私数据的非法窃取。该类型主要是网络黑客利用各大系统平台漏洞，通过撞库、拖库、钓鱼等方式窃取用户隐私数据，近几年国内知名平台数据泄露事件多是此类。

三、加强移动互联网安全的重要性

随着移动互联网应用不断深入，无论是个人、企业还是国家都面临着无法回避的信息安全挑战，移动互联网安全的重要性日益凸显。

对个人用户来说，个人通信录、账号密码、相册照片、地理位置、银行卡、信用卡等重要的隐私信息大量存储在智能终端中，恶意软件攻击、伪基站横行等导致用户隐私泄露、通话被窃听、信息被盗用等情况日益严重，个人信息、隐私和财产安全受到严重威胁。因此全面加强用户移动端安全防护能力刻不容缓。

对企业用户来说，智能手机、平板电脑等设备在工作中逐渐普及，大量的企业经营信息通过移动互联网传输，由于企业自身防护力度不够，移动互联网安全问题引发的企业商业秘密被窃取、商业活动被破坏情况不断出现，数据泄露给广大企业和用户造成的损失不可估量。例如：2017 年 11 月 20 日，分期服务机构趣店公司用户数据外泄，10 万元可买百万学生信息，公司员工称此为“内鬼”所为。此次泄露的数据十分详细，除学生借款金额、滞纳金等金融数据外，甚至还包括学生亲属电话、学信网账号密码等隐私信息。

对国家来说，由于个人、企业乃至政府信息通过移动互联网传输或者存储在云存储中，部分组织和个人通过信息窃取或者依靠云计算能力进行大规模分析，可以获取国家经济、社会各个方面的重要信息，而 GPS 全球卫星定位技术在移动互联网中的广泛应用，致使不法组织机构可以通过对重点和特殊用户进行定位，获取一些安全保密的基础信息。目前 LBS 服务已经在智能手机端全面普及，用户经常会允许软件 APP 获取自己的地理位置等信息，这就为精准广告轰炸、精准诈骗提供了便利条件，造成严重的社会问题。

第二节 发展现状

一、移动互联网安全治理力度持续加强

2017年6月，我国《网络安全法》正式实施，其中对移动互联网的监管力度空前加强。

一是移动互联网安全的政策体系不断完善。网络安全是事关国家安全的重大战略问题，2014年2月，成立了中央网络安全和信息化领导小组，习近平总书记提出“没有网络安全就没有国家安全，没有信息化就没有现代化”和“网络安全和信息化是一体之两翼、驱动之双轮，必须统一谋划、统一部署、统一推进、统一实施”。2016年11月，我国网络安全领域的基本法律《中华人民共和国网络安全法》正式发布，并于2017年6月1日正式施行，相关配套规定，比如《关键信息基础设施安全保护条例》《个人信息和重要数据出境安全评估办法》《网络产品和服务安全审查办法》等规范性文件，以及《数据出境安全评估指南》《个人信息安全规范》《关键信息基础设施网络安全保护基本要求》等规定指导性文件，正在陆续制定和发布，国家网络空间治理在法治化轨道上一步步地留下了坚实的足迹。2017年初，中办、国办印发《关于促进移动互联网健康有序发展的意见》（以下简称《意见》）。《意见》指出，全面防范移动互联网安全风险，强化网络基础资源管理，规范基础电信服务，落实基础电信业务经营者、接入服务提供者、互联网信息服务提供者、域名服务提供者的主体责任。创新管理方式，加强新技术新应用新业态研究应对和安全评估。完善信息服务管理，规范传播行为，维护移动互联网良好传播秩序。全面加强网络安全检查，摸清家底、认清风险、找出漏洞、督促整改，建立统一高效的网络安全风险报告机制、情报共享机制、研判处置机制。

二是持续开展移动互联网治理专项行动。2017年6月26日，在公安部统一指挥北京、广东、湖南等地公安机关，侵犯公民个人信息的组织集中打击。

捣毁5个非法获取、贩卖公民个人信息的犯罪团伙，抓获31名犯罪嫌疑人，查获涉及交通、物流、医疗、社交、银行等各类被窃公民个人信息100余亿条。此事件说明了我国个人信息泄露情况日趋严重。2018年2月7日，全国“扫黄打非”办公室召集百度、阿里巴巴、腾讯、新浪网、微博、今日头条、金山、奇虎、YY直播、映客直播、快手等16家互联网公司有关负责人，强调各互联网企业要严格落实企业主体责任，要求相关企业加强自律清查。

二、移动互联网安全技术应用取得新突破

随着用户不断加强对产品安全性的重视，移动互联网终端制造商、应用服务提供商、网络运营商等都不断进行技术和应用创新，努力提高产品的安全性。

在终端方面，高校与科研院校就移动互联网安全可控技术展开深入研究。例如在“2017移动智能终端峰会”上，中国信息通信研究院首次发布了网络辅助北斗/GPS位置服务平台，这是国内第一家支持A－北斗定位的辅助导航平台，它具备同时支持北斗和GPS多种辅助定位方式的能力，能够实现快速定位，同时降低终端功耗。

在移动操作系统方面，企业努力打破国外操作系统技术垄断。例如，北京元心科技推出的“元心OS”，对国产TDLTE芯片、北斗芯片、国产AP、保密内存、国产屏控等进行了完美适配，打破了国外操作系统的垄断，为党政军等重要行业应用提供了安全可控的新选择。

在移动加密技术方面，国内企业积极开发新型软硬件加密技术保障通信过程安全。如2017年9月26日在国际刑警组织第86届全体大会上，芯盾（北京）信息技术有限公司展示了DR4H信源加密技术，该技术针对语音密文互通的客观需求，提出了五大核心技术，攻克了密文互通存在的三大难题，该技术广泛适用于语音与数据安全，应用涵盖通信、金融、物联网和工业4.0等诸多应用环境。

在应用方面，企业将先进身份认证技术结合到具体应用，以提升应用安全性。例如，北京数字认证股份有限公司推出的可信身份解决方案，针对不同业务方式提供兼容PC和移动终端认证方案、多认证方式组合认证方案、设

备认证方案、多业务应用环境认证方案、远程开户认证方案、多CA证书认证方案等。

三、移动互联网产业规模持续扩大

随着移动互联网的高速发展，移动应用服务（以下简称“APP”）已成为互联网重要的信息传播渠道和公众服务平台，据不完全统计，我国境内现有APP 2200多万个，移动应用软件分发平台330余家，年移动互联网应用经济规模超过2500亿元，移动互联网应用服务已成为大众创业、万众创新的重要载体。大量的消费者使用移动支付收发红包以及网上或实体店购物，大量商家使用静态二维码（收款码）进行账款收付。据CNNIC统计数据显示，2017年移动支付用户规模较2014年翻一番，达到5.02亿人。移动支付安全调查报告显示，2017年前三季度，中国的移动支付交易额高达149.15万亿元（约22.7万亿美元），已经超过美国及西欧国家2021年的交易预估值总量。伴随着移动互联网产业的持续快速增长，我国移动互联网安全产业也迅速崛起并不断扩大，手机安全工具（如360手机卫士等）、Wi-Fi监控类、流量管理类和来电过滤类等移动安全软件产业蓬勃发展。

四、移动互联网安全协同共治业态逐渐形成

移动互联网安全问题并非单个企业、机构所能解决，需要政府、行业协会、开发者、终端企业、安全服务提供商、应用商店、消费者等多方面的共同努力。

在政府层面，我国已经构建了移动互联网安全监测平台，例如：国家互联网应急中心（CNCERT）组织通过监测与共治，加强恶意程序防控，营造安全应用开发、传播的良好环境；国家信息安全漏洞共享平台（CNVD）实时监控移动互联网漏洞，截至2018年1月28日，共发现应用漏洞103403个，其中移动APP相关漏洞5826个。

在行业协会层面，中国互联网协会反病毒联盟（ANVA）发起了“移动互联网应用自律白名单”行动，推动APP开发者、应用商店、终端安全软件企业共同打造“白应用”开发、传播、维护的良性循环。

在开发者层面，APP 开发者逐渐对二次打包应用不在冷漠，对盗版、破解应用已经尝试使用法律武器维护自己的合法权益。

在终端企业层面，智能终端提供商已经逐渐提高操作系统维护频度，及时修补重大系统漏洞，并减少出厂捆绑软件数量。

在安全服务提供商层面，很多企业已经组建了开放的移动安全平台和移动安全漏洞播报平台，如百度手机卫士通过开放接口，接入应用商店、开发者、垂直领域（银行、支付、游戏）等产业链条上的各参与方，提供“支付安全保护、骚扰拦截、病毒查杀及漏洞检测”三大移动安全技术。

在应用商店层面，各大主流应用商店正逐渐提高 APP 内容与安全审核，防止再度出现类似苹果 X－CODE 开发工具污染情况，严格把控上架软件产品质量，对包含恶意后门、非法篡改的软件及时下架并通知用户。

在消费者层面，主流消费者移动安全意识已经较去年有显著提高，IOS 用户已经逐渐接纳付费购买高质量安全软件的商业模式，IOS 系统越狱现象大幅下降；安卓用户在下载软件时也逐渐选择国内主流大型应用商店，下载前认真核实软件发布者。在日常使用过程中，定期使用手机杀毒软件进行系统杀毒和隐私清理。

第三节　面临的主要问题

一、移动互联网安全法律法规需进一步完善

我国已于 2017 年 6 月 1 日开始正式实施《中华人民共和国网络安全法》，对企业保障用户安全、网络安全都进行了明确规定。相关部门应根据《网络安全法》相关配套规定，将法律所确立的制度规定精细化，确保落实实施，给违法企业及个人以强有力的威慑。目前，针对移动互联网安全领域，我国还未制定专门的法律法规，没有明确界定移动互联网相关各方的职责范围、责任主体。同时移动互联网业务涉及领域众多，存在多个部门对移动互联网进行监管及职责交叉等问题。因此，需要制定针对移动互联网的法律法规，

在法律层面界定移动互联网使用者、接入服务商、业务提供商、监管者的权利和义务，加强对应用商店、终端厂商的安全管理和日常监督监测，落实安全责任。

二、移动互联网核心技术受制于人

我国智能终端产量及用户量都稳居世界第一，但中央处理器、操作系统、存储等核心技术均非自主可控，APPLE、三星等国际大牌在我国的移动智能终端市场依然占据大量的份额，智能终端操作系统被谷歌安卓和 APPLE IOS 等垄断，核心处理芯片市场被高通、INTEL、AMD 等占据。对我国网络空间安全造成巨大隐患。目前急需研发出拥有自主知识产权的核心硬件产品，开发出通用、易用的操作系统，更好地保障我国数亿网民的上网安全。

三、移动互联网个人信息保护力度不够

移动互联网的迅速普及极大地提高了人们工作生活的便利性，但是，随着 O2O 应用及大数据技术的爆发式发展，平台运营商未经用户同意情况下搜集、抓取、分析日常行为数据，使得我们逐渐成为“透明人”，与此同时，不断发生的个人隐私泄露事件也时常给人们的互联网生活投下阴影。刚刚发布的《中华人民共和国网络安全法》以及《关于促进移动互联网健康有序发展的意见》虽然从顶层设计层面提到了保护用户的个人隐私数据安全，但目前仍急需一部专门的个人信息保护法律来明确相关各方的数据保护责任、政府部门协调联动机制、违法处罚力度等等。只有通过政府、社会、行业企业的共同努力，全面提高用户个人隐私保护力度，才能提升普通用户的移动互联网使用信心。

第九章　工业控制系统信息安全

2017年，我国陆续出台了《工业控制系统信息安全事件应急管理工作指南》《工业控制系统信息安全防护能力评估工作管理办法》《工业控制系统信息安全行动计划（2018—2020年）》《国务院关于深化“互联网+先进制造业”发展工业互联网的指导意见》和《“十三五”信息化标准工作指南》等多项政策法规，不断推动工业控制系统信息安全（以下简称“工控安全”）保障体系建设，工控安全的政策环境得到进一步优化；《GB/T 26804. 7－2017工业控制计算机系统功能模块模板第7部分：视频采集模块通用技术条件及评定方法》标准正式发布，《信息安全技术工业控制系统安全管理基本要求》《信息安全技术工业控制系统安全分级指南》《信息安全技术工业控制系统风险评估实施指南》等9项标准进入报批稿阶段，工控安全标准建设取得了突破性进展；在网信办、工信部和公安部等主管部门统筹指导下，全国各地的工信主管部门开展了多种形式的工控安全防护检查工作，稳步推进工业控制系统信息安全监管能力和水平；工控安全领域各协会、联合会、联盟等行业组织组织召开了各种形式的企业座谈会、研讨会，积极推动工控安全发展，工业控制系统信息安全产业实力得到提升。

虽然从中央到地方、从行业主管部门到工控安全企业都为我国工控安全保障体系建设做出了巨大努力，但是，我国工业控制系统依旧面临着严峻的信息安全问题，主要表现在：规范工控安全管理的政策法规不完善，工控安全标准规范体系不健全，工控安全监管机制和能力待加强，工控安全管理的统筹协调能力待提升，工控安全企业安全管理能力待提高。

第一节 概 述

一、工业控制系统相关概念

（一）工业控制系统

工业控制系统（INDUSTRIAL CONTROL SYSTEM，ICS）（以下简称“工控系统”），也称工业自动化与控制系统，是由计算机设备与工业过程控制部件组成的自动控制系统，是工业生产中所使用的多种控制系统的统称。国际自动化协会（ISA）与IEC/TC65/WG整合后发布IEC 62443《工业过程测量、控制和自动化网络与系统信息安全》将工控系统定义为“对制造及加工厂站和设施、建筑环境控制系统、地理位置上具有分散操作性质的公共事业设施（如电力、天然气）、石油生产以及管线等进行自动化或远程控制的系统”。

典型工控系统主要由以下几部分组成：数据采集与监视控制系统、分布式控制系统、可编程逻辑控制器、远程终端单元、安全仪表系统等工控信息系统；工业控制计算机、仪器仪表等硬件设备；智能接口、工业现场网络、工业控制软件、历史数据库系统等辅助软件和网络。

数据采集与监视控制系统（SUPERVISORY CONTROL AND DATA ACQUISITION，SCADA）是一个通过集成数据采集系统、数据传输系统和人机接口以提供集中监控多个过程输入和输出的控制系统。SCADA系统采集到现场信息后，将其传输到中央计算中心，并以图形或文本形式向操作员展示，使操作员可以对整个系统进行集中的监视或控制。SCADA系统是一个广域网规模的控制系统，经常被用于电力和石油等长输管道的过程控制。

分布式控制系统（DISTRIBUTED CONTROL SYSTEM，DCS）是一个集中式局域网模式的生产控制系统，它是一个以通信网络为纽带，由过程控制级和过程监控级组成。DCS系统综合了计算机、通信、显示和控制等4C技术，通过控制工控系统中的各个控制器，实现整个生产过程的控制；通过将生产系统进行模块化处理，弱化单点故障对整个工控系统的影响；通过接入企业管理信息网络，实现对实时生产情况的掌握。DCS 系统主要应用于电力、钢铁、石化、造纸、水泥等过程控制行业。

可编程逻辑控制器（PROGRAMMABLE LOGIC CONTROLLERS，PLC）是一种专门用于工业环境下的数字运算操作电子设备，它采用了可以编制程序的存储器，用于存储执行逻辑运算、顺序运算、计时、计数和算术运算等操作指令，并通过数字式或模拟式的输入和输出，控制各种类型的机械或生产过程。PLC 可以直接用于小规模控制系统的生产过程控制，也常常作为整个系统的控制组件被用于 SCADA 和 DCS 系统中进行本地管理。在 SCADA 系统中，PLC 起到了远程终端的作用；在 DCS 系统中，PLC 起到了本地控制器的作用。

远程终端单元（REMOTE TERMINAL UNIT，RTU）是安装在远程现场的电子设备，主要负责对现场信号、工业设备的监测和控制，是工控系统中的硬件核心部分。RTU 通常由信号输入/出模块、微处理器、有线/无线通信设备、电源及外壳等组成，由微处理器进行控制，并支持网络系统。RTU 的作用主要是对工控系统进行数据采集和本地控制。在进行数据采集时，RTU 可以作为远程数据通信单元，完成或响应与中心站或其他站的通信和遥控任务；在进行本地控制时，RTU 可以作为系统中的独立工作站，实现连锁控制等工业控制功能。

安全仪表系统（SAFETY INSTRUMENTED SYSTEM，SIS）又称为安全联锁系统，是工控系统中报警和联锁部分，对控制系统检测到的结果进行报警、调节或停机控制，是工业企业自动控制中的重要组成部分。SIS 系统包括传感器、逻辑运算器和最终执行元件，即检测单元、控制单元和执行单元，可以监测生产过程中出现的或者潜伏的危险，发出告警信息或直接执行预定程序，立即进入操作以防止事故的发生或者降低事故带来的危害及其影响。

工业控制计算机（INDUSTRIAL PERSONAL COMPUTER，IPC）是一种采用总线结构，对生产过程及机电设备、工艺装备进行检测与控制的工具总称。IPC 通常会进行加固、防尘、防潮、防腐蚀、防辐射等特殊设计，以适应比较恶劣的运行环境。

仪器仪表是对工业现场的过程数据进行度量和采集的仪器，主要包括：长寿命电能表、电子式电度表、特种专用电测仪表；过程分析仪器、环保监测仪器仪表、工业炉窑节能分析仪器以及围绕基础产业所需的零部件动平衡、动力测试及产品性能检测仪、大地测量仪器、电子速测仪、测量型全球定位系统；大气环境、水环境的环保监测仪器仪表、取样系统和环境监测自动化控制系统产品等。

智能接口是标准的工业通信接口，用于设备间的相互联系，根据其通信协议，接口可以分为不同种类，如RS232、RS485串行通信接口、MODBUS接口等。

工业现场网络是用于工业设备之间数据传输的网络，它比一般的计算机网络更加重视稳定性和抗干扰能力，通常根据不同设备厂家的协议对其命名，如西门子（SIEMENS）的PROFITBUS、罗克韦尔（ROCKWEL）的RSLINK等。

工业控制软件又叫组态软件，是一种用于操作员对工业现场的设备状态进行实时控制的人机界面，是一种可以对告警数据进行实时响应、对历史数据进行分析的软件系统，典型代表如万维公司（WONDERWARE）的INTOUCH、悉雅特集团（CITECT）的CITECT SCADA和西门子的WINCC等。

历史数据库系统是通过数据的压缩技术把工业现场以毫秒级变化的实时数据进行压缩存储，并且可以对数天前、数月前甚至数年前的生产设备数据进行查询和还原。如万维公司的INSQL和悉雅特集团的HISTORIAN等。

（二）工业控制系统分层架构

工控系统的层级较为复杂，依据ANSI/ISA－950.00.01企业分层模型，工控系统可按照功能，自上而下划分为企业管理层、制造执行层、过程监控层、现场控制层和现场设备层5层，具体的分层架构如图9－1所示。其中，企业管理层主要包含以ERP为代表的企业资源管理信息系统、办公自动化系统等，涵盖财务管理、销售管理、人事管理、供应链管理等业务管理功能，也包含对外服务器群。制造执行层处于企业管理层与过程监控层之间，是企业业务管理在生产现场的细化，是对企业业务计划的一种监控和反馈。过程监控层主要负责对现场控制设备的运行状况进行监控，能实现数据采集、设备控制、参数调节、信号报警等功能。现场控制层主要接收来自过程监控层的控制指令和加工程序，以及来自现场设备层的传感器的采集数据，通过控制指令、加工程序等控制现场设备层相关执行器的执行。现场设备层的设备包括所有连接在现场总线的传感器和执行器等，能实现对生产现场设备的数据采集和操作执行。

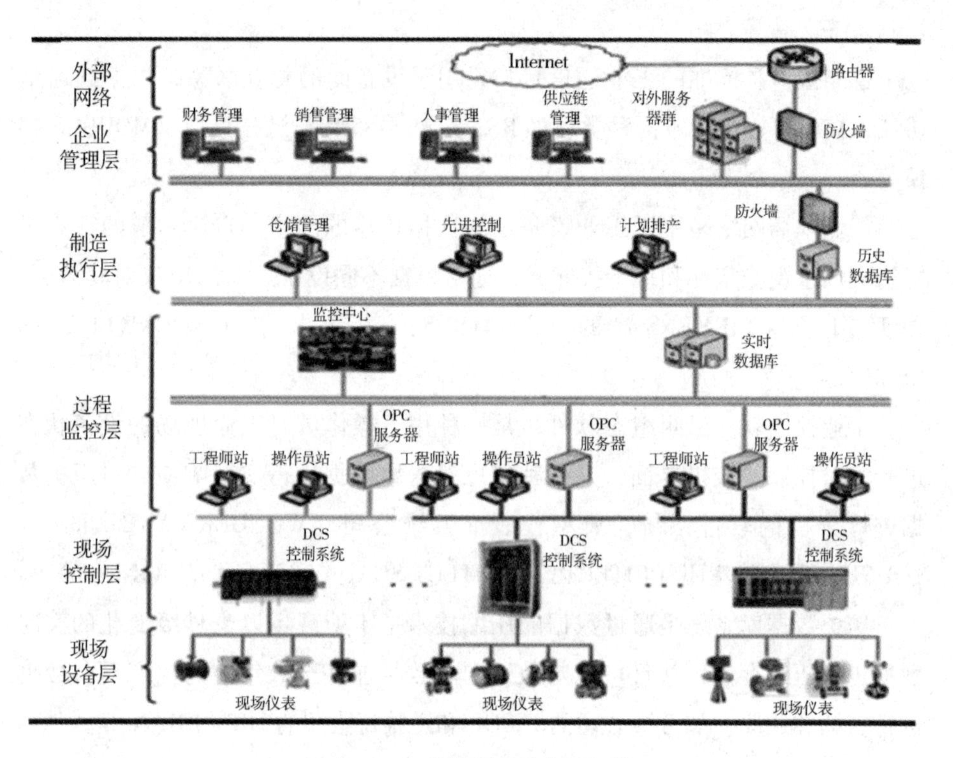

图9－1　工业控制系统分层架构

资料来源：匡恩网络、赛迪智库，2018年1月。

（三）工业控制系统信息安全

工控系统涉及钢铁、石化、装备制造、轨道交通、电力、供水等诸多涉及国家关键信息基础设施的行业和领域，其信息安全尤为重要。工控信息安全主要包括以下三个方面：一是网络安全，工控系统网络化、信息化程度不断加深，病毒、木马等传统互联网威胁逐步向工业控制系统渗透，已经成为工控安全的重要组成部分；二是数据安全，工控系统汇集了大量研发设计、生产制造和服务营销敏感信息，涉及工业生产关键设计参数、企业经营数据，直接反映着一国工业生产、技术水平；三是管理安全，工控系统与生产、运维环节紧密联系，对管理提出了更高的要求。

二、工业控制系统面临的安全挑战

（一）工控系统与互联网加速融合，网络攻击路径不断增加

随着互联网技术的快速发展，为实现工业产业的转型升级，互联网已经逐渐渗透到工控系统的各环节，能源、电力等重要行业原有相对封闭的系统运行环境逐渐被打破。通过与嵌入式技术等新兴互联网技术的融合，工控系统实现了与企业资源管理系统、物料跟踪系统、供应链管理系统等各个生产管理环节的信息系统和设备的互联互通，同时也在一定程度上增加了工控系统的网络安全风险。随着企业管理网络与工控网络信息交互程度的加深，企业的生产控制权利不断上移，工业控制系统的采集执行层、现场控制层、集中监控层、管理调度层以及企业内网和互联网等都有可能成为攻击工控系统的潜在发起点，在一定程度上增加了工控系统受威胁面，同时也为木马、病毒等传统网络安全威胁向工业控制系统加速渗透提供了可能。

（二）工控系统漏洞数量猛增，安全威胁日益加深

近年来，工控系统漏洞数量持续快速增长，对业务连续性、实时性要求较高的工业控制系统造成了极大的安全威胁。据中国国家信息安全漏洞库公开发布的数据显示，截至 2017 年底，与工业控制系统相关漏洞数量高达 1357 个，涉及国内外厂商 120 个，其中，公开漏洞所涉及的工业控制系统厂商排名前四的分别为西门子（占比 39. 17%）、施耐德电气（占比 23. 26%）、研华科技（占比 18. 49%）和罗克韦尔（占比 10. 54%），均为国际著名的工业控制系统生产厂商。从漏洞等级来看，超过九成为高、中危漏洞，其中，高危漏洞高达 709 个（占比 49. 34%），中危漏洞为 646 个（占比 44. 95%），低危漏洞仅 82 个（占比 5. 71%）。从漏洞类型角度来看，可引起业务中断的拒绝服务类漏洞占比最高（约 33%），其次是缓冲区溢出类漏洞（约 20%），且漏洞以中、高危漏洞居多，给工控系统带来的安全威胁逐步加深。

（三）广泛采用传统 IT 产品，引入更多安全隐患

为积极响应中国制造 2025 的战略布局，适应新时代智能制造的发展趋

势，能源、石化、电力等关键领域的工控系统开始大量采用通用的操作系统、芯片、数据库和服务器。但是，这些开放和通用的技术和产品存在大量的漏洞，为针对工控系统的恶意攻击者利用已有的入侵工具实施攻击创造了条件。例如，在伊朗核电站震网病毒事件中，攻击者正是利用了微软 WINDOWS 操作系统的多个漏洞，从而实现了病毒在工程师站和操作站之间的持续传播。由此可见，微电路板、USB 都有可能成为给工控系统带来巨大网络安全隐患的导火索，一个配备 Wi-Fi－MODEM 的 USB 设备甚至可以将一个封闭的工控系统网络接入公共互联网。早在 2008 年，美国 NSA 的“量子”项目就实现了借助安装在电脑中的微电路板以及 USB 连接线等装置发送秘密无线电波传递情报，成功对离线的计算机进行监控，并在 2010 年再次利用该方式将“震网”病毒植入到伊朗的核控制系统中。

（四）组织化网络攻击日益猖獗，网络安全事件连年攀升

近年来，针对工控系统的网络攻击逐步由个人或黑客团体发起的“零星攻击”上升为国家支持的“组织化攻击”。据专家分析，美国和以色列的情报部门是“震网”、DUQU 等一系列针对工控系统的木马、病毒的幕后黑手，俄罗斯支持的黑客组织也被认为是蜻蜓病毒和乌克兰电网受攻击事件的始作俑者。据美国工业控制系统应急响应小组（ICS－CERT）的统计报告显示，从 2009 年到 2015 年，美国关键基础设施公司报告的网络安全事件的数量急剧上升。在 2009 年，经过 ICS－CERT 确认的网络安全事件仅有 9 起；在 2010 年，这个数字便上升到 41 起；在 2011 年和 2012 年，经确认的网络安全事件均达到了 198 起；在 2013 年和 2014 年，该数字又有上升，超过 250 起；在 2015 年，这个数字已经上升到 295 起。尤其是能源和制造行业成为网络攻击的重灾区。据 ICS－CERT 公布的数据显示，关键制造业（33%）和能源行业（16%）发生的网络安全事件占全部网络安全事件数量的一半。急剧增多的网络攻击，严重威胁着关键信息基础设施及其控制系统的正常运行。

（五）工控系统关系国计民生，网络安全攻击后果难以估量

作为高端装备、电力系统、轨道交通、核设施等重点领域的核心，以及国家关键基础设施的重要组成部分，工控系统的安全可靠程度关系着人民生

命财产安全、经济社会平稳运行甚至是整个国家的安全。一旦工控系统遭到网络攻击，可能造成重大人员伤亡、环境污染、停业停产等严重后果。例如：2010 年伊朗“震网”病毒事件直接导致伊朗上千台离心机报废；2012 年的“火焰”病毒造成伊朗石油部、国家石油公司内网及其关联官方网站均无法正常运行，部分用户的个人数据遭到严重泄露；2013 年韩国电视媒体和银行的计算机网络遭到攻击后，致使网络大面积瘫痪；2015 年底的乌克兰电网攻击事件也直接导致乌克兰西部地区 140 余万家庭遭受停电数小时的苦恼；2016 年的以色列电力局遭到重大网络攻击事件也直接导致电力系统部分计算机系统瘫痪的严重后果。由此可见，工控系统网络安全事故的危害程度不断加深。

三、加强工业控制系统网络安全保障能力的重要意义

工控系统广泛应用于能源、水利、石化化工、装备制造等工业生产领域，是国家关键生产设施和基础设施运行的基础和核心，关系着国家和经济社会正常稳定运行。工控系统一旦遭到破坏，轻则可能造成人员伤亡、环境污染、停产停工等严重后果，重则将严重威胁经济安全、政治安全和社会稳定，甚至是国家安全。在当今的信息化时代，工控系统互联互通的发展趋势越来越明显，在互联网帮助实现数据高效交互、信息资源共享的同时，网络中的不安全因素也给工控系统的网络安全带来了问题，为针对工控安全的攻击提供了可能。伴随“震网”“乌克兰电网遭遇网络攻击”以及“以色列电力局的网络攻击事件”等一系列工控安全事件的影响下，越来越多的国家已经充分意识到确保工控系统信息安全的重要性。众多针对工控系统的网络攻击案例也已经充分证明了，通过网络攻击工控系统，从而导致一个国家的关键信息基础设施全面瘫痪是可行并且十分可能的。因此，我国十分有必要建立、健全工控系统安全防护体系，进一步增强工控安全保障能力。

第二节　发展现状

一、工控系统信息安全政策环境显著优化

工控系统是国家关键信息基础设施的“核心中枢”，近年来，国家对工控安全的重视程度与日俱增。2017 年 6 月，工业和信息化部制定并发布《工业控制系统信息安全事件应急管理工作指南》（工信部信软〔2017〕122 号），明确了工控安全管理机构的应急管理职责，提出建立健全工控安全应急工作机制，提高应对工控安全事件的组织协调和应急处置能力，以强化工业控制系统信息安全应急工作管理。2017 年 8 月，工业和信息化部发布了《工业控制系统信息安全防护能力评估工作管理办法》（工信部信软〔2017〕188 号），以现阶段我国工控安全保障需求和工控安全防护工作推进为出发点和落脚点，以规范针对工业企业开展的工控安全防护能力评估活动为重点，规范并强化了对工控安全防护能力评估机构、人员和工具的管理，明确了工控安全防护能力评估工作程序，对规范工业控制系统信息安全防护能力评估工作，切实提升工控安全防护水平具有重要意义。2017 年 12 月，工业和信息化部发布了《工业控制系统信息安全行动计划（2018—2020 年）》（工信部信软〔2017〕316 号），旨在深入落实国家安全战略，加快工控安全保障体系建设，促进工业信息安全产业发展。此外，《中国制造 2025》《国务院关于积极推进“互联网 +”行动的指导意见》等政策文件也对加强工业控制系统信息安全管理进行了规定。

二、工控系统信息安全法律法规逐步完善

2017 年，我国加快工控安全相关法律法规出台步伐，致力于建立健全工控安全法律体系。2016 年 11 月通过的《中华人民共和国网络安全法》于 2017 年 6 月开始执行，该法是我国第一部全面规范网络空间安全管理方面问题的基础性法律，是我国网络安全法律法规体系的重要组成，其明确了政府

各部门的职责权限，完善了网络安全监管体制，强化了关键信息基础设施安全保护，对规范工业控制系统信息安全管理意义重大。2017 年 5 月，国家互联网信息办公室发布《网络产品和服务安全审查办法（试行)》，明确提出对关键信息基础设施的运营者采购网络产品和服务，可能影响国家安全的，实施网络安全审查，并规范了审查对象、内容、机构和流程等相关内容。2017 年 7 月，国家互联网信息办公室印发《关键信息基础设施安全保护条例（征求意见稿)》，明确了关键信息基础设施的主管、监管部门及其安全职责，确立了关键信息基础设施的范围和安全保护的基本框架，旨在强化关键信息基础设施安全管理，维护关键信息基础设施安全。

三、工控系统信息安全标准体系加速形成

2017 年，我国工控安全领域的标准体系建设取得了突破性的进展。2017 年 7 月 12 日，中华人民共和国国家质量监督检验检疫总局和中国国家标准化管理委员会发布国标《GB/T 26804. 7 – 2017 工业控制计算机系统功能模块模板第 7 部分：视频采集模块通用技术条件及评定方法》，规定了工业控制计算机系统功能模块视频采集模块的分类、技术要求、试验方法、检验规则及标志、包装、贮存等。全国信息安全标准化技术委员会牵头《信息安全技术工业控制系统网络审计产品安全技术要求》《信息安全技术工业控制网络安全隔离与信息交换系统安全技术要求》《信息安全技术工业控制系统漏洞检测技术要求及测试评价方法》《信息安全技术工业控制网络监测安全技术要求及测试评价方法》《信息安全技术工业控制系统专用防火墙技术要求》《信息安全技术工业控制系统安全检查指南》《信息安全技术工业控制系统风险评估实施指南》《信息安全技术工业控制系统安全管理基本要求》《信息安全技术工业控制系统安全分级指南》等 9 项工控安全相关标准也已经进入报批稿阶段，有望明年发布。

四、工控系统信息安全产业实力快速提升

2017 年，我国工控安全产业实力得到快速提升，企业技术实力不断增强，产品和服务种类不断增多，产值规模持续增加。一方面，工控安全领域的行

业协会、联盟等组织积极推动工控安全发展。1月，中关村工业互联网产业联盟在北京成立。6月，国家工业信息安全产业发展联盟在北京成立，首批成员单位包括工控系统生产制造和应用运行的相关企业，工业信息安全相关技术与产品研发和服务的企业，以及研究工控安全的高等院校和科研院所等。11月，首届工业互联网系统解决方案高峰论坛暨第六届工业控制系统信息安全峰会在上海召开，来自电力、石化、冶金、市政、纺织、工业云、大数据、机器人等领域的用户单位、系统集成商、生产厂商、大学及科研单位参会。12月，2017年工业信息安全论坛暨国家工业信息安全产业发展联盟年会在杭州召开，会上国家工业信息安全产业发展联盟发布《2017年工业信息安全态势白皮书》。另一方面，科研单位和工控安全领域内企业也在积极开展研究和应用。5月，中国电科院牵头的公司2017年科技项目“面向电力工控系统的攻击仿真验证技术研究”召开启动会，主要从电力工控协议脆弱性分析及漏洞利用、电力工控系统攻击模拟、电力工控系统攻击仿真与验证平台构建三方面展开电力工控系统的攻击仿真验证技术研究。8月，施耐德与CLAROTY工控安全公司展开合作，提供工控实时网络监控解决方案。12月，三零卫士的工控安全产品成为在我国IPV6规模部署行动中全面保障工业网络安全的企业，为国家“互联网+”、新型智慧城市、工业互联网、物联网、智能制造等重大战略的落实保驾护航。

第三节　面临的主要问题

一、工控系统信息安全政策法规有待完善

一是我国工控安全管理相关政策的引导性还需加强。强化工控安全保障需要大量的经费投入，需要运营单位主管领导牵头落实政策、法规。当前，我国工控安全的政策仍然以管理和技术规范为主，主要通过引导企业自觉加强工控安全管理，而在落实工控安全责任制、引导各级政府和运营单位加强安全投入方面还存在不足。

二是我国工控安全管理相关的法律法规还存在较大缺失。首先，《关键信息基础设施安全保护条例》仍处于征求意见稿阶段，国家关键信息基础设施定义、范围、清单尚不明确，关键信息基础设施及其控制系统的安全管理、运行维护、监测预警、应急处置和检测评估等缺乏规范。其次，《工业信息安全报送通告实施办法》尚未出台，没有明确工控系统运营单位、研究机构、信息安全厂商的责任和义务，以及信息报送通告的内容、范围和流程，难以为相关厂商报送工控系统基础和安全信息提供依据。最后，针对电信、交通、能源等重点行业的工业控制系统网络安全审查制度亦未发布，缺乏对工控系统及其供应商进行安全审查的实施细则，难以防范由不安全可控的工控设备引发的工控系统信息安全风险。

二、工控系统信息安全标准规范体系缺失

一是工控系统信息安全标准发展路径不清。我国尚未制定清晰明确的工控系统信息安全标准化路线图，相关标准的研究制定多以需求急迫的标准为主，缺乏标准制定的统筹规划。

二是多项关键工控安全相关标准滞后。当前，我国工控安全领域的诸多标准处于送审稿、征求意见稿，甚至草案阶段，距离标准出台、实施还需时日。如，工控系统分类分级、安全评估、第三方机构认定等工控安全基础性标准缺失。工控系统国产密码算法基础类标准、应用类标准和检测类标准缺失，难以有效规范和推广国产密码算法在工控系统的应用。《工业控制系统信息安全检查指南》《工业控制系统漏洞检测技术要求》等工控安全检查所需的标准规范还需研究完善，难以有效支撑工控安全监管工作。

三、工控系统信息安全监管能力尚需加强

一是我国工控安全监管机制亟待健全。首先，我国工控安全检查评估长效机制尚未建立，缺乏针对工控系统的定期检查和安全评估，各工业企业也缺乏工控安全主体责任意识，难以及时发现针对工控系统的各类网络攻击，致使大量工控安全隐患长期存在。其次，我国工控安全风险信息共享机制还未健全，石化、装备制造等重点行业的信息报送和通告机制和渠道还未建立，

导致工控系统的事件信息、漏洞信息、安全预警信息等安全风险信息难以及时报送至管理部门，风险消减信息难以及时在工控企业中共享，一些早已被曝光的漏洞、病毒仍长期存在于现有工控系统中，难以消除。

二是我国工控安全监管支撑能力还需提升。首先，我国工控安全监管支撑队伍力量不足，缺乏技术过硬的工控安全研究人员，难以支撑开展大范围、常态化的工控安全检查，大量工控系统信息安全隐患长期存在。其次，我国工控安全监管技术支撑能力不足，工业信息安全信息报送平台、在线监测平台等工控系统共性技术支撑能力建设尚未完成，工控安全信息共享能力明显不足；工控系统仿真测试、威胁预警等工控安全相关的威胁和漏洞检测技术能力建设尚处于起步阶段，漏洞分析、芯片级硬件安全分析、态势感知、协议分析等技术能力明显不足。

四、运营单位工控安全管理能力尚待提高

一是运营单位安全管理重视程度不足。目前，我国工控系统运营单位对工控安全的重视程度不足，工控安全相关的机构设置、预算编制、安全规划、安全教育培训等都严重滞后。运营单位普遍没有制定完备的人员管理、资产管理、介质管理、供应链管理、外包管理、业务连续性管理等安全管理制度，大大增加了工控系统在生产管理过程中引入的安全风险。

二是运营单位责权不清现象较为严重。由于工控系统信息安全涉及多个部门，在运营单位内部，工控系统的管理主要涉及设备管理部门（如自动化部/设备处），信息安全管理主要涉及信息化管理部门（如信息中心），不同部门管理的对象和重点有所区别，导致现阶段多数运营单位存在职责不清的问题。

三是运营单位安全管理制度落实不到位。虽然相当一部分运营单位制定了安全管理制度，但由于缺乏必要的监管、奖惩机制，加之操作人员的信息安全意识和技能尚有不足，导致实际操作中不能有效贯彻执行企业的工控安全和信息安全策略，工控安全管理制度执行难的问题普遍存在。主要表现为：口令管理混乱，越权非法访问现象普遍；工控系统账户管理权限划分混乱；以及运行维护管控不当。

四是运营单位工控安全管理支撑能力不够。首先，我国工控安全产业的基础较弱，长期受制于人，目前，我国在石化、电力、装备制造等许多重要领域的工控系统核心部件及相关基础网络组件、服务平台都被国外产品垄断。其次，工控安全防护技术相对落后，当前的工控安全产品还是以工业防火墙和工业隔离网关等硬件产品为主，入侵防护、安全审计、现场运维管理平台、工控可靠性安全管理平台等产品还较为缺乏。最后，工控安全应急响应能力严重缺失，我国工业企业网络安全事件的应急响应、备份恢复等措施尚未完善，缺乏定期的工控安全应急演练，在工控安全事件的应急处理和部门协同配合方面严重不足。

第十章　金融领域信息安全

第一节　概　　述

一、概念与内涵

（一）金融

金融（FINANCE）是指货币的发行与回笼，存款的吸收与付出，贷款的发放与回收，金银、外汇的买卖，有价证券的发行与转让，保险、信托、国内、国际的货币结算等经济活动。

（二）金融信息化

金融信息化是指将现代信息技术应用于金融领域的过程。从金融行业角度看，金融信息化是指在金融领域全面发展和应用现代信息技术，以创新智能技术工具更新改造和装备金融业，使金融活动的结构框架重心从物理性空间向信息性空间转变的过程。[①] 从信息技术角度看，金融信息化是指信息技术（如计算机技术、通信技术、人工智能技术）广泛应用于金融领域，从而引起金融理论与实务发生根本性、革命性变革的过程。

（三）互联网金融

互联网金融（ITFIN）是指传统金融机构与互联网企业利用互联网技术和

---

① 史芳丽、吴士敏：《金融信息化与网络金融相关性研究》，《中国管理信息化》2005 年第 10 期，第 53—55 页。

信息通信技术实现资金融通、支付、投资和信息中介服务的新型金融业务模式[①]。互联网金融是互联网技术和金融功能的有机结合。当前，互联网金融的发展模式主要包括第三方支付、P2P 网络借贷平台、大数据金融、众筹、信息化金融机构、互联网金融门户、数字货币等。

（四）金融信息安全

金融信息安全是网络时代信息安全在金融领域的最新体现，是通过网络安全管理和技术手段，确保金融信息的保密性、完整性、可用性，保障各项金融业务正常开展。

金融信息安全涵盖内容较广，主要涉及以下几个方面：

一是数据安全，主要指数据的产生、处理、传输、存储等环节中的安全，主要体现在数据库安全、数据传输安全等，避免数据遭到泄露、毁损、丢失等。

二是运行安全，主要指金融领域信息系统运行过程和运行状态的安全，主要体现在信息系统能够正常工作，用户能够正常访问，系统之间的数据交换、调用等操作正常运营，避免系统出现运行不稳定、遭受攻击等情况。

三是软件安全，主要指金融领域的主机、服务器、工作站等设备中运行的软件的安全，避免出现软件意外崩溃等情况。

四是物理安全，主要指金融领域使用的主机、服务器等各种硬件的安全，避免一些不可抗力对设备产生的影响。

二、金融领域面临的信息安全挑战

网络信息技术的广泛应用和电子商务的快速发展，金融领域对信息技术的依赖越来越大，金融领域正经历金融信息化向信息化金融的转变，在为金融领域带来了巨大的便利，促进金融领域从电子化到信息化、向知识化的方向转变的同时，针对金融信息化特别是电子银行、移动支付、第三方支付、数字货币等互联网金融新模式的违法犯罪活动也呈快速发展趋势。互联网的快速普及应用，使得信息安全风险的聚集、传播和放大效应进一步凸显，为

① 中国人民银行、工业和信息化部、公安部、财政部、国家工商总局、国务院法制办、银监会、证监会、保监会、国家互联网信息办公室：《关于促进互联网金融健康发展的指导意见》，2015 年 7 月 18 日。

我国金融信息安全保障带来了新的挑战[①][②]。

一是传统互联网威胁向金融领域加速蔓延。随着金融领域信息化、网络化、智能化的快速发展，在线结算、在线支付等金融业务与互联网的结合日益紧密，病毒、木马等传统互联网威胁加速向金融领域辐射。据《腾讯安全2017年度互联网安全报告》统计[③]，2017年腾讯管家PC端拦截病毒近30亿，6.3亿台用户机器感染病毒或木马，总计发现敲诈勒索病毒样本数量660万，全年共新增支付类病毒包总数为92697，导致网络交易安全事件频频发生，严重威胁用户财产安全。2017年2月27日，某金融信息服务有限公司发现其旗下一款APP软件被多人利用黑客手段攻击，半天时间内即被非法提现人民币1056万元。工信部旗下泰尔终端实验室的研究报告显示，在对国内多家大型商业银行的ANDROID端手机银行APP进行分析后发现，测评的APP普遍存在高危漏洞，用户在进行转账交易时，黑客能够通过一定的技术手段劫持用户的转账信息，进而非法窃取用户的转账资金。

二是日益猖獗的网络攻击推高金融信息安全风险。据国家计算机网络应急技术处理协调中心发布的最新数据显示，中国境内互联网金融网站受大规模攻击事件平均每天334起。2017年上半年有1.1万个互联网金融网站被黑客篡改。境外有近1.3万个IP通过植入后门对境内近1.6万个网站实施了远程控制，金融行业网站已经成为不法分子骗取钱财和窃取隐私的重要目标，网络违法犯罪行为的驱利化特征日益明显，大型的电子商务、金融机构、第三方在线支付网站等都成为主要对象。

三是日益严重的数据泄露加剧互联网金融诈骗风险。随着“互联网+”的日益深入，数据泄露现象正变得越来越严重。相关数据显示，2017年上半年全球泄露或被盗的数据达19亿条，超过了2016年全年被盗数据总量。由数据泄露引发的精准互联网金融诈骗案件越来越多，危害日渐加深。2016年8月，由于高考信息泄露，徐玉玉遭遇电信诈骗，被骗走9900元生活费，不幸去世。2017年6月，亚马逊和小红书网站发生用户信息泄露事件，亚马逊多位用户遭

① 樊会文主编：《2015—2016年中国网络安全发展蓝皮书》，人民出版社2016年版。
② 樊会文主编：《2014—2015年中国网络安全发展蓝皮书》，人民出版社2015年版。
③ 腾讯安全联合实验室：《2017年度互联网安全报告》，2018年1月19日。

遇冒充“亚马逊客服”的退款诈骗电话，其中一位用户被骗金额高达43万元，小红书也有50多位用户也因此事被骗，共造成80多万元资金损失。

四是数字加密货币引发金融信息安全新挑战。2017年以来，由数字加密货币引发的互联网金融安全问题频频爆发，不法分子依托数字加密货币的匿名性，使用勒索、盗窃等手段获取了大量不义之财。一方面，WANNACRY、NOTPETYA、BAD RABBIT等勒索软件全球肆虐，以比特币等数字加密货币作为支付赎金的手段。另一方面，数字加密货币交易平台遭入侵的新闻屡见不鲜，如2017年，韩国YOUBIT数字加密货币交易平台遭到两次入侵，第一次入侵造成YOUBIT近4000比特币的损失，约合360万美元；第二次入侵导致YOUBIT交易平台破产倒闭。

三、金融领域信息安全的重要性

金融领域的网络与信息系统是保障经济运行、维护金融稳定和提供金融服务的最重要基础设施，一旦遭到攻击、破坏，影响金融网络与信息系统的正常运行，极有可能造成用户的财产损失，严重打击用户对金融信息化的信心，进而减少对互联网金融的支持使用，直接影响金融机构的生存和发展，甚至会影响到社会稳定和经济的正常运转，威胁国家经济安全、政治安全、社会稳定和国家安全。

近年来，孟加拉国央行、越南先锋银行、厄瓜多尔银行等的SWIFT系统先后遭受网络攻击事件，造成巨大财产损失，充分表明了网络攻击者对金融领域网络和信息系统实施网络攻击的可能性和潜在危害。因此，应高度重视金融信息安全，充分认识金融信息安全工作的重要性，进一步加强金融领域信息安全体系建设，努力提高金融领域信息安全保障水平。

第二节　发展现状

一、金融领域信息安全政策规划密集出台

近年来，金融领域的网络安全事件频频发生，国家对金融领域网络安全

的重视程度也不断提升。党和国家领导人多次就金融行业网络安全做出重要指示，要求金融业研究和把握又好又快的发展规律，努力提高网络安全保障水平，坚决打击危害金融网络安全的犯罪活动。2017 年 6 月，中国人民银行、银监会、证监会、保监会、国家标准委联合印发《金融业标准化体系建设发展规划（2016—2020 年）》（银发〔2017〕115 号），提出要“制定互联网金融领域网络安全、信息交换、身份认证等技术标准”。中国人民银行印发《中国金融业信息技术“十三五”发展规划》，将“金融网络安全保障体系更加完善”作为发展目标之一，明确提出要“健全网络安全防护体系，增强安全生产和安全管理能力”。7 月 14 日至 15 日召开的全国金融工作会议上，习近平总书记提出要“金融安全是国家安全的重要组成部分”“加强互联网金融监管，强化金融机构防范风险主体责任”。9 月 4 日，中国人民银行、中央网信办、工业和信息化部等 7 部门印发《关于防范代币发行融资风险的公告》，禁止各类代币发行融资活动，加强对代币融资交易平台的管理，防范化解互联网金融风险。2017 年 12 月 25 日，中国人民银行发布《条码支付业务规范（试行）》，提出“银行、支付机构应保证条码支付业务的交易安全和信息安全”，“银行、支付机构应按照中国人民银行相关规定强化支付敏感信息内控管理和安全防护”，以规范条码支付业务，保护消费者合法权益。

二、金融领域信息安全管理机制逐步完善

2017 年 7 月 14 日至 15 日召开的第五次全国金融工作会议提出，“加强金融监管协调、补齐监管短板”，“设立国务院金融稳定发展委员会”。落实第五次全国金融工作会议精神，2017 年 11 月，国务院金融稳定发展委员会（以下简称“金融委”）成立运行并召开第一次会议。这意味着，我国金融监管格局正式从原来的“一行三会”（人民银行、银监会、证监会、保监会）升级为“一委一行三会”。在新的监管机制下，围绕金融领域信息安全工作，金融委的作用重在统筹和协调，中国人民银行、银监会、证监会、保监会根据行业实际情况开展金融信息安全管理工作，我国金融领域信息安全管理机制日趋完善。

三、金融领域信息安全能力提升工作扎实推进

为贯彻落实《中华人民共和国网络安全法》，提升人民银行在金融行业网络安全领域履职能力，2017 年 9 月 26 日至 29 日，中国人民银行举办 2017 年信息安全与金融科技培训班，重点围绕国家网络安全和信息化总体战略、金融网络安全形势和发展趋势、网络安全法宣贯、证券保险系统介绍和金融科技发展趋势等内容开展授课，通过政策制度权威解读、现场攻防实战演示、先进工作经验分享等方式帮助学员提高认识、开阔视野，提升信息安全技术能力和管理水平。为进一步加强人民银行科技从业人员的网络安全意识、科技保障能力和处置应急水平，中国人民银行于 2017 年 12 月 1 日至 5 日，举行了“2017 年网络安全攻防演练竞赛”，通过开展学习培训，使得银行科技从业人员进一步理解了国家信息安全政策，巩固了信息安全基础知识，掌握了 SQL 注入漏洞、系统安全、文件包含漏洞、文件上传漏洞等常见安全漏洞及修复方法；通过进行预赛演练、竞赛对抗，强化了网络攻防的实战能力。

四、金融领域信息安全标准不断完善

为做好金融领域信息安全保障工作，全国金融标准化技术委员会、全国信息安全标准化技术委员会不断推进金融领域信息安全相关标准制定工作。在国家标准方面，全国信息安全标准化技术委员会牵头制定并发布了《信息技术安全技术实体鉴别第 2 部分：采用对称加密算法的机制》（GB/T 15843.2 – 2017）、《信息安全技术 SM2 密码算法使用规范》（GB/T 35275 – 2017）、《信息安全技术电子认证服务机构服务质量规范》（GB/T 35289 – 2017）等一系列金融信息安全相关标准，《信息安全技术 金融信息保护规范》也处于报批稿阶段。在行业标准方面，中国人民银行于 2016 年 9 月发布了《银行卡受理终端安全规范》（JR/T 0120 – 2016），规定了银行卡销售点（POS）终端、自动柜员机（ATM）终端等银行卡受理终端在信息保护、系统安全防护、密钥管理、访问控制等方面的安全要求；于 2016 年 11 月发布了《中国金融移动支付支付标记化技术规范》（JR/T 0149 – 2016），对应用支付标记化技术的系统接口、安全、风险控制等要求进行了规范；于 2017 年 12

月发布的《移动终端支付可信环境技术规范》（JR/T 0156－2017），规范了移动终端支付领域可信环境的整体框架、可信执行环境、通信安全、数据安全、客户端支付应用等主要内容。以上标准的制定发布，将进一步推动信息安全技术在金融领域的落地实施，整体提升金融领域的信息安全保障能力。

第三节　面临的主要问题

一、金融领域信息安全防护能力不足

当前，移动互联网、云计算、大数据、物联网、人工智能等新技术新应用与金融领域的融合发展不断深化，移动支付、互联网金融等金融业务开展过程中，引发的数据泄露、资金被窃等信息安全问题日渐凸显。当前，我国在金融领域针对这些新兴信息技术的安全防护理论尚不成熟，安全防护技术还不完备，安全防护体系尚未形成，难以抵御针对性、组织化、持续性的网络攻击，金融领域的信息安全风险挑战进一步加剧[①]。

二、金融领域信息系统的核心软硬件被国外垄断

随着金融信息化的不断深入，我国金融领域的业务开展越来越依赖网络与信息系统。当前，我国四大国有银行及各城市商业银行的数据中心交换节点几乎都采用国外的设备，金融领域的芯片、操作系统、数据库、存储设备、小型机、大型机、核心业务系统等核心软硬件被国外垄断，我国金融领域的网络与信息系统很容易被国外掌控，涉及国家经济运行的金融数据极易被国外掌握，严重威胁我国金融领域信息安全，甚至国家安全。

三、金融领域服务外包加大风险管控难度

为节约成本和提高效率，加快业务拓展速度，金融领域的政策性银行、

① 张伟丽：《新形势下我国金融行业的信息安全现状及问题分析》，《武汉金融》2014 年第 7 期，第 36—38 页。

股份制银行和外资参股的中小金融机构多数采取服务外包的形式，进一步推高了网络安全风险。一方面，加大了信息泄露风险。在服务外包过程中，金融机构通常会将单位部分，甚至全部关键信息提供给服务提供商，以支撑服务商的管理维护和开发工作。然而外包服务过程中，信息的转移、共享等操作，将增加金融机构敏感信息、核心技术泄密的可能性。一旦上述信息被竞争对手或者敌对势力获取，将给金融机构自身发展，乃至国家安全带来严重后果。另一方面，服务提供商为确保外包工作的持续性，通常会封闭执行全部工作，不向金融机构提供关键技术，造成金融机构对服务提供商的高度依赖。由于骨干网络系统管理、业务系统运维和管理、业务系统开发与维护、数据备份及异地灾难恢复等关键技术能力难以掌控，一旦发生信息安全问题，金融机构将处于极为被动地位，故障无法及时处理，风险难以得到管控，极易导致问题影响扩大，引发更大的网络安全事件。

四、金融领域从业人员的信息安全管理亟须规范

当前，金融领域信息安全管理尚不规范，内部从业人员存在利用其熟悉金融系统的便利条件，通过网络实施金融犯罪的可能。据资料显示，在破获的采用计算机技术手段进行金融犯罪的人员中，银行内部人员达到近80%。内部人员可以利用所授权力，对业务数据进行窃取、篡改、删除等操作，以达到交易金融数据、侵吞资金的目的。从业人员还能够在授权范围外，通过所谓的后门出入系统，不仅影响系统运行安全，甚至会成为黑客入侵的突破口。

政策法规篇

第十一章　2017年我国网络安全重要政策文件

第一节　《关于促进移动互联网健康有序发展的意见》

一、出台背景

随着信息网络技术的迅猛发展和移动智能终端的广泛普及，移动互联网在推动互联网和实体经济深度融合方面发挥了巨大作用，日益成为创新发展的新领域和信息分享的新渠道，极大地推动了人类经济生活的进步和转变。为了进一步促进移动互联网的健康、有序、安全发展，2017年1月15日，中共中央办公厅、国务院办公厅印发了《关于促进移动互联网健康有序发展的意见》（以下简称《意见》）。

二、主要内容

《意见》全文共6个部分，其中与网络安全相关的主要集中在第4部分“防范移动互联网安全风险”，内容如下：

一是提升网络安全保障水平。《意见》明确提出要树立“以安全保发展、以发展促安全”的网络安全观，要加强网络安全态势感知建设，并着重强调移动互联网基础信息网络安全保障能力，提出要大力推广具有自主知识产权的网络空间安全技术和标准应用。此外，还提出落实网络安全责任制，完善相关网络安全标准，加强网络安全检查等具体做法。

二是维护用户合法权益。《意见》指出，要加强对用户的个人信息保护力度，对于收集使用用户身份、地理位置、联系方式、通信内容、消费记录等个人信息的行为要加以规范，保障用户知情权、选择权和隐私权。同时要健全投诉处理机制，企业对用户的反馈应作出及时反应。对于侵害用户权益行为，要切实加大打击力度，维护消费者权益和行业秩序。

三是打击网络违法犯罪。《意见》提到，要坚决打击利用移动互联网鼓吹推翻国家政权、煽动宗教极端主义、宣扬民族分裂思想、教唆暴力恐怖等违法犯罪活动。严厉查处造谣诽谤、电信网络诈骗、攻击窃密、盗版侵权、非法售卖个人信息等违法犯罪行为。全面清理赌博、传销、非法集资、淫秽色情、涉枪涉爆等违法违规信息。

四是增强网络管理能力。《意见》提到，需强化网络基础资源管理，落实基础电信业务经营者、接入服务提供者、互联网信息服务提供者、域名服务提供者的主体责任。创新管理方式，加强新技术新应用新业态研究应对和安全评估。

五是提出相关保障措施。《意见》从管理体制、社会参与、人才队伍建设、法治保障等方面提出了确保《意见》落到实处的保障性措施，如强调中央网信办的统筹协调地位和各相关职能部门切实加强贯彻落实的责任，鼓励社会各界广泛参与移动互联网治理，创新人才引进、评价、流动、激励机制，将各方面优秀人才凝聚到网信事业中来，加快网络立法进程，完善依法监管措施，有效应对各种网络安全风险等。

三、简要评析

近几年，移动通信和互联网成为全球范围内发展最快、市场潜力最大的两部分业务。移动互联网已经与人类生活、工作紧密相连，各种各样的移动互联网应用迅猛发展。但是，移动互联网给人们带来便捷的同时，也带来了前所未有的安全挑战，《关于促进移动互联网健康有序发展的意见》的出台非常及时，不仅在移动互联网安全保障能力提升方面提出很多切实可行的举措，而且能够在个人信息保护等非常具体的问题上起到重要的规范作用。

第二节 《网络空间国际合作战略》

一、出台背景

2017 年 3 月 1 日，经中央网信办批准，外交部和国家互联网信息办公室共同发布《网络空间国际合作战略》（以下简称《战略》），系统地阐述了国家关于在网络空间开展国际合作的系列主张和立场。从国内背景来看，《战略》与 2016 年发布的《网络安全法》和《网络空间安全战略》一脉相承，是这些文件精神在网络空间国际合作领域的延伸和发展，也是指引我国网络外交工作的纲领性文件；从国际背景来看，美国 2011 年发布《网络空间国际战略》，欧盟 2013 年出台《欧盟网络安全战略》，日本 2015 年出台《国家网络安全战略》，俄罗斯 2016 年出台了新版《俄联邦信息安全学说》，各国通过战略文件对本国网络安全力量建设进行部署和宣示，这种外部环境也呼唤着我国网络空间国际战略的出台。

二、主要内容

一是理性判断机遇挑战。《战略》认为，网络空间正成为信息传播的新渠道、生产生活的新空间、经济发展的新引擎、文化繁荣的新载体、社会治理的新平台、交流合作的新纽带、国家主权的新疆域。但同时也面临一系列挑战，如互联网领域发展不平衡、规则不健全、秩序不合理；国家和地区间的"数字鸿沟"不断拉大；关键信息基础设施存在较大风险隐患，等等。

二是遵循八字基本原则。《战略》以和平与发展为主题，以合作共赢为核心，倡导和平、主权、共治、普惠的基本原则。所谓和平，指国际社会要切实遵守《联合国宪章》宗旨与原则，特别是不使用或威胁使用武力、和平解决争端的原则，确保网络空间的和平与安全；所谓主权，指国家间应该相互尊重自主选择网络发展道路、网络管理模式、互联网公共政策和平等参与国际网络空间治理的权利；所谓共治，指国家不分大小、强弱、贫富，都有权平等参与网络空间的国际秩序与规则建设，同时应发挥政府、国际组织、互联网企业等各主体的作用；所谓普惠，指国际社会应不断推进互联网领域开放合作，推动在网络空间优势互补、共同发展，确保人人共享互联网发展成果。

三是明确六大战略目标。《战略》明确提出了中国参与网络空间国际合作的六个目标，分别是：（1）维护主权与安全，坚决反对任何国家借网络干涉别国内政，各国有权利和责任维护本国网络安全，通过国家法律和政策保障各方在网络空间的正当合法权益；（2）构建国际规则体系，主张在联合国框架下制定各国普遍接受的网络空间国际规则和国家行为规范；（3）促进互联网公平治理，主张通过国际社会平等参与和共同决策，构建多边、民主、透明的全球互联网治理体系；（4）保护公民合法权益，保障公众在网络空间的知情权、参与权、表达权、监督权，保护网络空间个人隐私，但在提倡自由的同时也要保持秩序；（5）促进数字经济合作，主张推动国际社会公平、自由贸易，反对贸易壁垒和贸易保护主义；（6）打造网上文化交流平台，主张各国培育和发展积极向上的网络文化。

四是提出九大行动计划。为了实现目标，《战略》提出九大具体行动计划：（1）倡导和促进网络空间和平与稳定；（2）推动构建以规则为基础的网络空间秩序；（3）不断拓展网络空间伙伴关系；（4）积极推进全球互联网治理体系改革；（5）深化打击网络恐怖主义和网络犯罪国际合作；（6）倡导对隐私权等公民权益的保护；（7）推动数字经济发展和数字红利普惠共享；（8）加强全球信息基础设施建设和保护；（9）促进网络文化交流互鉴。

三、简要评析

一是内容丰富且亮点颇多。比如，《战略》详细诠释了网络空间主权的具体要义和内涵。提出“各国政府有权依法管网，对本国境内信息通信基础设施和资源、信息通信活动拥有管辖权，有权保护本国信息系统和信息资源免受威胁、干扰、攻击和破坏，保障公民在网络空间的合法权益”之类的表述。综观全球近100个发布网络安全战略文件的国家，虽然有少许战略提到网络主权之类的概念，但是几乎没有哪个国家将网络空间主权所包含的要素如此清晰地阐述出来，因为界定这一概念本身就是个非常具有挑战性的难题。这成为《战略》的一大亮点。再如，明确提出将积极推进全球互联网治理体系改革。这是国家第一次在战略文件中对国际社会近年来炒得沸沸扬扬的ICANN改革话题做出明确表态。实际上，我国已在多个场合表示过可在联合国框架下另行建立一个各方参与的论坛或平台以集中讨论互联网治理相关问题的主张，这与战略中提到的“推进联合国互联网治理论坛机制改革，促进论坛在互联网治理中发挥更大作用”有异曲同工之意。这是《战略》的又一大亮点。

二是体现了我国的网络外交态度。网络空间是个新兴领域，国际社会对网络空间的本质属性和文化内涵的理解各不相同，部分国家趁此树立各种大旗，输出本国价值观，如美国在2011年《网络空间国际战略》中提出建立一个“开放”“互操作”“安全”“可靠”的网络空间，英国在2012年《网络安全战略》中提出要保持网络空间的“安全性、可靠性和灵活性”，日本在2015年《网络安全战略》中提出“自由”“公正”“安全”，体现出各自对于网络空间治理的理解和态度。我国在《战略》中也提出了“和平”“主权”“共治”“普惠”八字原则，既表达了对于网络空间安全与发展的愿景，又凸显了我国关于网络外交的立场，为今后的外交工作指明了方向。

三是有力回应了国际社会质疑。目前，网络空间存在很多基础性和理论性问题的“真空”地带，导致国际社会在逻辑推理和表述行文方面存在差异，从而引发“口水仗”。比如近年来，中国屡屡遭受一些国家的质疑，被指开展了网络攻击和黑客攻击，但是实际上，国际社会对于什么是网络攻击、如何判定网络攻击等表述根本没有形成一致的理解，而且，中国本身也是网络攻击的受害者。对此，《战略》给出了非常明确的表态，“中国反对任何形式的黑客攻击，不论何种黑客攻击，都是违法犯罪行为，都应该根据法律和相关国际公约予以打击。网络攻击通常具有跨国性、溯源难等特点，中国主张各国通过建设性协商合作，共同维护网络空间安全”，直接回应了国际社会的质疑和关切。

第三节 《国家网络安全事件应急预案》

一、出台背景

6月27日，中央网络安全和信息化领导小组发布了关于印发《国家网络安全事件应急预案》（以下简称《应急预案》）的通知（中网办发文〔2017〕4号）。该《应急预案》是依据《中华人民共和国突发事件应对法》《中华人民共和国网络安全法》《国家突发公共事件总体应急预案》《突发事件应急预案管理办法》等相关规定而制定的，这是国家首次公开发布的第一份《国家网络安全事件应急预案》。事实上，早在2008年，我国就制定了《国家网络与信息安全事件应急预案》，但是一直没有公开。此次将《应急预案》内容公开，一方面是因为网络与信息安全事件发生后的应急响应边界已越来越模糊，需要政府、企业与全社会的共同努力；另一方面近年来随着国际社会网络安全事件的增多，各国都在加强网络事件应急工作，纷纷完善已发布的预案，我国的这些修订也是充分借鉴了国外应对网络与信息安全事件的经验。

二、主要内容

《国家网络安全事件应急预案》的主要内容共分为八个部分，分别是总则、组织机构与职责、监测与预警、应急处置、调查与评估、预防工作、保障措施、附则，其中，主要内容如下：

一是对网络安全事件进行了分级。《应急预案》将网络安全事件分为四级：特别重大网络安全事件、重大网络安全事件、较大网络安全事件、一般网络安全事件，并分别进行了详细的解释和界定。

二是明确了领导机构和办事机构的职责。由中央网络安全和信息化领导小组办公室统筹协调组织国家网络安全事件应对工作，建立健全跨部门联动处置机制，相关部门按照职责分工负责相关网络安全事件应对工作。各省（区、市）网信部门在本地区党委网络安全和信息化领导小组统一领导下，统筹协调组织本地区网络和信息系统网络安全事件的预防、监测、报告和应急处置工作。

三是对网络安全事件预警等级进行了划分，并规定响应措施。《应急预案》将网络安全事件预警等级分为四级：最高等级用红色表示，其次是橙色、黄色和蓝色，分别对应发生或可能发生特别重大、重大、较大和一般网络安全事件。针对不同等级的事件预警规定了不同的响应方式，分别是Ⅰ级响应、Ⅱ级响应、Ⅲ级响应和Ⅳ级响应。

四是对事件的事后调查和评估也进行了规定。同时，还提出加强日常管理、平时演练、宣传教育和培训等工作。

五是列出了保障措施。从机构和人员、技术支撑队伍、专家队伍、社会资源、基础平台、技术研发和产业促进、国际合作、物资保障、经费保障、责任与奖惩等方面提出了应急预案顺利实施的保障举措。

三、简要评析

总体来看，《国家网络安全事件应急预案》是对《网络安全法》的贯彻落实。《网络安全法》第五十三条明确提出，国家网信部门协调有关部门建立健全网络安全风险评估和应急工作机制，制定网络安全事件应急预案，并定期组织演练。《国家网络安全事件应急预案》的修订和公开发布，正是落实《网络安全法》的总体要求，是我国网络安全应急事件的预警、处理和响应的纲领性和指导性文件。

此外，突出统筹协调和统一指挥是《国家网络安全事件应急预案》的特点。《应急预案》明确提出，由中央网络安全和信息化领导小组办公室统筹协调组织国家网络安全事件应对工作，建立健全跨部门联动处置机制，工业和信息化部、公安部、国家保密局等相关部门按照职责分工负责相关网络安全事件应对工作。必要时成立国家网络安全事件应急指挥部，负责特别重大网络安全事件处置的组织指挥和协调。这是由于网络安全事件具有扩散速度快、影响范围大、级联效应明显等特征，要求国家必须建立统一的网络安全应急指挥体系，加强统筹协调和统一指挥，这是《应急预案》的突出特点。

第四节　《公共互联网网络安全突发事件应急预案》

一、出台背景

2017 年 11 月 25 日，工业和信息化部印发了《公共互联网网络安全突发事件应急预案》，从体制和机制两个层面，建立了网络安全突发事件从监测预警、应急处置、事后总结、预防与应急准备到保障措施的全流程规范和措施。一方面，这是对《网络安全法》要求“有关部门制定本行业、本领域的网络安全事件应急预案”等规定的落实，也是对 2017 年 6 月中央网信办印发的《国家网络安全事件应急预案》框架的完善和补充；另一方面在 2009 年，工业和信息化部曾经印发过《公共互联网网络安全应急预案》，建立了针对基础 IP 网络、域名系统、基础电信企业重要网站及系统等网络安全事件的应急机制，但是经过几年的发展，2009 年《应急预案》已不适应当前网络安全工作的新形势、新特点和新要求，因此诞生了这份新版本的预案。

二、主要内容

从内容上看，《公共互联网网络安全突发事件应急预案》与《国家网络安全事件应急预案》的内容框架大体一致，主要内容有九大部分，分别是总则、组织体系、事件升级、监测预警、应急处置、事后总结、预防与应急准备、保障措施、附则，其中，主要内容如下：

一是对网络安全突发事件进行分级管理。按照事件发生后的危害程度和影响范围等因素，《公共互联网网络安全突发事件应急预案》将公共互联网网络安全突发事件分为四级：特别重大事件、重大事件、较大事件、一般事件，并规定相应的应急处置措施。

二是明确组织领导体系。《公共互联网网络安全突发事件应急预案》规定，在中央网信办统筹协调下，工业和信息化部网络安全和信息化领导小组统一领导公共互联网网络安全突发事件应急管理工作，工业和信息化部网络安全应急办公室负责公共互联网网络安全应急管理事务性工作。同时，明确了地方通信管理局、基础电信企业、域名机构、互联网企业和网络安全专业机构等在应急工作中的职责。

三是对网络安全事件预警等级进行了划分。与《国家网络安全事件应急预案》相同，《公共互联网网络安全突发事件应急预案》也用红色、橙色、黄色和蓝色，分别对应发生或可能发生特别重大、重大、较大和一般网络安全事件，同时还针对不同等级的事件预警规定了不同的响应方式。

四是在应急处置中提出了先行处置的原则。《公共互联网网络安全突发事件应急预案》规定，公共互联网网络安全突发事件发生后，事发单位在按照本预案规定立即向电信主管部门报告的同时，应当立即启动本单位应急预案，组织本单位应急队伍和工作人员采取应急处置措施，尽最大努力恢复网络和系统运行，尽可能减少对用户和社会的影响，同时注意保存网络攻击、网络入侵或网络病毒的证据。

五是对预防与应急准备做出具体规定。《公共互联网网络安全突发事件应急预案》提出，基础电信企业、域名机构、互联网企业需落实网络安全管理责任，电信主管部门依法开展网络安全监督检查和公共互联网网络安全突发事件应急演练，指导督促相关单位消除安全隐患，提高相关单位网络安全突发事件应对能力。

三、简要评析

《公共互联网网络安全突发事件应急预案》的编制主要为了建立健全公共互联网网络安全突发事件应急组织体系和工作机制，提高公共互联网网络安全突发事件综合应对能力，它将成为基础电信企业、域名注册管理和服务机构、互联网企业网络安全事件处置过程中体系化的指导性文件。

同时，《公共互联网网络安全突发事件应急预案》的制定和实施，将对类似今年5月份全球范围内爆发的“永恒之蓝”（WANNACRY）勒索病毒等攻击事件发挥积极作用，该病毒利用NSA被泄露出来的MS17－010漏洞进行传播，加密勒索被感染的电脑和服务器，有100多个国家受到网络攻击，受影响的范围遍及金融、能源、医疗、交通和公共管理等行业和部门，对突发事件的处理机制产生了很大的挑战。《公共互联网网络安全突发事件应急预案》明确了在电信主管部门的统一领导、指挥和协调下，开展公共互联网网络安全突发事件应急工作，以后类似的攻击将会得到更加有序更加迅速的应对。

第五节 《工业控制系统信息安全行动计划（2018—2020年）》

一、出台背景

工业控制系统信息安全是建设制造强国和网络强国战略的重要组成部分，对于国家安全、经济发展和社会稳定起到举足轻重的作用。随着中国制造2025全面推进，工控安全工作的重要性和紧迫性更加凸显。《中国制造2025》提出要“加强智能制造工业控制系统网络安全保障能力建设，健全综合保障体系”，《中华人民共和国网络安全法》要求对包括工业控制系统在内的“可能严重危害国家安全、国计民生、公共利益的关键信息基础设施”实行重点保护，为更好地贯彻落实党的十九大精神和这些文件的要求，工业和信息化部2017年12月29日正式印发了《工业控制系统信息安全行动计划（2018—2020年）》（以下简称《行动计划》）。

二、主要内容

《行动计划》行文简洁，共分为三大部分，但是内容比较丰富，主要如下：

一是提出了工业控制系统信息安全行动的指导思想。主要归纳为三点，即坚持落实企业主体责任、坚持因地制宜分类指导、坚持技术和管理并重。

二是确立了到2020年工业控制系统信息安全的行动目标。即：建成工控安全管理工作体系，企业主体责任明确，各级政府部门监督管理职责清楚，工作管理机制基本完善；全系统、全行业工控安全意识普遍增强，对工控安全危害认识明显提高，将工控安全作为生产安全的重要组成部分；态势感知、安全防护、应急处置能力显著提升，全面加强技术支撑体系建设，建成全国在线监测网络，应急资源库，仿真测试、信息共享、信息通报平台（一网一库三平台）；促进工业信息安全产业发展，提升产业供给能力，培育一批龙头骨干企业，创建3—5个国家新型工业化产业化产业示范基地。

三是明确了到2020年工业控制系统信息安全的具体行动措施。工业控制系统信息安全能力提升主要注重五大部分，分别是安全管理水平提升、态势感知能力提升、安全防护能力提升、应急处置能力提升、产业发展能力提升。

四是提出相关保障措施。主要从组织协调、政策支持、人才培养和社会参与四个方面提出了加强工业控制系统信息安全的具体保障措施。

三、简要评析

随着工业数字化、网络化、智能化的快速发展，工业控制系统信息安全在整个网络安全和国家安全中都占据越来越重要的地位，可是由于当前工业控制系统主要采用的是DCS、SCADA等运行模式，基于传统IT的解决方案难以奏效，因此，对于许多关键信息基础设施的控制系统来说，很少能够对突发事故进行非常及时有效的预警和防范，这就为工业控制系统信息安全的防护敲响了警钟。《工业控制系统信息安全行动计划（2018—2020年）》是目前比较全面对工控系统信息安全领域进行整体布局同时又提出具体措施的文件，如果能够按照计划到2020年建成“一网一库三平台”，将对整个工业控制系统安全起到非常关键的保障作用。

第十二章 2017年我国网络安全重要法律法规

第一节 《个人信息和重要数据出境安全评估办法（征求意见稿）》

一、出台背景

近年来，随着云计算、大数据技术的快速发展，数据贸易快速兴起，跨境数据流动成为全球经济发展重要的推动因素，与此同时，安全问题日益凸显，大量经济运行、社会服务乃至国家安全相关的数据向境外传送，存储在全球各地的数据中心，对国家安全和利益造成重大威胁，“棱镜事件”更是给各国敲响警钟。近年来一些国家也纷纷通过立法来加强跨境数据流动的管理，国际上也已形成了成熟、系统的跨境数据流动管理制度框架，如美国爱国者法案扩张了美国政府获取数据的权力和范围，欧盟与美国达成的隐私盾协议（EU－U. S. PRIVACY SHIELD）、世界经合组织的《隐私保护和个人数据跨境流通的指南》、亚太经合组织的《跨境隐私规则》等，有效保障了个人信息和一些重要数据的跨境安全。我国作为全球数据资源大国，同时也是数据资源流出大国，迫切地需要建立符合自身国情的数据出境监管办法，在确保安全的情况下享受数据红利带来的高效发展。《网络安全法》确立了个人信息和重要数据出境安全评估制度，规定关键信息基础设施的运营者在境内运营中收集和产生的个人信息和重要数据如需出境应经过安全评估，《国家安全法》也要求加强关键基础设施和重要领域信息系统及数据的安全可控。为保障个人信息和重要数据安全，维护网络空间主权和国家安全、社会公共利益，促进网络信息依法有序自由流动，依据《国家安全法》《网络安全法》等法律法规，中央网信办会同相关部门起草了《个人信息和重要数据出境安全评估办法（征求意见稿）》（以下简称《办法》），并于4月11日向社会公开征求意见。

二、主要内容

《办法》共有18条，从数据出境安全评估的原则、责任部门、网络运营者义务、重点评估内容、运行机制等各个方面构建了数据出境安全评估制度的基本框架。

一是扩大了《网络安全法》中跨境数据流动的适用对象。办法制定的依据是《国家安全法》和《网络安全法》，数据出境安全评估的适用对象不仅限于《网络安全法》中所限定的关键信息基础设施运营者，而是所有网络运营者。

二是进一步界定了跨境评估的数据范围。办法解释了“个人信息”和“重要数据”的概念，将前者界定为能够识别个人身份的所有信息，将后者限定在国家和社会层面，即与国家安全、经济发展，以及社会公共利益密切相关的数据，并将具体范围留在相关识别指南中予以解释。

三是建立了数据出境安全评估的管理机制。办法确立了由网信部门统筹协调、行业主管部门各负其责的管理框架，并根据数据具体特性将安全评估划分为两类，即自行评估和监管部门评估，并从定性和定量两方面给出了明确的评估标准，在自行评估框架内又设立了网络运营者自查、行业主管部门检查、国家网信部门统筹归口的运行机制，对于一些体量大或涉及国家基础资源信息等的重要数据由行业主管部门或国家网信部门组织安全评估。

三、简要评析

《办法》将《网络安全法》对数据出境的相关要求进一步具体化，成为可执行落地的机制，为企业更好地落实数据出境要求提供了指导。作为我国数据出境管理的第一项重要规定，对保障个人信息和重要数据安全意义非凡，但目前办法仅搭建起基本制度框架，对于政府行政管理和企业自身责任义务履行来讲，仍然缺少相关配套的标准规范和操作指南，后续还需要参考国外管理实践经验，结合我国数据出境管理现状，进一步明确评估办法实施的操作流程规范和评估风险模型框架，健全数据出境安全评估管理制度体系，为企业履行数据出境安全评估义务提供统一的规范和指引，为行业主管部门顺利开展数据出境安全评估管理工作提供详细依据。

第二节　网络产品和服务安全审查办法（试行）

一、出台背景

随着国家信息化的快速发展，社会生产生活对信息技术的依赖性日益增强，国家重要领域和关键部门的持续性运行高度依赖于广泛部署的信息技术产品和服务，其安全性和可信性成为评估国家网络安全的重要指标。与此相伴的是，网络安全形势日益严峻，国家背景有组织的网络攻击持续强化，政府重要信息系统持续遭受攻击、重要基础信息资源被盗、网络间谍行为等应接不暇，安全风险的泛在化使得设立有效的国家网络安全审查制度更为必要，以识别、防范、控制和应对信息技术产品和服务在使用过程中出现危害国家安全和公共利益的安全风险。为落实《网络安全法》要求，国家网信部门于5月2日发布《网络产品和服务安全审查办法（试行）》（以下简称《办法》）。

二、主要内容

《办法》分别从审查范围、审查内容、审查机构、网络产品和服务提供者的权利和义务以及法律责任等方面搭建了网络产品和服务安全审查的基本制度框架。

一是确立了网络安全审查的范围，即关系国家安全的网络和信息系统采购的重要网络产品和服务，网络安全审查办公室按程序确定审查对象，关键信息基础设施运营者采购的产品和服务是否影响国家安全由其保护工作部门确定。

二是明确了网络安全审查重点，即网络产品和服务的安全性、可控性，主要包括：产品和服务自身的安全风险，以及被非法控制、干扰和中断运行的风险；供应链安全风险；产品和服务提供者利用提供产品和服务侵害用户权益、非法收集、存储、处理、使用用户相关信息的风险等。

三是建立第三方评价与政府持续监管相结合的审查机制，国家有关部门设立网络安全审查委员会，审议重要政策，统一组织审查工作，协调审查相关重要问题。网络安全审查委员会聘请相关专家组成网络安全审查专家委员会，在第三方评价基础上，对网络产品和服务的安全风险及其提供者的安全可信状况通过实验室检测、现场检查、在线监测、背景调查等进行综合性评估。网络安全审查第三方机构由国家依法认定。

三、简要评析

《办法》在借鉴国外的成熟经验，结合我国网络空间管理现状，对审查范围、审查重点、审查机制进一步明确，确立了我国网络安全审查制度的基本框架，是落实《网络安全法》的重要举措，也是国家积极实施保障策略、应对网络安全风险的体现。办法不仅考虑具体安全漏洞、安全产品的检测审查，而且延伸到整个安全产业链，形成全生命周期的可控态势。办法为网络安全制度明确了具体方向和原则，具体制度实施还需要各部门结合实际情况不断探索，作出符合我国信息产业发展现状的详细规定。网络安全审查制度的确立弥补了网络产品和服务的网络安全风险管理空缺，在网络安全管理的重要一环中设置了一道安全屏障，也在国家安全的风险缺口中增加了一把重要安全保险。

第三节　《互联网新闻信息服务管理规定》

一、出台背景

近年来，随着新技术新业务的不断涌现，具有强大用户聚合、新闻聚合能力的互联网服务平台快速发展，互联网新闻信息的采集、制作、发布和转发日益便捷，同时也为各类主体非法从事新闻信息活动提供了多种途径，同时也为各类虚假信息、谣言等非法有害信息的发布和传播提供了温床。在互联网上违法有害信息呈加重泛滥蔓延、无孔不入的态势下，互联网服务提供商和新闻服务平台对社会舆论走向和突发事件掌控力越来越强，有必要进一步规范互联网新闻信息服务提供者的行为，依托市场准入制度提升互联网新闻服务提供者的主体责任，提升互联网新闻服务提供者的网络信息安全意识，强化互联网新闻信息服务单位的内部管理制度的建立和健全，这对于构建良好的网络舆论生态，建立风清气正的网络空间环境，形成正能量充沛、主旋律高昂的网络文化，具有非常重要的现实意义。为此，国家互联网信息办公室根据《中华人民共和国网络安全法》《互联网信息服务管理办法》《国务院关于授权国家互联网信息办公室负责互联网信息内容管理工作的通知》，制定《互联网新闻信息服务管理规定》（以下简称《规定》）。

二、主要内容

《规定》主要对互联网新闻信息服务许可管理、网信管理体制、互联网新闻信息服务提供者主体责任等进行了修订。

一是将提供互联网新闻信息服务的行为统一纳入调整范围。根据信息技术应用发展实际和趋势，对通过互联网站、论坛、博客、微博客、公众账号、即时通信工具、网络直播等形式提供互联网新闻信息采编服务，进行统一的规范和管理。许可事项在原来的新闻单位设立采编发布、非新闻单位设立转载和新闻单位设立登载本单位新闻信息的三类互联网新闻单位的管理模式的基础上，修改为互联网新闻信息采编发布服务、转载服务、传播平台服务三类。考虑到了网络新闻信息的未来发展趋势，去除了“时政类新闻信息”。定义不仅以内容类别为标准，还考虑到新闻信息服务的社会公共属性，涵盖了涉及社会公共事务、公共秩序、社会公共价值体系、会引发社会讨论的新闻内容。在此基础上，通过对互联网新闻信息服务界定的细化，强化了规定的可操作性和可延展性。

二是进一步健全了管理体制。根据国家机构改革变化，将主管部门由

“国务院新闻办公室”调整为“国家互联网信息办公室”，增加了“地方互联网信息办公室”的职责规定，为省级以下网信部门赋予了互联网新闻信息服务管理职责，管理体制改为三级或四级管理体制。此外，国家和地方互联网信息办公室应当建立失信黑名单制度和约谈制度以及各部门间的信息共享制度。

三是更新网络新闻信息概念。规定重新定义了网络“新闻信息”，通过列举的方式进一步明确主体资格，如“境内法设立的法人”“主要负责人、总编辑是中国公民”“有与服务相适应的专职新闻编辑人员、内容审核人员和技术保障人员”；明确了通过“互联网站、应用程序、论坛、博客、微博客、公众账号、即时通信工具、网络直播”等新媒体、新应用提供新闻服务的主体，都要纳入管理中。规定不仅继续禁止外资参与设立互联网新闻信息服务单位，也明确禁止非公有资本介入互联网新闻信息采编业务。这对于当前资本介入媒体融合发展的现实具有指导意义。

四是强化了互联网新闻信息服务提供者的主体责任和用户权益保护。规定明确了总编辑及从业人员管理、信息安全管理、平台用户管理等要求，推动新闻信息服务提供者履行主体责任，增加了个人信息保护、禁止非法牟利、著作权保护等相关内容。

三、简要评析

《规定》加强新闻信息采编发布流程管理、细化平台管理、落实处罚责任，促进互联网新闻信息发布规范化，为互联网新闻信息活动参与各方提供国家层面的行为规范和指导准则，为实践中存在或可能存在的各类问题提供基本的工作流程、解决方案，指导各方有序参与，确保信息消费、发布活动的守法有序进行。这一规定的施行对统一网信执法证据标准，规范网信行政执法行为，提高网信执法公信力，具有重要意义。

第四节 《最高人民法院、最高人民检察院关于办理侵犯公民个人信息刑事案件适用法律若干问题的解释》

一、出台背景

近年来，侵犯公民个人信息犯罪处于高发态势，严重侵犯了公民合法权益，并且成为其他犯罪的重要隐患，亟待严厉打击。2015 年 11 月 1 日，《刑法修正案（九)》将“出售、非法提供公民个人信息罪”和“非法获取公民个人信息罪”整合为“侵犯公民个人信息罪”，扩大了犯罪主体和侵犯个人信息行为的范围。而在司法实践中，侵犯公民个人信息罪的具体定罪量刑标准尚不明确，一些法律适用问题存在争议，亟须通过司法解释予以明确。2017 年 3 月 20 日，最高人民法院审判委员会全体会议审议并原则通过《最高人民法院、最高人民检察院关于办理侵犯公民个人信息刑事案件适用法律若干问题的解释》(以下简称《解释》)。

二、主要内容

《解释》共十条，主要规定了以下三方面的内容。

一是界定了公民个人信息的范围。采取概括加列举的方式界定公民个人信息的特性，即识别性，单独或与其他信息相结合识别特定自然人身份或者反映特定自然人活动情况的各种信息包括姓名、身份证件号码、通信联系方式、住址、账号密码、财产状况、行踪轨迹等。“提供公民个人信息”的行为包括：向特定人提供公民个人信息，通过信息网络或者其他途径发布公民个人信息的，未经被收集者同意，将合法收集的公民个人信息向他人提供的。“以其他方法非法获取公民个人信息”是指违反国家有关规定，通过购买、收受、交换等方式获取公民个人信息，或者在履行职责、提供服务过程中收集公民个人信息的，属于《刑法》第二百五十三条之一第三款规定的。

二是明确了侵犯公民个人信息罪的定罪量刑标准。对于非法获取、出售或者提供公民个人信息的“情节严重”“情节特别严重”的情形以列举的方式予以明确，对于合法经营活动而非法购买、收受公民个人信息“情节严重”的情形予以明确。

三是规定了侵犯公民个人信息犯罪所涉及的宽严相济、犯罪竞合、单位犯罪、数量计算等问题。

三、简要评析

《解释》进一步解决了司法实践中长期存在的侵犯公民个人信息罪的定罪量刑标准不清、适用困难问题，为侵犯公民个人信息行为标出明确的犯罪红线，为打击违法犯罪行为、保护用户合法权益提供了司法适用依据和指引，对于侵犯公民个人信息的行为具有严厉的威慑和警示作用。

第五节　《网络关键设备和网络安全专用产品目录（第一批）》

一、出台背景

《网络安全法》确立了网络关键设备和网络安全专用产品认证检测制度，由国家网信部门会同国务院有关部门制定、公布网络关键设备和网络安全专用产品目录。为加强网络关键设备和网络安全专用产品安全管理，依据《网络安全法》，国家互联网信息办公室会同工业和信息化部、公安部、国家认证认可监督管理委员会等部门制定了《网络关键设备和网络安全专用产品目录（第一批）》（以下简称《目录》），于6月1日发布。

二、主要内容

一是《目录》列举了需要进行网络安全认证和监测的网络关键设备和网

络安全专用产品第一批目录，其中网络关键设备包括路由器、交换机、服务器（机架式）、可编程逻辑控制器（PLC 设备）、网络安全专业产品包括数据备份一体机、防火墙（硬件）、WEB 应用防火墙（WAF）、入侵检测系统（IDS）、入侵防御系统（IPS）、安全隔离与信息交换产品（网闸）、反垃圾邮件产品、网络综合审计系统、网络脆弱性扫描产品、安全数据库系统、网站恢复产品（硬件）。

二是网络关键设备和网络安全专用产品认证或者检测委托人应选择具备资格的机构进行安全认证或者安全检测，即国家认证认可监督管理委员会、工业和信息化部、公安部、国家互联网信息办公室按照国家有关规定共同认定的机构。

三是网络关键设备和网络安全专用产品销售和提供者可选择认证和检测任何一种方式，选择安全检测方式的，由检测机构将网络关键设备、网络安全专用产品检测结果依照相关规定分别报工业和信息化部、公安部。选择安全认证方式的，由认证机构将认证结果依照相关规定报国家认证认可监督管理委员会。

三、简要评析

当前，网络设备与产品管理方式有三种：一是公安部的计算机信息系统安全专用产品销售许可证；二是工信部的电信产品进网许可证；三是国家认监委对政府采购领域的国家信息安全产品认证（强制认证）。对于网络关键设备和网络安全专用产品的管理，《网络安全法》确立了更为严格的管理措施，即检测和认证制度，采取政府监管和市场检测认证相结合的方式，既强化了对关键重要的网络设备和产品的安全保障，也顺应信息产业市场发展趋势，节省管理资源的同时增加了管理的专业性，为网络空间的监管增加了一项有力抓手。

第六节 《互联网新业务安全评估管理办法（征求意见稿）》

一、出台背景

当前，互联网新技术新业务不断涌现，不断突破现有网络安全管理框架，对网络安全甚至国家安全构成严重威胁，防范安全风险的需求日益迫切。为适应互联网行业发展和安全管理的新形势，亟须依法规范互联网新业务安全评估活动，细化安全评估要求，夯实网络安全管理的法治基础。为完善互联网新业务安全评估制度，保障互联网新业务安全发展，工业和信息化部起草了《互联网新业务安全评估管理办法（征求意见稿）》（以下简称《办法》）。

二、主要内容

《办法》共三十一条，主要规定了如下内容。

一是明确了适用范围。适用于在我国境内的电信业务经营者，“互联网新业务”是指“电信业务经营者通过互联网新开展其已取得经营许可的电信业务，或者通过互联网运用新技术试办未列入《电信业务分类目录》的新型电信业务”。

二是确定了新业务安全评估制度。拟将互联网新业务面向社会公众上线时应进行安全评估，评估的内容包括用户个人信息保护、网络安全防护、网络信息安全、健全管理制度等方面。评估的方式包括自行评估和委托专业机构评估。

三是建立了安全评估报告制度。办法要求面向社会公众上线后45日内，向电信管理机构告知安全评估情况，提供书面评估报告等材料。电信管理机构发现评估报告不符合有关规定、标准的，应当要求电信业经营者限期改正或者重新评估，并在30日内提交评估材料。

四是完善了监督检查制度。办法要求电信管理机构对电信业务经营者的安全评估情况实施监督检查，对互联网新业务进行监测，及时发现重大网络信息安全风险，对于未按照规定及时开展互联网新业务安全评估等情形，可以约谈电信业务经营者主要负责人。建立了互联网新业务安全评估情况通报制度，要求电信管理机构定期公布互联网新业务安全评估情况。

五是促进创新发展。办法明确鼓励电信业务经营者进行互联网技术业务创新，提升互联网行业发展水平。考虑到互联网领域创新非常活跃，为了便利企业创新创业，规定互联网新业务开展时间达到三年的，将纳入网络与信息安全日常监督管理，可以不再进行新业务安全评估。

三、简要评析

办法紧密围绕做好网络信息安全风险动态感知和主动应对的目标要求，积极适应互联网新技术新业务安全形势新变化，坚持问题导向、坚持深化创新，着力强化制度机制建设，着力强化安全风险监测巡查，着力强化企业责任落实，着力强化人才队伍保障，持续推动互联网新技术新业务网络信息安全风险防范体系不断健全完善，对于切实维护人民群众合法权益，积极营造清朗网络空间，具有重要的意义。

第七节 《关键信息基础设施安全保护条例（征求意见稿）》

一、出台背景

随着信息通信技术的迅速进展，金融系统、交通运输、电力网线、电信服务、供水管线以及政府服务等基础设施的运营日益依靠网络信息系统，信息基础设施的脆弱性和安全威胁呈现出几何式增长态势，国家关键信息基础设施面临较大风险隐患，网络安全防控能力薄弱，难以有效应对国家级、有组织的高强度网络攻击。习近平总书记在网络安全和信息化工作座谈会上的讲话中指出，关键信息基础设施是经济社会运行的神经中枢，是网络安全的重中之重，也是可能遭到重点攻击的目标。《网络安全法》在信息等级保护制度的基础上，借鉴发达国家的有益治理经验，确立了关键信息基础设施保护制度，要求设立网络安全审查和跨境数据评估等制度，明确了关键信息基础设施的具体范围和安全保护办法由国务院制定。为保障国内关键信息基础设施安全，进一步细化落实《网络安全法》，国家互联网信息办公室于2017年7月11日制定并推出了《关键信息基础设施安全保护条例（征求意见稿）》（以下简称《条例》），初步提出了关键信息基础设施保护的中国思路和路径。

二、主要内容

《条例》共有8章，共计55项条款，对于关键信息基础设施保护相关的一系列基本要素，包括适用范围、监管主体、评估对象、评估机制和相应法律责任等，在《网络安全法》的基础上做了更具体的细化和落地规定，构建了关键信息基础设施安全保护的整体框架。

一是设专章规定了支持与保障措施。国家从监测、防御和处置网络安全风险和威胁、支持安全技术、产品和服务创新、培养和选拔安全人才、建立健全标准体系等方面保障关键信息基础设施安全。地市级以上人民政府、国家行业主管或监管部门、能源和电信等特殊监管部门、公安部门以及组织和个人的保护职责和义务。

二是界定关键信息基础设施的范围。条例规定关键信息基础设施包括政府机关和能源、金融、交通等行业领域的单位；电信网、广播电视网、互联网等信息网络，以及提供云计算、大数据和其他大型公共信息网络服务的单位；国防科工、大型装备、化工、食品药品等行业领域科研生产单位；广播电台、电视台、通讯社等新闻单位以及其他重点单位。具体识别办法由网信办、工信部、公安部牵头制定《关键信息基础设施识别指南》，各行业主管部门及监管部门负责识别本行业、领域的关键信息基础设施。

三是明确运营者安全保护义务。（1）按照网络安全等级保护制度要求履行安全保护义务，包括三同步原则，建立网络安全责任制，制定内部安全管理制度和操作规程，严格身份认证和权限管理；采取技术措施保障关键信息基础设施免受干扰、破坏或者未经授权的访问，防止网络数据泄露或者被窃取、篡改。(2) 按照国家法律法规的规定和相关国家标准的强制性要求履行义务，包括设置专门机构和负责人并定期进行教育培训，容灾备份等措施，应急预案及演练。(3) 建立健全关键信息基础设施安全检测评估制度，关键信息基础设施上线运行前或者发生重大变化时应当进行安全检测评估。(4) 设立个人信息和重要数据出境安全评估制度，境内运营中收集和产生的个人信息和重要数据应当在境内存储，确需向境外提供的应当进行评估。(5) 运营者网络安全关键岗位专业技术人员实行执证上岗制度。即持证上岗具体规定由国务院人力资源社会保障部门会同国家网信部门等部门制定。

四是确立产品和服务安全制度。《条例》设立了网络产品和服务安全审查制度，外包网络产品和服务上线应用前安全检测要求，境外远程维护报告制度和缺陷漏洞产品的风险消除义务。

五是建立监测预警、应急处置和检测评估等制度。国家建立统一关键信息基础设施网络安全监测预警体系和信息通报制度、网络安全信息共享和应急协作机制，行业按照国家要求建设各自相应制度体系，有重要情况向国家报告。国家行业监管部门对关键信息基础设施的安全风险以及运营者履行安全保护义务的情况进行抽查检测。

三、简要评析

《条例》初步建立关键信息基础设施安全保护制度框架，确立了网信部门统筹协调、各部门各负其责的管理模式，更能适应目前关键信息基础设施安全保护的现实需求。《条例》为关键信息基础设施安全保护提供较为完整、合理的解决方案，其中诸多规定还有待进一步细化和明确，其正式出台将填补我国在关键信息基础设施保护中的立法空白，对于保障国家网络安全和推进信息化建设而言具有举足轻重的价值。

第八节 《互联网信息内容管理行政执法程序规定》

一、出台背景

随着网络空间管理体系的逐步完善，网络运营者的主体责任更加明确，网络监管执法力度将进一步强化，而对于这一新型事物，各监管部门的执法经验不足、规范性不强，执法能力有待提升，为了规范和保障互联网信息内容管理部门依法履行职责，保护公民、法人和其他组织的合法权益，维护国家安全和公共利益，国家互联网信息办公室制定了《互联网信息内容管理行政执法程序规定》（以下简称《规定》）。

二、主要内容

《规定》共四十九条，分别从管辖、立案、调查取证、听证、约谈、处罚决定及送达等各关键环节对互联网信息内容管理行政执法程序进行规范。

一是总则确立互联网信息内容行政执法基本原则和要求。坚持公开、公平、公正的原则，做到事实清楚、证据确凿、程序合法、法律法规规章适用准确适当、执法文书使用规范。互联网信息内容管理部门建立上级部门对下级的行政执法督查制度，加强执法队伍建设，建立健全执法人员培训、考试考核、资格管理和持证上岗制度。

二是规定了管辖和立案的基本规则。确立由违法行为发生地的互联网信息内容管理部门管辖的基本管辖原则，规定了移送管辖、管辖争议解决等规则，明确了立案的基本条件和程序要求以及回避制度。

三是详细规范了调查取证行为。办法对执法人员身份、告知义务、保密要求、证据规则等在行政处罚的基本要求的基础上进行了细化，明确了互联网信息内容执法的基本要求，尤其是电子证据这一具有行业特色的证据种类的取证、保全等要求。

四是确立了听证、约谈及处罚决定、送达的基本制度要求。

三、简要评析

《规定》在行政处罚法等基本行政执法程序要求的基础上，结合互联网监管的特色，对互联网信息内容管理执法行为进行了具体的规范和详尽的指引，解决了互联网监管执法长期以来面临的程序规定缺乏、执法行为不规范等亟须解决的难题，为监管部门和执法人员提供了翔实的执法应用指南，也在规范执法行为的同时确保了网络运营者等组织和个人的合法权益。

第九节 《工业控制系统信息安全防护能力评估工作管理办法》

一、出台背景

近年来，随着两化融合发展的不断深入，安全威胁向工业控制系统加速渗透，工业领域面临严峻的信息安全挑战。工业和信息化部2016年发布了《工业控制系统信息安全防护指南》（以下简称《防护指南》），从配置和补丁管理、边界安全防护、安全监测和应急预案演练等方面，对工业企业提出了30项工控安全防护要求。为检验《防护指南》的实践效果，综合评价工业企业工控安全防护能力，工业和信息化部组织编制了《管理办法（初稿）》，并选择电力、化工、汽车、有色、石化、烟草6个重点行业开展了工控安全预评估工作，对《管理办法（初稿）》的科学性、合理性和可操作性进行检验，结合工控安全预评估工作，进一步对《管理办法（初稿）》进行修改完善，形成《工业控制系统信息安全防护能力评估工作管理办法》（以下简称《管理办法》）。

二、主要内容

一是设置了管理组织机构。设立全国工控安全防护能力评估专家委员会，负责提供建议与咨询；设立全国工控安全防护能力评估工作组，具体负责管理工控安全防护能力评估相关工作。

二是明确评估机构、人员和工具的基本要求。评估机构应符合具备独立的事业单位法人资格，具有不少于 25 名工控安全防护能力评估专职人员，拥有工控安全防护能力评估所需的工具和设备，同时，还应建立并有效运行评估工作体系，完善评估监督和责任机制。评估人员须遵守相关的法律、法规和规章，按照所在评估机构确定的工作程序和作业指导从事评估活动，并遵守保密规定。评估过程中使用的工具应符合相关可靠性和安全性要求，需通过评估工作组委托的国家级质检机构的检测和校验。

三是确立了评估工作的基本工作程序。程序包括受理评估申请、组建评估技术队伍、制定评估工作计划、开展现场评估工作、现场评估情况反馈、企业自行整改、开展复评估工作、形成评估报告。

四是确立监督管理制度。评估工作组通过公示、抽查、复核等方式对评估机构、人员进行监督管理，确保评估报告的准确性和合理性。

五是明确了评估方法。以附件形式提供了工控安全防护能力评估方法，提出了工控安全防护能力评估的基本概念，对评估工作每一个环节进行细化，提出详细的工作步骤和实施方法。

三、简要评析

《管理办法》的编制以我国两化融合发展时期工控安全保障需求和工控安全防护工作推进为出发点和落脚点，密切结合工控安全防护能力评估工作实际，以规范针对工业企业开展的工控安全防护能力评估活动为重点，加强工控安全防护能力评估机构、人员和工具管理，突出体系化管理思路；细化各类基线标准，明确量化指标，明确工控安全防护能力评估工作程序，提供具体且可操作的工控安全防护能力评估方法，注重评估实效；要求对工业企业工业控制系统规划、设计、建设、运行、维护等全生命周期各阶段进行评估，强调全生命周期评估。办法的出台对于进一步规范工控安全防护能力评估工作具有重要的指导意义。

第十节 《公共互联网网络安全威胁监测与处置办法》

一、出台背景

当前，网络安全形势日益严峻复杂，恶意域名IP地址和域名代码、木马病毒、软硬件漏洞等网络安全威胁不断增多，新型威胁不断涌现，网络攻击来源更加多样，攻击手段更加复杂，攻击对象更加广泛，攻击后果更加严重，迫切需要加强网络安全威胁监测与处置工作。为提高公共互联网网络安全威胁监测与处置制度化水平，针对网络安全威胁类型的变化，工业和信息化部制定出台了《公共互联网网络安全威胁监测与处置办法》（以下简称《办法》）。

二、主要内容

一是扩展了公共互联网网络安全威胁范围。即公共互联网上存在或传播的、可能或已经对公众造成危害的网络资源、恶意程序、安全隐患或安全事件，包括：被用于实施网络攻击的恶意IP地址、恶意域名、恶意URL、恶意电子信息和恶意程序，网络服务和产品中存在的安全隐患，网络服务和产品已被非法入侵、非法控制的网络安全事件等。

二是建立网络安全威胁监测处置的责任体系。电信主管部门负责组织开展公共互联网网络安全威胁监测与处置工作。相关专业机构、基础电信企业、网络安全企业、互联网企业、域名注册管理和服务机构等加强威胁监测与处置工作，强化管理制度和技术手段建设。监测发现网络安全威胁后应立即进行处置，涉及其他主体的，应当及时报告电信主管部门。

三是强化对网络安全威胁的处置措施。电信主管部门委托专业机构对相关单位提交的网络安全威胁信息进行认定，经审查后，可以通知有关主体对网络安全威胁采取一项或多项处置措施，包括停止服务或屏蔽等措施、清除恶意程序、采取整改措施消除漏洞等隐患。工信部建立网络安全威胁信息共享平台，统一汇集、存储、分析、通报发布网络安全威胁信息，并对接相关单位网络安全监测平台，提升监测预警能力。

三、简要评析

《办法》从管理制度、技术平台、处置机制等方面设置了网络安全威胁监测处置机制，并针对网络安全新威胁新形势，扩展了公共互联网网络安全威胁范围，设立威胁信息共享平台合力加强监测，建立了快速响应的处置机制，进一步完善了网络安全威胁的监测与处置机制，对于更加快速全面有效地应对网络安全威胁具有积极的推动作用。

第十三章　2017年我国网络安全重要标准规范

第一节　《信息安全技术 SM2 密码算法使用规范》

一、出台背景

2017年10月30日至11月3日，第55次ISO/IEC信息安全分技术委员会（SC27）会议在德国柏林召开。我国SM2与SM9数字签名算法一致通过为国际标准，正式进入标准发布阶段，这也是本次SC27会议上密码与安全机制工作组通过的唯一进入发布阶段的标准项目，极大地提升了我国在网络空间安全领域的国际标准化水平。SM2椭圆曲线密码算法（以下简称SM2）是国家密码管理局批准的一组算法，其中包括SM2－1椭圆曲线数字签名算法、SM2－2椭圆曲线密钥协商协议，SM2－3椭圆曲线加密算法。为保证SM2使用的正确性，成功推进了我国数字签名标准在国际标准中的转化应用，增强我国密码产业在国际上的核心竞争力，国家有必要制定SM2密码算法使用的相关标准。

鉴于此，全国信息安全标准化技术委员会于2017年12月29日正式发布了GB/T 35276－2017《信息安全技术 SM2 密码算法使用规范》（以下简称《SM2密码算法使用规范》）。

二、主要内容

标准共10章，主要内容包括：范围、规范性引用文件、术语和定义、符号和缩略语、SM2 的密钥对、数据转换、数据格式、预处理、计算过程、用户身份标识 ID 的默认值。其中，术语和定义界定了算法标识、SM2 密码算法、SM3 算法；SM2 的密钥对介绍了 SM2 私钥、SM2 公钥；数据转换介绍了位串到 8 位字节串的转换、8 位字节串到位串的转换、整数到 8 位字节串的转换、8 位字节串到整数的转换；数据格式介绍了密钥数据格式、加密数据格式、签名数据格式、密钥对保护数据格式；计算过程介绍了生成密钥、加密、解密、数字签名、签名验证、密钥协商。

三、简要分析

本标准定义了 SM2 密码算法的使用方法，以及密钥、加密与签名等的数据格式。适用于 SM2 密码算法的使用，以及支持 SM2 密码算法的设备和系统的研发和检测。遵循国家现有密码政策，规范使用国家规定的非对称密码算法 SM2。本标准满足应用需求，从应用方便性、实用性考虑在域参数、数据格式转换、密钥对生成、加密、解密、签名、验签、密钥协商、预处理函数等流程中涉及的数据规格，方便安全厂商开发满足规范的产品，促进符合应用接口要求的密码设备的广泛应用，实现不同厂商产品之间的互联互通；本标准为公钥密码基础设施应用体系框架下的 SM2 椭圆曲线密码算法之上的密码算法使用规范，与其基础规范《SM2 椭圆曲线密码算法规范》保持一致并在内容上融为一体，形成统一的风格和互为补充。

第二节 《信息安全技术移动终端安全保护技术要求》

一、出台背景

随着移动互联网技术的迅速发展，移动终端得到了广泛的应用，并且在功能上不断扩展。伴随着移动终端智能化及网络宽带化的趋势，移动互联网业务层出不穷，日益繁荣。与此同时，移动终端也面临着各种安全威胁，如恶意吸费、盗取账户、监听电话、自动联网等，移动终端的安全面临着严峻挑战。移动终端安全保护技术要求标准的制定，为使标准能够满足指导移动智能终端安全标准体系的建设，规范移动智能终端相关设计、开发、测试、评估等工作的科学开展，提高标准的可操作性，有助于提高移动终端的安全水准，降低移动终端面临的风险，保护用户个人安全以及国家安全，防止移动终端对移动互联网安全产生的不利影响，推动整个移动互联网的健康发展。

鉴于此，全国信息安全标准化技术委员会于2017年12月29日正式发布了GB/T 35278－2017《信息安全技术 移动终端安全保护技术要求》（以下简称《移动终端安全保护技术要求》）。

二、主要内容

标准共9章，主要内容包括：范围，规范性引用文件，术语、定义和缩略语，移动终端概述，安全问题，安全目的，安全功能要求，安全保障要求，基本原理。其中，术语、定义界定了移动终端、移动终端用户、用户数据、应用软件、访问控制、授权、数字签名、漏洞；移动终端概述介绍了移动终端的网络环境、可选的额外移动终端组件；安全问题介绍了配置、通知、预防措施、网络窃听、网络攻击、物理访问、恶意或有缺陷的应用、持续攻击；安全目的介绍了通信保护、存储保护、移动终端安全策略配置、授权和鉴别、移动终端完整性、配置、通知、预防措施；安全功能要求介绍了安全审计、密码支持、用户数据保护、标识和鉴别、安全管理、TSF保护、TOE访问、可信路径/信道；安全保障要求介绍了开发、指导性文档、声明周期支持、安全目标评估、测试、脆弱性评估；基本原理介绍了安全目的基本原理和安全要求基本原理。

三、简要分析

《移动终端安全保护技术要求》旨在GB/T18336中规定的EAL1级安全要求组件的基础上，适当增加和增强了部分安全要求组件，有效保证移动终端能够抵御中等强度攻击。该标准的制定能够为移动终端采购者、生产厂商、评估机构提供了一个多方认可的，通用的移动终端设计开发安全要求和评估准则，移动终端厂商可参考本标准进行移动终端的设计、开发，评估机构可依据本标准开展对移动终端的评估，移动终端采购者可采信基于本标准的评估结果。

第三节 《信息安全技术个人信息安全规范》

一、出台背景

近年，随着互联网经济、互联网社交等的普及，越来越多的系统和平台收集个人信息，并对个人信息进行存储、处理，甚至交换。个人信息的非法收集、泄露、滥用等已成为社会性关注的焦点问题，个人权益严重受损情况屡见不鲜，甚至出现了很多与个人信息滥用有关的违法犯罪活动，影响了人民的日常生活，侵犯了用户的合法权益。大数据、云计算和移动互联网的广泛应用，网络运营者收集用户信息的范围不断扩大，个人信息安全面临更多挑战。收集环节，移动互联网和物联网的发展使对个人信息的收集日益密集、隐蔽；使用环节，多来源的个人信息组合可以形成数字画像并实时追踪个人动态，数据挖掘增加了个人信息特别是敏感的隐私信息暴露的风险；披露环节，数据流转、交易和共享带来新的安全问题；大数据环境中，信息处理的主体复杂，流转方式纷繁复杂，个人信息跨境流动成为常态。如何在个人信息安全保护和大数据利用之间达成平衡，这已成为新经济时代重要的命题。

鉴于此，全国信息安全标准化技术委员会于 2017 年 12 月 29 日正式发布了 GB/T 35273 - 2017《信息安全技术个人信息安全规范》（以下简称《个人信息安全规范》）。

二、主要内容

标准共 9 章和 5 个附录。主要内容包括：范围、规范性引用文件、术语和定义、个人信息安全基本原则、个人信息安全通用要求、个人信息的收集、个人信息的储存、个人信息的使用、个人信息的转让、披露，以及附录 A、

B、C、D、E。其中，术语和定义部分界定了个人信息、个人敏感信息、个人信息主体、个人信息控制者、明示同意、默许同意、第三方评估结构、个人信息的处理、披露、转让、匿名化、伪匿名化；个人信息安全基本原则介绍了个人信息控制者保障个人信息的安全应遵循的基本原则；个人信息安全通用要求包括明确责任部门与人员、开展安全风险评估、采取个人信息安全措施、采取个人敏感信息安全措施、安全审计、安全措施透明公开、安全事件应急处置和报告、安全事件告知；个人信息的收集介绍了个人信息收集的要求、目的合法性验证、个人信息收集最小化、个人信息主体同意、向个人信息主体告知的内容、告知方式、告知时间；个人信息的存储介绍了个人信息存储的要求、个人信息存储时间最小化、保证个人信息质量、伪匿名化处理；个人信息的使用介绍了个人信息使用要求、访问方法、更正方法、删除方法、撤回同意的方法、注销账户的方法、获取个人信息副本的方法、相应个人信息主体的请求、投诉管理、委托处理；个人信息的转让、披露介绍了个人信息转让、披露要求、个人信息转让、个人信息披露、平台服务提供者管理责任、个人信息跨境传输要求；附件主要介绍了个人信息示例、个人敏感信息判定、隐私声明/政策示例、个人信息安全风险评估。

三、简要分析

在《网络安全法》规范框架下，立足信息安全的维度，《个人信息安全规范》规定、阐明了个人信息安全保护领域的诸多重要问题，例如“个人信息”这一术语的基本定义、个人信息安全的基本要求等。此外，《个人信息安全规范》以个人信息的流转处理、安全事件的处置应对以及组织管理要求等作为逻辑脉络，针对个人信息的收集、保存、使用以及委托处理、共享、转让、公开披露等各个业务环节对个人信息控制者等主体提出了具体的操作要求以及应守准则。在目前我国个人信息处理规范相对不足的情况下，可以认为《个人信息安全规范》的出台在软法层面填补了诸多规则空白，为提升公民意识、企业合规和政府调节水平提供了新的业务参照、新的行为指引。

第四节 《信息安全技术大数据服务安全能力要求》

一、出台背景

大数据已经成为我国的国家战略。近年来，大数据产业在我国得到了蓬勃发展。但安全问题始终是影响大数据产业健康发展的关键因素，有必要关注大数据应用中的数据安全和个人隐私安全问题。目前 NIST、ISO/IEC、IUT 等国际与国家组织对于大数据安全技术领域已经有了一定的研究，我国也正积极地参与 ISO/IEC 20547 等大数据技术相关国际标准的制定工作，为标准的研制提供了很好的国际环境。

鉴于此，全国信息安全标准化技术委员会于 2017 年 12 月 29 日正式发布了 GB/T 35274－2017《信息安全技术大数据服务安全能力要求》（以下简称《大数据服务安全能力要求》）。

二、主要内容

标准共 7 章和 1 个附录。主要内容包括：范围，规范性引用文件，术语、定义和缩略语，大数据服务安全，基本安全要求，数据生命周期安全要求，平台与应用安全要求以及附录 A。其中，术语、定义界定了数据生命周期、数据服务、大数据服务、大数据服务提供者、数据提供者、大数据平台提供者、大数据应用提供者、大数据服务协调者、大数据使用者、大数据系统；大数据服务安全介绍了大数据服务安全目标、大数据服务安全能力、标准结构；基本安全要求介绍了策略与规程、资产安全、组织和人员、制度和机制、数据供应链、元数据管理、合规性管理；数据生命周期安全要求介绍了数据收集、数据传输、数据存储、数据处理、数据共享、数据销毁；平台应用安全要求介绍了安全规划、开发部署、应用安全、安全运维、安全审计；附录 A 主要介绍了大数据服务类型和大数据服务角色。

三、简要分析

在《GB/T 31168－2014　信息安全技术云计算服务安全能力要求》《信息技术大数据参考框架》等标准基础上，标准聚大数据服务相关的安全能力要求，借助国际大数据安全标准（ISO/IEC 20247－4）和国内大数据服务企业的最佳实践，通过制定大数据服务安全相关的评估内容，以促进大数据服务企业的安全治理、安全监管、安全合规性、个人信息安全保护等。标准在分析当前各种大数据安全和隐私威胁和风险基础上，从大数据安全治理、监管和合规性角度，围绕大数据生命周期各阶段，规范了大数据服务提供者的组织与策略安全要求、数据生命周期安全要求和大数据系统服务安全要求，为大数据服务提供者的组织和人员建设、制度和流程制定及系统与工具配置等策略与组织安全能力建设、覆盖大数据应用数据生命周期的数据收集、数据传输、数据存储、数据处理、数据交换、数据共享、数据使用、数据销毁等数据业务安全能力建设、大数据服务平台的安全规划、安全建设、安全运营和运维规范提供参照依据和技术支持。

第五节　云计算安全参考架构

一、出台背景

云计算是一种以服务为特征的计算模式，它通过对各种信息技术（IT）资源进行抽象，以新的业务模式提供高性能、低成本的持续计算、存储空间及各种软件服务，支撑各类信息化应用，能够合理配置计算资源，提高计算资源的利用率，降低成本，促进节能减排，实现真正的理想的绿色计算。

云计算带来诸多便利与优势的同时也给信息安全带来了多个层面的冲击与挑战。云计算的服务计算模式、动态虚拟化管理方式以及多层服务模式等引发了新的信息安全问题；云服务级别协议所具有的动态性及多方参与的特点，对责任认定及现有的信息安全体系带来了新的冲击；云计算的强大计算与存储能力被非法利用时，将对现有的安全管理体系产生巨大影响等。

在一种云服务中，信息与业务的安全性涉及所有参与该服务的云计算角色。为了清晰地描述云服务中各种参与角色的安全责任，需要构建云计算安全参考架构，提出云计算角色、角色安全职责、安全功能组件以及它们之间的关系。

鉴于此，全国信息安全标准化技术委员会于2017年12月29日正式发布了GB/T 35279－2017《信息安全技术云计算安全参考架构》（以下简称《云计算安全参考架构》）。

二、主要内容

标准共5章和1个附录。主要内容包括：范围、规范性引用文件、术语和定义、概述、云计算安全参考架构以及附录A。其中，术语和定义界定了云计算、云服务商、云服务客户、云计算环境、云审计者；概述介绍了云计算的相关概念、云计算的参与角色、云计算的安全挑战、云计算参与角色的安全职责；云计算安全参考架构介绍了云服务客户、云服务商、云代理者、云审计者、云基础网络运营者；附录A介绍了云计算法律风险、政策与组织风险、云计算技术安全风险。

三、简要分析

《云计算安全参考架构》通过借鉴国外标准的研究，结合国内应用实践和我们的科研成果，提出与国际标准接轨、适合我国国情，并具有一定创新性的“云计算安全参考架构”标准。通过该标准在云系统中的实施，确保环境安全、运行安全和数据迁移安全；为云计算的安全规划与安全实施提供指导。标准重点参考了美国国家标准技术研究院NIST的系列云计算与云安全标准，包括：SP 800－144《公共云中的安全和隐私指南》、SP 800－146《云计算梗概和建议》、SP 500－291《云计算标准路线图》、SP800－145《云计算定义》、SP 500－292《云计算参考体系架构》、SP 500－293《美国政府云计算技术路线图》。以及NIST的其他输出物：《云计算安全障碍和缓解措施列表》《美国联邦政府使用云计算的安全需求》《联邦政府云指南》《美国政府云计算安全评估与授权的建议》等。标准主要有以下特点：编制、评审与使用具有开放性；易于理解、实现和应用标准；公正、中立，不与任何利益攸关方发生关联；术语与国内外标准所用术语最大限度保持一致；反映当今云计算与云安全的先进技术水平。

第六节 《信息安全技术公钥基础设施基于数字证书的可靠电子签名生成及验证技术要求》

一、出台背景

随着电子政务、电子商务等网络应用的快速发展，信息失窃、网络欺诈等现象日益突出，电子签名作为确认网络主体及行为、认定法律责任和保障合法权益的重要手段，应用日趋广泛。虽然《中华人民共和国电子签名法》确立了可靠电子签名的法律效力，但如何从技术上实现可靠电子签名以及如何验证电子签名是可靠的等问题，仍没有得到很好的解决。为贯彻落实《中华人民共和国电子签名法》，促进可靠电子签名的应用普及，有必要对可靠电子签名的生成及验证技术规范进行研究和制定。

鉴于此，全国信息安全标准化技术委员会于 2017 年 12 月 29 日正式发布了 GB/T 35285 - 2017《信息安全技术公钥基础设施基于数字证书的可靠电子签名生成及验证技术要求》（以下简称《基于数字证书的可靠电子签名生成及验证技术要求》）。

二、主要内容

《基于数字证书的可靠电子签名生成及验证技术要求》初步形成可靠电子签名生成及验证规范和流程，促进可信电子合同、可信电子凭证、可信电子记录等应用技术取得突破性进展，为电子取证、司法鉴定和法律诉讼提供支持，为可靠电子签名和可信数据电文的推广应用奠定基础。《基于数字证书的可靠电子签名生成及验证技术要求》主要包括以下几个方面的内容。

1. 可靠电子签名生成及验证系统架构

通过对可靠电子签名生成及验证逻辑框架的分析，明确可靠电子签名生成与验证过程涉及的对象，确定实现可靠电子签名需要对六个方面提出要求或规定：电子认证服务提供者、签名人身份、电子签名相关数据、电子签名生成设备、电子签名生成过程与应用程序、电子签名验证过程与应用程序。

2. 电子认证服务提供者的要求

电子认证服务提供者 CSP 应提供证书注册、证书生成、证书发布、证书撤销、时间戳等电子认证服务并满足安全要求。

3. 签名人身份的要求

签名者需要拥有真实的实体身份，其身份的真实性由电子认证服务提供者进行鉴证。

4. 电子签名相关数据的要求

电子签名相关数据的要求包括待签数据的要求和电子签名数据格式的要求。待签数据包括签名人文件和签名属性，电子签名数据格式应符合 GB/T 25064－2010 的要求。

5. 电子签名生成设备的要求

电子签名生成设备应使用安全签名生成设备。电子签名生成设备的要求包括功能要求和安全要求两部分，其中安全要求包括设备芯片的要求和对签名人的鉴别要求。

6. 电子签名生成过程与应用程序要求

电子签名生成过程与应用程序要求分别对电子签名生成过程与电子签名生成应用程序的功能和安全能力提出要求。电子签名生成过程的要求包括电子签名生成应用程序与生成设备建立连接过程要求、电子签名数据准备过程要求、电子签名制作数据使用鉴别过程要求、产生签名过程要求、签名输出过程要求五个部分。电子签名生成应用程序要求包括对电子签名生成应用程序的功能要求和安全要求两个部分。

7. 电子签名验证过程与应用程序要求

电子签名验证过程与应用程序要求分别对电子签名验证过程与电子签名验证应用程序的功能和安全能力提出要求。电子签名验证过程应能有效地对签名人文件的完整性、额外验证数据的签名策略符合性、相关证书及额外验证数据的有效性等进行验证。电子签名验证应用程序要求包括功能要求和安全要求两个部分。

三、简要分析

标准属于信息安全技术要求类的标准，以自主编写的方式完成。标准紧扣《中华人民共和国电子签名法》规定的可靠电子签名应同时符合的四项条件，结合我国对密码技术和产品以及电子认证服务业的监管规定进行编制，为基于数字证书可靠电子签名相关系统、应用的开发提供指导，为相关产品、服务标准的制定提供参考。

编制意义主要体现在以下三个方面。

一是贯彻落实《中华人民共和国电子签名法》的重要途径。《中华人民共和国电子签名法》规定只有可靠电子签名具有与手写签名同等的法律效力，并明确数据电文作为证据必须确保生成、存储或传递数据电文的方法的可靠性、保持内容完整性的方法的可靠性、用以鉴别发件人的方法的可靠性等。如何从技术上保证电子签名是可靠的，如何确保数据电文生成、传递、接收、保存、提取、鉴定等各环节是可靠的，是目前亟待解决的问题。按照《中华人民共和国电子签名法》对可靠电子签名和数据电文的相关要求，研究制定《基于数字证书的可靠电子签名生成及验证技术要求》，是贯彻落实《中华人民共和国电子签名法》的重要途径。

二是构建网络信任体系的根本保障。随着经济社会活动对网络依赖性不断提高，建立网络秩序，营造可信、安全的网络空间的需求日益迫切。当前，电子商务、电子政务等领域都提出了应用可靠电子签名的要求，同时诸如电子合同、电子凭证、电子记录等应用中都要求确保数据电文的可靠性。网络身份认证、行为责任认定、资源权属维护、交易风险防范、交易纠纷仲裁已经成为网络用户关注的焦点。研究和制定《基于数字证书的可靠电子签名生成及验证技术要求》，可为实现网络行为的追踪与管理、为保障权益、追究责任提供重要依据，是构建网络信任体系的基础和保障。

三是推广可靠电子签名应用的有力支撑。目前，电子商务、电子政务等对可靠电子签名应用需求的不断增长与可靠电子签名标准规范缺乏的矛盾越来越突出。通过开展《基于数字证书的可靠电子签名生成及验证技术要求》的研究，初步形成可靠电子签名生成及验证规范和流程，促进可信电子合同、可信电子凭证、可信电子记录等应用技术取得突破性进展，为电子取证、司法鉴定和法律诉讼提供支持，为可靠电子签名和可信数据电文的推广应用奠定基础。

产 业 篇

第十四章　网络安全产业概述

网络安全产业是指为保障网络空间安全而提供的技术、产品和服务等相关行业的总称。目前，网络安全产业主要包括五大部分，基础安全产业、IT安全产业、灾难备份产业、网络可信身份服务业和其他信息安全产业等内容。2017年，我国网络安全市场规模预测为1933.5亿元，同比增长34.2%。网络安全产业高速增长的背后，离不开政策环境优化、产业市场资源有效整合、民间交流活力增强等多方面因素。2017年3月，《国家网络空间安全战略》发布；6月，《中华人民共和国网络安全法》正式实施、全国人大第二十八次会议通过《中华人民共和国国家情报法》；7月，国家互联网信息办公室公布《关键信息基础设施安全保护条例（征求意见稿）》；8月，工信部发布《工业控制系统信息安全防护能力评估工作管理办法》等。这些政策法规明确了国家大力发展网络空间安全的决心，为网络安全产业的健康发展提供了良好的政策环境。在市场资源整合方面，融资并购趋势不减，网络安全市场加速洗牌，2017年共有数10家网络安全初创企业获得数百亿元融资；在民间交流合作方面，企业之间频繁合作，增强自身竞争力，网络安全领域产业联盟不断成立，这些都有力地促进了网络安全行业活力的不断增强。

第一节　基本概念

一、网络空间

网络空间（CYBERSPACE）由西方学者提出，随后在全球范围内逐步得到认可，目前已经成为由信息和网络技术、产品构建的数字社会的总称。全球主要国家对网络空间的定义并不相同，美国将网络空间描述为“由信息技术基础设施构成的相互信赖的网络，包括互联网、电信网、计算机系统等以及信息与人交互的虚拟环境”；德国则定义为“包括所有可以跨越领土边界通过互联网访问的信息基础设施”；英国则明确为“由数字网络构成并用于储存、修改和传递信息的人机交互领域，包含互联网和其他用于支持商业、基础设施与服务的信息系统”。

二、网络安全

信息技术自诞生以来，信息安全就受到人们的关注。随着信息技术的进步，安全的内涵和范围在不断变化，相继出现了计算机安全、信息安全、网络安全、信息保障等一系列含义和范畴各不相同的词汇，相关概念的逻辑关系难以厘清。目前，网络空间已经成为继“陆、海、空、天”之后的第五大战略空间，也成为国际各国角逐的新焦点。因此，有必要以网络空间的视角对网络安全的概念和范畴进行界定。网络安全的定义分为广义和狭义两种。广义的网络安全指网络空间安全，涵盖的范围较广，包括网络系统运行的安全性、网络信息内容的安全性、网络数据传输的安全性、网络主体资产的安全性等。狭义的网络安全是指网络系统的硬件、软件及其系统中的数据受到保护，不因偶然的或者恶意的原因而遭受到破坏、更改、泄露，系统连续可靠正常地运行，网络服务不中断。从国家角度讲，网络安全是国家主权和社会管理的重要范畴，每个国家都有权利并有责任捍卫其网络主权，同时有义务保障其管辖范围内网络空间基础设施及其中数字化活动的安全。

三、网络安全产业

网络安全产业是指为保障网络空间安全而提供的技术、产品和服务等相关行业的总称。目前，普遍将网络安全产业等同于 IT 安全产业，实则不然，IT 安全产业只是网络安全产业的一部分。网络安全产业除 IT 安全产业外，还包括基础安全软件、基础电子产品、安全终端等产品和服务。IT 安全产业主要包括 IT 安全硬件、IT 安全软件、IT 安全服务等内容。

网络安全产业主要分为五部分：一是基础安全产业，主要包括基础安全硬件（例如：安全芯片等产品。）和基础安全软件（例如：安全操作系统、安全数据库等产品。）；二是 IT 安全产业，主要包括 IT 安全硬件（例如：防火墙、IPS/IDS、VPN、UTM 等产品），IT 安全软件（安全威胁管理软件、防火墙软件等产品），IT 安全服务（培训、咨询等服务）；三是灾难备份产业，主要包括业务连续性服务和容灾备份服务等；四是网络可信身份服务业，主要涵盖网络可信身份服务基础软硬件产品，网络可信身份服务，第三方中介服务等内容；五是涉及网络空间安全的其他内容。网络安全产业具体组成部分如图 14－1 所示。

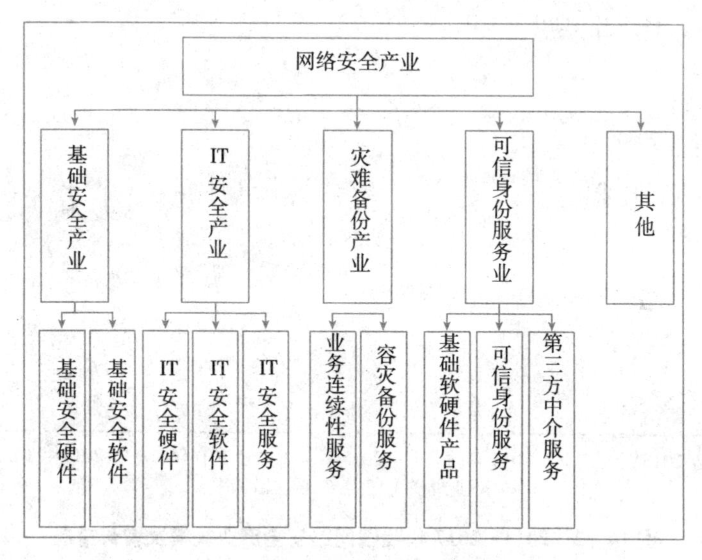

图 14－1　网络安全产业组成部分

资料来源：赛迪智库，2018 年 1 月。

第二节　产业构成

一、产业规模

2017 年，随着政策环境的不断优化，信息技术的快速发展，以及市场需求的不断扩大，网络安全行业仍然处于快速发展的重要机遇期，潜在市场规模巨大。根据统计资料，按照统一口径进行计算，2017 年我国网络安全市场规模预测为 1933. 5 亿元，同比增长 34. 2%，保持较快增长速度。具体数据如表 14 –1 和图 14 –2 所示。

表 14 –1　2013—2017 年我国网络安全产业规模及增长率

	2013 年	2014 年	2015 年	2016 年	2017 年
产业规模（亿元）	744	900. 9	1128. 4	1440. 4	1933. 5
增长率	15. 7%	21. 1%	25. 3%	27. 6%	34. 2%

资料来源：赛迪智库，2018 年 1 月。

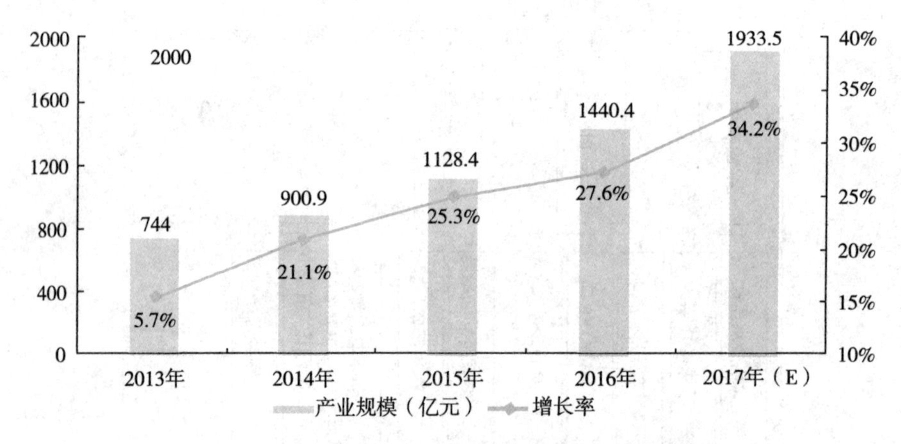

图 14 –2　2013—2017 年我国网络安全产业规模及增长情况

资料来源：赛迪智库，2018 年 1 月。

二、产业结构

2017 年，我国网络安全产业结构变化比较明显，网络可信身份服务业为主力，占比首次过半，达到 51. 2%；IT 安全产业占比为 34%；灾难备份产业占比为 9. 4%；基础安全产业占比为 4. 98%。具体见图 14 –3。

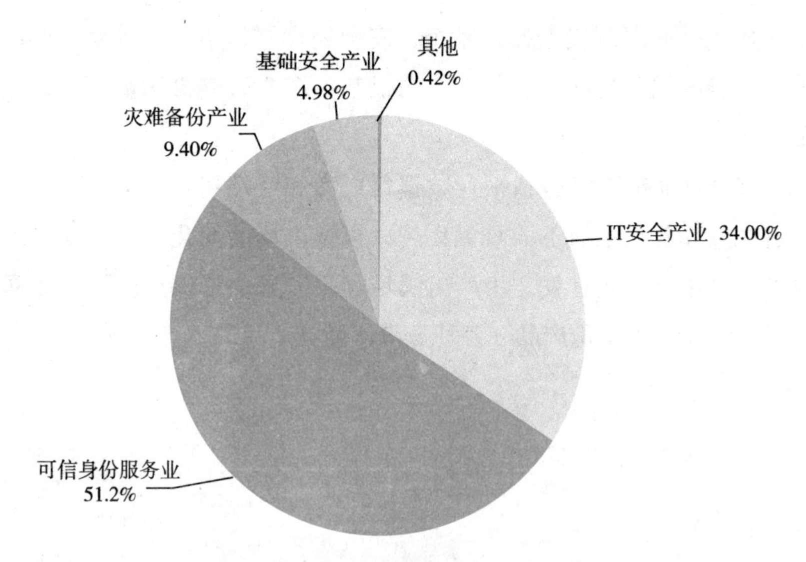

图 14－3　2017 年我国网络安全产业结构

资料来源：赛迪智库，2018 年 1 月。

三、产业链分析

网络安全产业从宏观层面分析，主要包含基础软硬件生产厂商和平台数据集成厂商两大类产品提供商。网络安全产业链主要由理论研究和技术研发机构、产品提供商、终端用户等共同组成。网络安全产业链如图 14－4 所示。

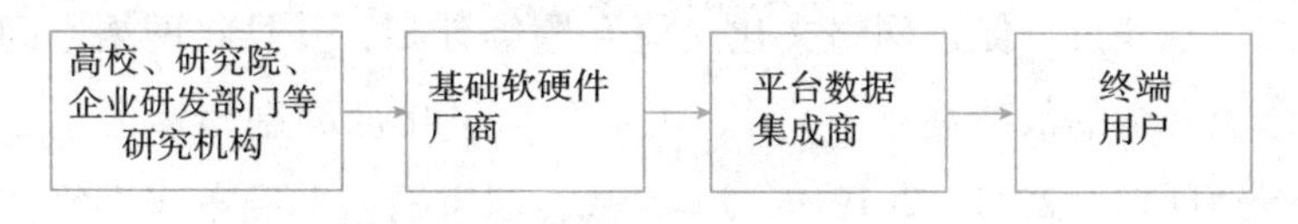

图 14－4　网络安全产业链分布图

资料来源：赛迪智库，2018 年 1 月。

网络安全产业链上游包括研究机构和基础软硬件厂商。研究机构包括高等院校、科研院所、企业技术研发部门、国家重点实验室等单位，从事网络安全领域的基础理论研究、关键技术攻关等工作。例如，在基础安全产业方面，研究关键芯片技术、操作系统底层工作原理等；在 IT 安全产业方面，研究关键技术难题等；在灾害备份产业方面，研究数据存储技术等；在网络可信身份服务业，研究认证的基础理论等。基础软硬件厂商主要从事科研成果转化的工作，例如研制安全操作系统、安全处理器、中间件等安全产品。网络安全产业链的上游是网络安全产业的根基，需要研究机构和和基础软硬件厂商的协同发展。

网络安全产业链下游包括平台数据集成商和终端用户。平台数据集成商在产业链中发挥着承上启下的重要作用，根据市场的变化，结合现有的技术对软硬件产品进行二次开发，生产出满足客户需求的终端产品。例如网络防护类产品、终端数据备份产品、各种身份认证类产品。

第三节　产业特点

一、政策支持力度加大促进产业快速发展

随着社会的发展，网络安全的重要性与日俱增。2017 年，我国政府为了更好地保护网络安全，促进网络安全产业的健康发展，出台了一系列的政策文件。2017 年 1 月，工业和信息化部正式发布了《大数据产业发展规划(2016—2020 年)》。3 月，外交部和国家互联网信息办公室共同发布了《网络空间国际合作战略》，提出推动数字经济发展和数字红利普惠共享、加强全球信息基础设施建设、促进网络文化交流互鉴等计划，并且将网络空间安全提升到了国家安全的战略高度。4 月，工业和信息化部编制印发了《云计算发展三年行动计划（2017—2019 年)》。5 月，国家网信办颁布《网络产品和服务安全审查办法（试行)》。6 月，《网络安全法》作为网络空间的基本法，正式实施。7 月，国家互联网信息办公室公布《关键信息基础设施安全保护条例（征求意见稿)》。9 月，工信部公开征求对《国家车联网产业标准体系建设指南（总体要求）（征求意见稿)》《国家车联网产业标准体系建设指南(信息通信)（征求意见稿)》《国家车联网产业标准体系建设指南（电子产品和服务）（征求意见稿)》三部分的意见。

这些政策法规体现了国家大力发展网络空间的决心，为网络安全产业的发展指明了方向，为从事网络安全的相关企业提供了良好的政策环境，促进

了产业发展。同时，也进一步提升了我国企业对网络安全的意识，加大对网络安全的投入。2017 年，金融、能源、交通、通信等领域的企业加大了对网络安全产品的采购力度，市场信心得到提振，为网络安全产业发展营造了良好的生态环境。

二、融资并购趋势不减促进产业竞争力提升

2017 年，由于市场的关注，网络安全领域的资本市场继续保持活跃，融资并购事件频发。2 月，身份认证安全公司九州云腾 PRE - A 融资 1000 万元，投资方为绿盟科技。3 月，云安全公司上元信安 A 轮融资 3000 万元。4 月，数字证书公司格尔软件上交所上市，IPO 募资总额 2.76 亿元。5 月，保密技术及产品厂商中孚信息深交所上市，IPO 募资 2.62 亿元。6 月，智能身份认证公司芯盾时代 B 轮融资近亿元。7 月，大数据安全公司瀚思安信 B 轮融资 1 亿元。8 月，大数据安全公司兰云科技 A 轮融资 5000 万元。9 月，威胁情报公司微步在线 B 轮融资 1.2 亿元。10 月，风控反欺诈公司同盾科技 C 轮融资 7280 万美元。12 月，动态防御公司卫达安全 PRE - A 融资 6000 万元。具体情况如表 14 - 2 所示。2017 年，江苏君立华域信息安全技术股份有限公司、广州竞远安全技术股份有限公司等具有一定规模的安全企业在新三板挂牌，安全厂商在金融市场不断获得资金支持，增强企业竞争力。

表 14 - 2　2017 年我国网络安全行业重大融资并购事件

投资方	被投资方	交易金额	时间
绿盟科技	九州云腾	1000 万元	2017.02
*	默安科技	3000 万元	2017.02
*	中睿天下	2000 万元	2017.02
360 和百度	数美科技	1000 万美元	2017.03
*	东巽科技	4000 万元	2017.04
上市	格尔软件	2.76 亿元	2017.04
*	观数科技	1500 万元	2017.05
*	邦盛科技	1.6 亿元	2017.05
*	上海行邑	5000 万元	2017.06
*	盈海益讯	1000 万元	2017.07

续表

投资方	被投资方	交易金额	时间
360	天空卫士	1.5 亿元	2017.07
*	瀚思安信	1 亿元	2017.07
*	安点科技	4500 万元	2017.08
*	兰云科技	5000 万元	2017.08
*	杰思安全	3000 万元	2017.08
*	微步在线	1.2 亿元	2017.09
*	上海观安	5400 万元	2017.09
*	指掌易	1.5 亿元	2017.09
*	爱加密	5 亿元	2017.10
*	同盾科技	7280 万美元	2017.10
*	卫达安全	6000 万元	2017.12
*	网思科平	3500 万元	2017.12
*	安百科技	6000 万元	2017.12
360	椒图科技	8000 万元	2017.12

注：*代表相关交易方信息未公开披露

资料来源：赛迪智库，2018 年 1 月。

三、合作交流蓬勃发展激发产业活力不断增强

2017 年，我国网络安全行业内的企业不断加强合作，同时网络安全领域内的产业联盟相继成立，将产、学、研等单位联系在一起，进一步提升了行业凝聚力。一方面，网络安全行业内的产业联盟不断涌现。2017 年 4 月，中国电子技术标准化研究院牵头制定的虚拟现实头戴式显示设备通用规范联盟标准在北京正式发布。6 月，国家工业信息安全产业发展联盟于 8 日在北京成立。8 月，赛迪区块链研究院项目落户青岛崂山，中国区块链生态联盟正式成立。11 月，中国电信北京研究院携手绿盟科技、安华金和、启明星辰、安恒信息共同发起了安全服务创新联盟。12 月，由中国信息通信研究院、华为技术有限公司、360 科技股份有限公司、安天移动安全公司、北京大学等单位共同发起成立移动安全联盟。另一方面，企业间的战略合作不断深化。2017 年 1 月，亚信安全与新华三战略合作取得重大进展，全力推动我国自主可控云计

算产业的创新发展；360 企业安全与浪潮战略合作，促进国内云计算产业的创新发展。3 月，赛宁网安与匡恩网络签订战略合作协议；龙芯中科与金山办公软件在龙芯产业园举行“龙芯—金山战略合作仪式”。6 月，360 智能网联汽车安全实验室与美国网络安全供应商 SECURITY INNOVATION 宣布联合组建自动驾驶安全实验室。7 月，赛尔网络与安恒信息达成战略合作，共同守护高校安全；中国电信浙江公司与安恒信息签署《信息安全领域战略合作框架协议》。8 月，通付盾与北京数字认证股份有限公司正式签署战略合作协议。9 月，中国联通网络技术研究院与 360 企业安全集团联合成立了“联通 360 企业信息安全联合实验室”；亚信安全与 AI 及医疗大数据平台零氪科技达成战略合作。10 月，新华三与东安检测缔结五大安全领域战略合作。12 月，360 企业安全集团与国网辽宁电科院正式签署战略合作协议。

第十五章　基础安全产业

第一节　概　　述

一、概述及范畴

（一）基础安全

基础安全是指信息系统的基础硬件、基础软件及其他核心设备安全可控，不因核心技术、供应链受制于人等因素而导致系统和数据遭受恶意破坏，系统连续可靠正常地运行，服务不中断。当前，我国基础安全产业主要涉及安全可控的集成电路、操作系统和数据库等基础软硬件领域。

（二）芯片

芯片又称微电路、微芯片，在电子学中是一种把电路（主要包括半导体装置，也包括被动元件等）小型化的方式，并通常制造在半导体晶圆表面上。集成电路概念范畴很大，包括通用 CPU、嵌入式 CPU、数字信号处理器（DSP）、图形处理器（GPU）、内存芯片等。在计算机、手机等信息设备和系统中，CPU 是运算和控制中心，承担着处理指令、执行操作、控制时间、处理数据等功能。

（三）操作系统

操作系统是指用于管理硬件资源、控制程序运行、提供人机界面，并为应用软件提供支持的一种系统软件产品。安全操作系统（也称可信操作系统，TRUSTED OPERATING SYSTEM）是指计算机信息系统在自主访问控制、强制访问控制、标记、身份鉴别、客体重用、审计、数据完整性、隐蔽信道分析、可信路径、可信恢复等十个方面满足相应的安全技术要求。

安全操作系统一般具有几个关键特征。

1. 用户识别和鉴别（USER IDENTIFICATION AND AUTHENTICATION），安全操作系统需要安全的个体识别机制，并且所有个体都必须是独一无二的。

2. 强制访问控制（MAC，MANDATOY ACCESS CONTROL），中央授权系统决定哪些信息可被哪些用户访问，而用户自己不能够改变访问权限。

3. 自主访问控制（DAC，DISCRETIONARY ACCESS CONTROL），留下一些访问控制让对象的拥有者自己决定，或者给那些已被授权控制对象访问的人。

4. 对象重用保护（ORP，OBJECT REUSE PROTECTION），对象重用是计算机保持效率的一种方法。计算机系统控制着资源分配，当一个资源被释放后，操作系统将允许下一个用户或者程序访问这个资源。

5. 全面调节（CM，COMPLETE MEDIATION），为了让强制或者自主访问控制有效，所有的访问必须受到控制，高安全操作系统执行全面调节，意味着所有的访问必须经过检查。

6. 可信路径（TP，TRUSTED PATH），对于关键的操作，如设置口令或者更改访问许可，用户希望能进行无误的通信（称为可信路径），以确保他们只向合法的接收者提供这些主要的、受保护的信息。

7. 可确认性（ACCOUNTABILITY），可确认性通常涉及维护与安全相关的、已发生的事件日志，即列出每一个事件和所有执行过添加、删除或改变操作的用户。

8. 审计日志归并（ALR，AUDIT LOG REDUCTION），理论上，审计日志允许对影响系统的保护元素的所有活动进行记录和评估。

9. 入侵检测（ID，INTRUSION DETECTION），与审计精简紧密联系的是检测安全漏洞的能力，入侵检测系统构造了正常系统使用的模式，一旦使用出现异常就发出警告。

（四）数据库

数据库（DATABASE）是按照数据结构来组织、存储和管理数据的建立在计算机存储设备上的仓库。安全数据库通常是指达到美国可信计算机系统评价标准（TRUSTED COMPUTER SYSTEM EVALUATION CRITERIA，TCSEC）和可信数据库解释（TRUSTED DATABASE INTERPRETATION，TDI）的B1级标准，或中国国家标准《计算机信息系统安全保护等级划分准则》的第三级以上安全标准的数据库管理系统。在安全数据库中，数据库管理系统必须允许系统管理员有效地管理数据库管理系统和它的安全，且只有被授权的管理员才可以使用这些安全功能和设备，数据库管理系统保护的资源包括数据库管理系统存储、处理或传送的信息，数据库管理系统阻止对信息的未授权访问，以防止信息的泄露、修改和破坏。安全数据库在通用数据库的基础上进行了诸多重要机制的安全增强，通常包括：安全标记及强制访问控制、数据存储加密、数据通信加密、强化身份鉴别、安全审计、三权分立等安全机制。

二、产业链分析

基础安全产业主要包括基础软件提供商、基础硬件提供商和基础技术服务提供商，这些提供商连同上下游的研究机构、企业，以及最终用户，构成了基础安全产业链。基础安全产业链的上游主要包括基础软件、硬件和技术服务提供商，一些高校、研究所等社会研究机构，以及一些配套工具厂商等。

下游主要依托基础安全技术产品的信息技术企业，以及最终用户。如图15－1所示。

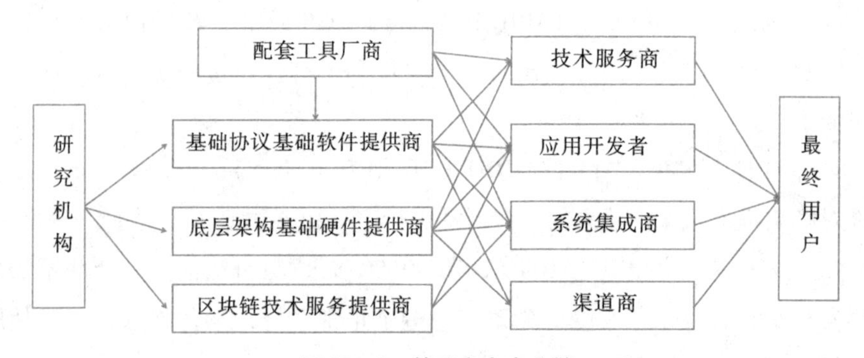

图15－1　基础安全产业链

资料来源：赛迪智库，2018年1月。

基础技术和基础软硬件产品的主要服务对象是信息技术平台服务商、系统集成商、技术服务商以及企业用户等，如各类云计算服务平台需要大量的基础软硬件支持，电子认证服务等需要密码算法等基础技术支持。基础软硬件也面向广大普通用户，但一般要通过系统集成商融合，并通过渠道商最终到达各用户手中。

第二节 发展现状

一、核心技术取得一定突破

在国家政策推动下，企业核心技术能力不断提升。一是自主研发能力提升。截至 2017 年底，龙芯的第二代产品（3A2000、3A3000、2K1000、7A1000）已经全面推出并完成产品化，第二代产品克服了在计算所研发的第一代产品追求单项指标世界先进导致通用处理器性能不足的问题，以 SPEC CPU2006 测试的通用处理性能是第一代产品的 3—5 倍，超过了 INTEL 的低端凌动系列，其中访存带宽达到了 INTEL 的高端产品 E5 的水平。二是引进消化吸收能力提升。在 ARM 平台方面，国内企业多管齐下，天津飞腾、华为海思和华芯通等通过获得架构授权研发 ARM 64 服务器芯片，不断提升自身能力；同时华为海思和展讯等企业不断优化产品性能，抢占市场制高点，如 2017 年 9 月，华为海思发布了麒麟 970 处理器，并表示是全球首款内置独立 NPU（神经网络单元）的智能手机 AI 计算平台。在 X86 平台方面，上海兆芯于 2017 年 12 月推出面向桌面整机、便携终端和嵌入式设备的开先 KX－5000 系列处理器，曙光则通过与 AMD 成立合资公司获取高端 64 位 X86 架构 CPU 的商业授权，研发高端服务器芯片。

二、市场规模保持高速增长

（一）产业规模与增长

国家对网络安全的重视程度不断提升，随着《网络安全法》的发布实施，《网络产品和服务安全审查办法（试行）》《关键信息基础设施保护条例（征求意见稿）》等规范对信息技术产品的安全可控提出了明确要求，安全可控基础软硬件迎来高速发展机遇，基础安全产业潜在市场规模巨大。2017 年中国基础安全市场规模为 96. 3 亿元人民币，同比增长 60%，保持较高增速。相关数据如表 15 －1 和图 15 －2 所示。

表 15 －1　2013—2017 年我国基础安全产业规模及增长率

	2014 年	2015 年	2016 年	2017 年
产业规模（亿元）	31. 7	40. 6	60. 2	96. 3
增长率	25. 9%	28. 1%	48. 2%	60%

资料来源：赛迪智库，2018 年 1 月。

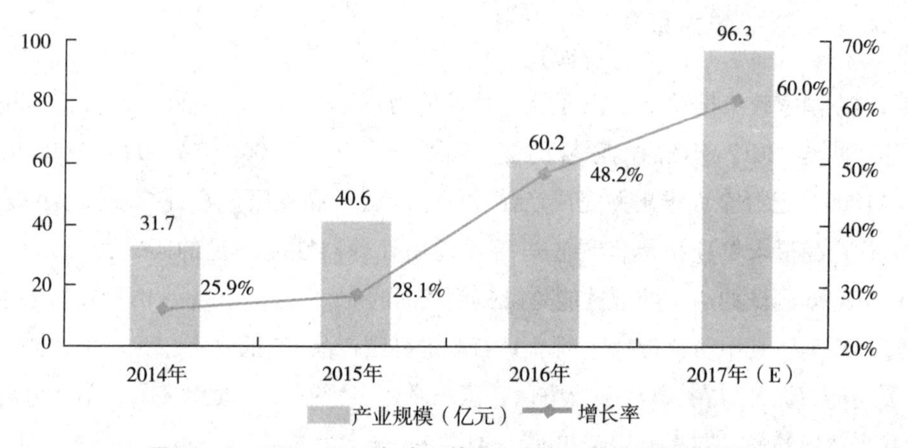

图 15 －2　2013—2016 年我国基础安全产业规模及增长情况

资料来源：赛迪智库，2018 年 1 月。

（二）产业结构

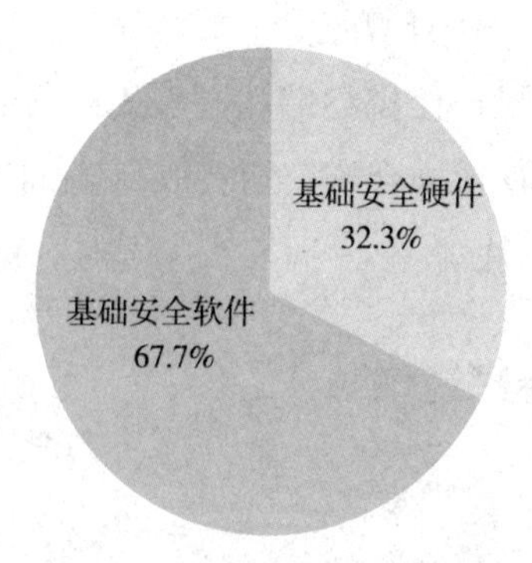

图 15 －3　2016 年我国基础安全产业结构

资料来源：赛迪智库，2018 年 1 月。

2017 年中国基础安全产业中，基础安全硬件保持较高增速，市场占比快速上升，但基础安全软件仍为主力，占比达到67.7%，基础安全硬件占比为32.3%。相关数据如图15－3所示。

三、行业整体实力快速提升

随着国家重视程度的提升，行业投入不断加大，整体实力快速提升。一是国家投入不断加大，截至2017年11月30日，大基金累计有效决策62个项目，涉及46家企业，累计有效承诺额1063亿元，实际出资794亿元，分别占首期总规模的77%和57%。大基金实际出资部分直接带动社会融资3500多亿元，实现近1∶5的放大效应。基金先后推动设立并参股了北京市制造和装备子基金、上海市集成电路制造子基金、上海市设计和并购子基金等多支地方子基金，在此带动下，湖北、四川、陕西、深圳、安徽、江苏、福建、辽宁等地方政府纷纷提出或已成立子基金，合计总规模超过3000亿元。二是国内产业链不断完善。在芯片制造方面，中芯国际28纳米已量产，14纳米FINFET制造工艺将于2019年量产；台积电南京工厂已经开工建设，2017年9月份开始设备安装，将会引入16NM FINFET制造工艺。三是企业实力不断提升。国内芯片设计厂商实力不断提升，市场控制力也不断加强，市场占有率不断扩大。据IC INSIGHTS统计，海思和紫光集团（展讯＋锐迪科）进入2017年全球FABLESS厂商前十。

四、产业生态体系不断完善

国内厂商将产业生态作为发展重点，也取得了较大成就。一是自主研发企业逐步打造自主生态。龙芯以API为抓手完善应用软件生态，2013年以来对JAVA、GCC等重要API软件进行持续完善和优化，目前主要API性能和功能已经不亚于主流X86平台的相关软件，实现了相应的应用软件往龙芯平台上迁移；同时，龙芯提供基础版操作系统LOONGNIX，支持国内操作系统企业和整机企业发行定制版操作系统产品，中标软件、普华软件、深度科技等都已经发布了基于龙芯平台的操作系统；龙芯还加快完善软硬件接口规范，对龙芯的CPU、桥片、BIOS、操作系统进行了规范，并在MIPS指令集基础上增加了X86和ARM的功能，实现了对WINDOWS XP所支持外设的自动识别；

龙芯还开展“龙芯开发者计划”，向开发者廉价提供龙芯主板，并对开发者进行自主和奖励。目前，龙芯生态取得了显著的成效，中国航天科技、航天科工、船舶重工、中电科技、中科曙光、浪潮集团、新华三集团、研祥智能、东华软件、中石油渤海钻探等单位分别作为代表相继发布了基于龙芯新一代处理器的全国产加固计算机、桌面、平板、服务器、一体机、交换机、防火墙及专用解决方案等系列产品。二是引进吸收企业不断抢占生态制高点。在X86架构的CPU生态中，曙光通过与AMD成立合资公司，获取高端64位X86架构CPU的商业授权。在ARM架构的CPU生态中，海思和展讯均取得了ARM架构授权开始自研CPU内核，工艺水平与高通、MTK（联发科）、苹果等国际领先ARM芯片设计企业基本并肩；飞腾、国防科大推出FT－1500A、FT－2000等系列ARM64位CPU，实现了从方案设计、逻辑设计、客户端到封装全部自主设计，并已有核心专利技术纳入新版ARM 64位指令集中。

第三节　主要问题

一、引进吸收发展路径再遇阻碍

近年来，受欧美政治和经济形势的影响，“逆全球化”潮流不断涌现，已经波及我国信息领域核心技术的引进吸收发展路径。一是发达国家针对高端信息技术的控制力度不断强化。2017年1月，美国政府发布美国总统科技顾问委员会（PCAST）提交给总统的报告《维持美国在半导体行业的领军地位》。该报告详细分析了我国2014年来促进集成电路产业的政策，认为我国的集成电路产业已经对美国国家安全造成威胁，并建议对中国集成电路产业进行更加严密的审查。2017年9月，美国总统唐纳德·特朗普发布命令，阻止了中国私募基金CANYON BRIDGE CAPITAL PARTNERS对美国芯片制造商莱迪思的收购，称“这项交易会对美国国家安全构成无法以缓和手段消除的风险”。二是针对信息技术产品的贸易保护主义不断蔓延。华为和中兴等中国企业在欧美面临的环境仍在恶化，如中兴受到美国制裁一年后，于 2017 年 3 月达成和解，支付高达 8.9 亿美元的罚金，且在经济上遭遇巨大损失；2017 年 12 月，美国 18 名国会议员联名致信联邦通信委员会，以国家安全为由要求对销售华为手机展开调查，最终导致华为手机进军美国再次失败。

二、核心技术生态圈建设任重道远

虽然我国在核心技术发展方面取得显著成绩，但在构建核心技术生态方面仍面临诸多挑战。一是核心技术知识产权方面仍受制于人。以芯片为例，半导体生产技术成熟度非常高，核心知识产权主要掌握在几家大型跨国公司手中，如英特尔、AMD、ARM 等，我国龙芯、申威、飞腾、兆芯等企业不断加强知识产权部署，但由于技术基础薄弱，短期内仍很难摆脱受制于人的问题，一旦遭遇知识产权诉讼，企业的生存和发展将面临严峻挑战。二是核心技术产业链关键环节仍未可控。由于我国在信息领域核心技术发展方面起步较晚，当前取得的成绩尚局限在产业链的部分环节，仍存在关键环节的重大缺失，如芯片设计工具、芯片流片设备等。

三、基础安全产业面临新的挑战

2017 年安全漏洞出现硬件化趋势，芯片领域出现的一系列漏洞给整个 IT 产业蒙上了阴影，基础安全产业面临新的挑战。一方面，硬件软件化趋势给基础硬件引入新的漏洞。2017 年 11 月，谷歌披露英特尔处理器内部暗藏 MINIX3，它是个独立于计算机系统之外的子系统，拥有对系统资源完整的访问控制权限，即使在用户关机状态下都在不间断运行。研究人员担心，如此级别的核心系统如果存在任何安全隐患，威胁将是空前的，甚至无可防御。另一方面，针对硬件设计原理的安全漏洞逐步出现。首先从英特尔芯片上曝出的漏洞，除影响到 X86 平台外，也影响到 ARM 等其他平台，其中一个漏洞源于芯片乱序执行的设计原理，很可能会影响到绝大多数芯片产品。

第十六章　IT 安全产业

IT 安全产业主要包括 IT 安全硬件、IT 安全软件和 IT 安全服务三部分。近年来，我国 IT 安全产业规模快速发展，2017 年 IT 安全产业规模预计达到 657.4 亿元，较 2016 年同比增长 27.3%。IT 安全产业结构仍以安全硬件为主，占比为 49.6%，近几年安全硬件所占比重呈现出下降的趋势，IT 安全软件和服务所占的比重呈现出增加的趋势。在 IT 安全企业频繁进行融资并购等金融活动，增强企业自身的活力；同时，IT 安全企业之间展开全方位的战略合作，扩大产品的覆盖范围，提高企业的市场竞争力。IT 安全核心技术的研发力度不断加大，国家不断出台引导行业创新发展的政策，企业不断加大创新的投入，IT 安全新产品不断涌现。然而，IT 安全产业仍然面临三大主要问题：一是 IT 安全产业管理有待进一步规范，网络安全资质增加了企业的成本，市场不规范导致了企业的恶性竞争；二是 IT 安全产业支撑能力不足，主要体现在两个方面，研发资金的低水平重复投入和高端人才的缺乏；三是 IT 安全自主可控技术有待进一步突破，加强基础理论研究，增强自主创新能力。

第一节　概　　述

一、概念与范畴

（一）IT 安全软件

安全软件主要用于保护计算机、信息系统、网络通信、网络传输的信息安全，使其保密性、完整性、不可伪造性、不可抵赖性得到保障，为用户提供安全管理、访问控制、身份认证、病毒防御、加解密、入侵检测与防护、漏洞评估和边界保护等功能。

1. 威胁管理软件

威胁管理软件主要用来监视网络流量和行为，以发现和防御网络威胁行为，通常包括两类的产品：防火墙软件、入侵检测与防御软件。

防火墙软件可以根据安全策略识别和阻止某些恶意行为，包括用户针对某些应用程序或者数据的访问等，这些产品通常可以包括VPN模块。

入侵检测与防御软件能够不断地监视计算机网络或系统的运行情况，对异常的、可能是入侵的数据和行为进行检测，并做出报警和防御等反应。该类软件通过建立网络行为特征库，将当前系统的网络行为与特征库样本进行比较，找到恶意的破坏行为。该类软件主要使用协议分析、异常发现或者启发式探测等类似方法来发现恶意行为。入侵检测产品采用被动监听模式，发现恶意行为将做出报警响应，而入侵防御产品一旦发现恶意的破坏行为就会马上实施阻止。

2. 内容管理软件

内容管理软件综合运用多种技术手段，对网络中流动的信息进行选择性阻断，保证信息流动的可控性，可用于防御病毒、木马、垃圾邮件等网络威胁。这类软件产品通常将上述的若干项功能结合起来，增加其统一性。内容管理软件可以划分为终端安全软件、内容安全软件和WEB安全软件三类。

终端安全软件主要用来保护终端、伺服器和行动装置免受网络威胁及攻击侵扰，具体包括服务器和客户端的反病毒产品、反间谍产品、防火墙产品、文件/磁盘加密产品和终端信息保护与控制产品等。

内容安全软件主要用来过滤网络中的有害信息，具体包括反垃圾邮件产品、邮件服务器反病毒、内容过滤和消息保护与控制等产品。

WEB安全软件主要用来保护各类WEB应用，具体包括WEB流过滤产品、WEB入侵防御产品、WEB反病毒产品和WEB反间谍产品。

3. 安全性和漏洞管理软件

安全性和漏洞管理软件主要用于发现、描述和管理用户面临的各类信息安全风险。涉及的产品包括制定、管理和执行信息安全策略的工具；检测相关设备的系统配置、体系结构和属性的工具；进行安全评估和漏洞检测的服务、提供漏洞修补和补丁管理的服务、管理和分析系统安全日志的工具；统一管理各类 IT 安全技术的工具等。

4. 身份与访问控制管理软件

身份与访问控制管理软件主要用于识别一个系统的访问者身份，并且根据已经建立好的系统角色权限分配体系，来判断这些访问者是否属于具备系统资源的访问权限。涉及的功能组件包括：WEB 单点登录、主机单点登录、身份认证、PKI 和目录服务等。

5. 其他类安全软件

其他类安全软件主要包含一些基础的安全软件功能，如加密、解密工具等。同时，这类软件也包括一些能够满足特定要求，但在市面上尚未标准化和规范化的安全软件。随着信息安全需求的不断变化，这些产品很可能会成长为单独的一类安全软件产品。

（二）IT 安全硬件

1. 防火墙/VPN 安全硬件

防火墙/VPN 安全硬件主要根据安全策略对网络之间的数据流进行限制和过滤，其中 VPN 是防火墙的一个可选模块，可以通过公用网络为企业内部专用网络的远程访问提供安全连接。

2. 入侵检测与防御硬件

入侵检测与防御系统（IDS/IPS）硬件能够不断地监视各个设备和网络的运行情况，并且对恶意行为做出反应。入侵检测与防御系统通常是软硬件配套使用，通过比较已知的恶意行为和当前的网络行为，发现恶意的破坏行为，使用诸如协议分析、异常发现或者启发式探测等方法找到未授权的网络行为，并做出报警和阻止响应。入侵检测与入侵防御硬件产品，通常有着很强的抗分布式拒绝服务攻击（DDOS）和网络蠕虫的能力。

3. 统一威胁管理硬件

统一威胁管理（UTM）硬件产品的目标是全方位解决综合性网络安全问题。该类产品融合了常用的网络安全功能，提供全面的防火墙、病毒防护、入侵检测、入侵防御、内容过滤、垃圾邮件过滤、带宽管理、VPN 等功能，将多种安全特性集成于一个硬件设备里，构成一个标准的统一管理平台。

4. 安全内容管理硬件

安全内容管理硬件产品主要提供 WEB 流过滤、内容安全性检测以及病毒防御等功能，能够对信息流动进行全方位识别和保护，全面防范外部和内部安全威胁，如垃圾邮件、敏感信息传播、信息泄露等。

（三）IT 安全服务

IT 安全服务是指根据客户信息安全需求定制的信息安全解决方案，包含从高端的全面安全体系到细节的技术解决措施。安全服务主要涵盖计划、实施、运维、教育等四个方面，具体包括 IT 安全咨询、等级测评、风险评估、安全审计、运维管理、安全培训等几个重点方向。

二、发展历程

目前，我国 IT 安全产业的发展历程可以分为四个阶段。

第一阶段：萌芽阶段（1994 年之前）

20 世纪 90 年代后期到 90 年代初，我国计算机应用保持较快速度发展。同时，在 20 世纪 80 年代，我国网络安全工作开始起步。1986 年，中国计算机学会计算机安全专业委员会正式开始工作；1987 年，国家信息中心信息成立安全处，这一事件成为中国计算机安全事业起步的标志。第一阶段，我国各部门对计算机安全的重要性认识不够，计算机安全的主要内容是实体安全。

第二阶段：启动阶段（1994—1999 年）

20 世纪 90 年代中期开始，我国开始意识到计算机安全的重要性。1994 年，公安部颁布了《中华人民共和国计算机信息系统安全保护条例》，这是我国在计算机安全方面的第一步法律，从法规的角度比较全面地界定了计算机信息系统安全的相关概念、内涵、管理、监督、责任。这个阶段，许多企事业单位开始建立专门的安全部门来开展信息安全工作，成为我国信息安全产业发展的基础。同时，在第二阶段我国信息安全产业开始启动，成立了一系列公司，目前已经成为网络安全产业的领军企业，例如：启明星辰、天融信、北信源、卫士通等企业。

第三阶段：发展阶段（1999—2004 年）

从 1999 年前后开始我国党和国家领导人更加重视信息安全，出台了一系列相关的重要政策措施，促进了信息安全产业逐步走向正轨。第三阶段，我国信息安全产业规模快速增长，从 1998 年的 4.5 亿元左右到 2004 年的 46.8 亿元，增长了 10 倍。与此同时，信息安全企业不断涌现出来，例如绿盟科技、国民技术、北京 CA 等企业成立，联想、东软等企业也逐步建立了自己的信息安全部门。

第四阶段：调整阶段（2005 年至今）

从 2005 年开始，我国信息安全行业的政策环境发生变化，企业的发展模式也在不断创新，信息安全产业进入调整阶段。2008 年，卫士通成为我国第一家信息安全领域上市的企业，紧随其后，国民技术、启明星辰等企业也逐步上市，极大地促进了我国信息安全产业的发展。在第四阶段，互联网行业发展模式发生了变革。2008 年，360 正式推出免费个人杀毒软件，将互联网模式带入信息安全行业，促进了信息安全软件行业的重大变革。2013 年以来，百度、腾讯和阿里等互联网厂商相继进入网络安全领域，进一步推动网络安全产业的互联网化。如今，众多互联网厂商纷纷采取战略合作和并购重组等方式完善产业布局，提高市场竞争力。同时，由于网络安全事件频发，我国政府对网络安全的重要性有了更加清醒的认识，在网络安全领域不断加大投入，中国电子科技集团（CETC）、中国电子信息产业集团公司（CEC）等在内的央企也逐步介入信息安全行业。

三、产业链分析

IT 安全产业主要包含 IT 安全硬件提供商、IT 安全软件提供商和 IT 安全服务提供商三个角色。IT 安全产业链主要包括这些 IT 安全产业提供商以及上下游企业，最终用户。IT 安全产业链的上游企业主要包括开发工具提供商、基础软件提供商、基础硬件提供商和元器件提供商等。IT 安全产业链的下游主要包括信息安全集成商和最终用户。

当前 IT 安全产业服务化趋势愈发明显，主要体现在各类信息安全解决方案上。信息安全解决方案往往整合多家信息安全企业的软硬件产品，并提供各种培训、教育等方面的信息安全服务，能够解决单一的信息安全软硬件产品无法解决的信息安全问题，充分满足各行业、企业和个人日益增加的信息安全需求。IT 安全产业链如图 16－1 所示。

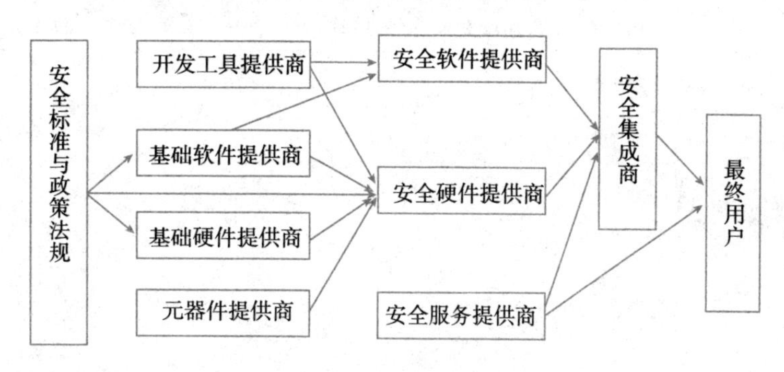

图 16－1　IT 安全产业链

资料来源：赛迪智库，2018 年 1 月。

我国 IT 安全产业协同度正在逐步提高。首先，信息安全品牌厂商为了获得更好的价格政策和全方位的技术支持，与上游重要硬件厂商和软件厂商合作。其次，与国外大型 IT 综合服务商、IT 咨询公司和国内研究机构等的合作日趋紧密。国外大型综合 IT 服务商、IT 咨询公司和国内行业研究机构对于行业未来发展趋势有着全面的把握，可促使信息安全服务商积淀行业知识，逐步切入客户核心业务系统。而国内的 IT 技术研究机构则可帮助信息安全服务商以更低的成本、更快的速度加强 IT 技术储备。另外，信息安全厂商之间的合作得到重视，开始尝试互为渠道、优势互补的多方共赢模式。

第二节　发展现状

一、IT 安全产业规模保持较快增长速度

2017 年，随着信息安全上升到国家战略层面，受国家政策的推动，政府、军工行业展开规模性信息安全产品集采，IT 安全产业规模保持快速增长态势，预计 2017 年产业规模达到 657.4 亿元，比 2016 年增长 27.3%。相关数据如表 16－1 和图 16－2 所示。

表 16－1　2013—2016 年我国 IT 安全产业规模及增长率

	2013 年	2014 年	2015 年	2016 年	2017 年
产业规模（亿元）	265.5	321.3	403.2	516.4	657.4
增长率	22.7%	21.0%	25.5%	28.1%	27.3%

资料来源：赛迪智库，2018 年 1 月。

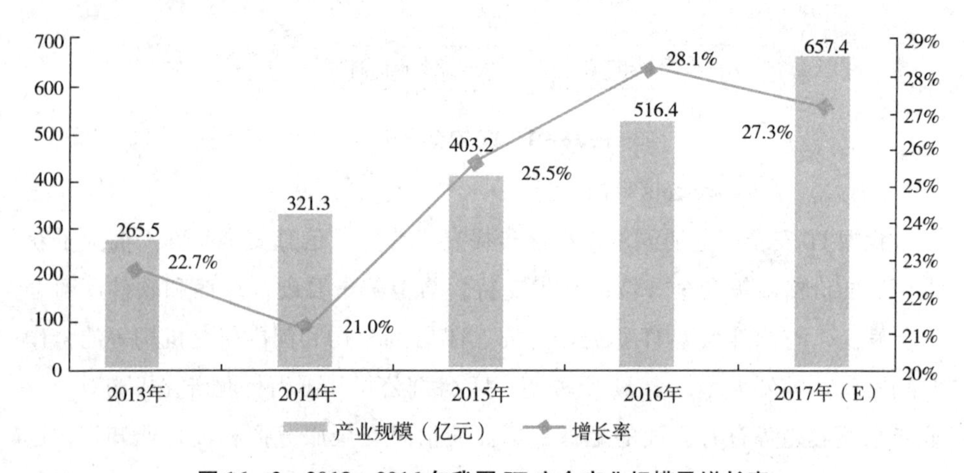

图 16－2　2013—2016 年我国 IT 安全产业规模及增长率

资料来源：赛迪智库，2018 年 1 月。

二、IT 安全软件和服务市场持续增长

据 2017 年统计数据显示，IT 安全硬件占比达 49.60%，安全软件市场占比达到 38.9%，安全服务市场占比达到 11.5%。与往年相比，安全硬件的市场地位难以撼动，市场占比呈现出下降的趋势；安全软件和安全服务的占比呈现出上升的趋势。随着信息安全需求逐渐从单一的信息安全技术产品向集成化的信息安全解决方案转变，购买信息安全服务渐渐成为主流，包括专业咨询服务、云安全服务、专业培训服务等在内的中国安全服务市场发展迅速。通过对 2018 年网络威胁形势的判断，可以预见 IT 安全产业未来的发展趋势是硬件、软件与服务三体合围共同为信息安全保驾护航，我国信息安全软件及服务市场提升空间巨大。具体数据如图 16－3 所示。

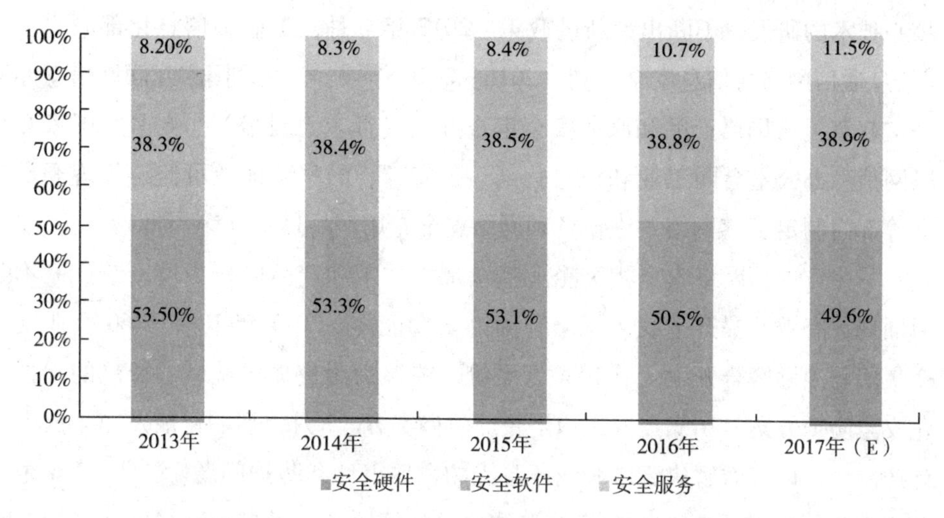

图16－3　2013—2017年我国IT安全产业结构

资料来源：赛迪智库，2018年1月。

三、IT安全企业融资合作频繁

一方面网络安全企业为了做大做全，提高市场占有率，不断加强合作，促使行业凝聚力不断提升。2017年2月，绿盟科技近日宣布参股北京九州云腾科技有限公司，进一步完善了公司在信息安全领域的战略布局。7月，中国电信浙江公司与安恒信息签署《信息安全领域战略合作框架协议》。9月，中国联通网络技术研究院与360企业安全集团联合成立了“联通360企业信息安全联合实验室”。另一方面，IT安全企业为了迅速做大做强，不断在资本市场进行融资并购活动，提升企业竞争力。如2017年2月，中孚信息深交所上市，IPO募资2.62亿元。7月，天空卫士完成A轮融资，总融资额达1.5亿元。8月，终端安全公司杰思安全A轮融资3000万元。12月，云主机安全公司椒图科技A轮融资8000万元。

四、IT安全核心技术的研发力度不断加大

受国家网络安全产品技术安全可控政策影响，IT安全基础理论技术研究受到企业领导高度重视，新产品不断涌现。一方面，国家越来越重视IT安全

核心技术的研发，不断出台新的政策。2017 年 1 月，工业和信息化部制定了《信息通信网络与信息安全规划（2016—2020 年）》。2 月，国家互联网信息办公室起草了《网络产品和服务安全审查办法（征求意见稿）》。6 月，国家互联网信息办公室会同工业和信息化部、公安部、国家认证认可监督管理委员会等部门制定了《网络关键设备和网络安全专用产品目录（第一批）》。

另一方面，网络安全相关企业持续加大技术和产品的研力度，新产品不断涌现，有效地提升了我国网络空间的防御能力。2017 年 1 月，360 企业安全集团与浪潮联合开发无代理杀毒系统，能够为用户提供统一、智能的虚拟化安全防护方案，切实提升用户平台的防御实力。7 月，启明星辰发布了云审计产品，可以有效解决云端和业务系统的数据审计和防护问题。9 月，360 企业安全集团发布了 360 终端安全一体化云托管服务、天御云网络威胁感知中心、智慧管理与分析系统、高级威胁检测工具箱等重量级产品，涉及终端、边界、高级威胁和网站安全等多个方面。11 月，中国电信北京研究院发布了基于自研 SDS 软件的安全帮云 WAF，可以有效应对多种网络攻击，全方位保护企业的网站安全。12 月，新华三集团发布了态势感知系统，该系统利用人工智能技术对海量的原始数据进行深度挖掘、原始分析，从攻击、威胁、流量、行为、运维和合规等六个主要方面进行全方位的态势感知，对网络风险进行预警，使企业提升主动防御网络风险和威胁的能力。

第三节　面临的主要问题

一、IT 安全产业管理有待进一步规范

一方面，网络安全市场准入门槛较高，限制了部分企业进入市场，降低了市场创新的活力。目前，网络安全的相关资质、市场准入条件较多，给相关产业造成了较大的时间成本和较重的经济负担，严重影响了产业的快速发展。例如，网络安全产品在进入各行业的过程中面临着重复检测、重复收费等问题。另一方面，加强执法力度，保障市场竞争的公平性。2017 年 2 月，

全国人大常委会审议《反不正当竞争法（修订草案）》，增加了互联网领域不正当竞争行为的规定；11 月，全国人大常委会表决通过了《反不正当竞争法》修订草案。但是，网络安全市场仍然存在项目招标过程中采取不正当手段排挤对手、攻击他人抬高自己取得市场份额、盗用不实资质、恶意降低产品价格扰乱市场、暗箱操作等现象，严重扰乱了市场竞争秩序，影响了市场竞争的公平性。近三年，多家知名企业卷入不正当竞争的诉讼案件，涉及行为包括：安装恶意插件、阻碍软件运行、阻碍软件安装、诱导卸载软件等。

二、IT 安全产业支撑能力有待进一步增强

一方面，国家支持的资金利用效率较低。目前，国家在信息安全技术领域科研项目包括："973"和"863"科研计划、"核高基"重大科技专项、国家自然科学基金重大项目等大量科技攻关项目，全国各省市也相继出台了多项相关的政策，旨在促进地方网络信息安全产业发展和技术研发。然而，项目的立项不够科学，低水平重复资助的现象较为严重，虽然加大了成功的概率，但是难以发挥资金的规模效益，不利于集中资源实现产品技术创新突破。同时，政府支持的重大技术产品过度竞争，形成浪费，不利于通过市场竞争机制打造本土品牌，国内市场的占有率仍然较低。

另一方面，IT 安全高端人才缺乏，智力支撑不足。目前，我国 IT 安全人才供需矛盾较为突出，预计在 2020 年我国网络安全人才需求数量将达到 140 万，而目前我国 IT 安全专业的大学生仅维持在 3 万人左右。同时，我国大部分高校现有的网络与信息安全专业起步较晚、相关课程存在设置不合理的现象，导致专业技能培养；实战训练不到位，导致大部分学生缺乏实战经验等现象普遍存在。因此，在多种因素的共同作用下，加剧了我国网络信息安全人才的供需矛盾。此外，在全球化背景下，国际大公司在科研、环境、薪酬等方面有较强的吸引力，我国培养出来的大部分高端网络安全人才流向欧美等发达国家的企业，更加剧了我国网络安全产业高端人才的匮乏。

三、IT 安全自主可控技术有待进一步突破

长期以来，我国网络信息产业发展过度重视经济效益，忽视了网络安全

产业，对基础核心技术的重要性认识不足，自主创新能力较低，对国外网络信息安全技术和产品依赖度较高。

一方面，基础理论研究重视程度不够，自主创新的根基不牢。网络信息安全技术和产品的突破，关键是基础理论的突破。但是，基础理论的创新和突破，需要投入的资金和人力较大、研究周期较长、准入门槛较高，我国在这方面没有足够的重视，导致理论研究层面落后于西方发达国家。

另一方面，核心技术以西方体系为标杆，自主创新的动力不足。我国作为网络安全技术领域的后来者，部分网络安全企业研发能力较弱，一直处于模仿和学习阶段，自主创新能力不强。但是，在引进消化吸收过程中，于西方国家的限制和自身重视程度不足，在基础网络协议和核心技术标准方面，有时候全盘接受，失去了创新的动力，无法实现引进消化吸收再创新的目的。新时期，在双创的大背景下，企业应抓住战略机遇期，突破网络安全核心技术。

第十七章　灾难备份产业

第一节　概　述

一、概念及范畴

（一）数据中心

数据中心（DC）主要为客户提供基于数据中心的服务（其中不包括客户自己建设的数据中心）。数据中心是集中化的资源库，可以是物理的或虚拟的，它针对特定实体或附属于特定行业的数据和信息进行存储、管理和分发。

数据中心服务提供商（SP）是提供基础数据中心服务的第三方数据中心提供商或运营商，服务类型包括数据中心、机柜和服务器的租赁、虚拟主机、域名注册，以及其他增值服务等。相关服务类型如表 17－1 所示。

表 17－1　数据中心服务类型

服务类型	细分类型	服务名称
基础服务	资源相关的基础业务	专用机房、服务器租赁、宽带租赁等
	其他基础服务	域名服务、虚拟主机、企业邮箱等
增值服务	网络管理	KVM、流量监控、负载均衡、网络监控等
	安全	硬件防火墙、网络攻防、病毒扫描等
	数据备份	数据备份、专用数据恢复机房、业务连续性服务
	其他增值服务	IT 外包、企业信息化、CDN 等

资料来源：赛迪智库，2018 年 1 月。

（二）企业数据中心

企业数据中心（EDC）是数据中心的一种，主要基于数据中心为大中型企业提供生产经营系统的运行场所，以及相应的增值服务。企业数据中心主要面向高端客户，与通常的互联网数据中心（IDC）相比，在建设标准、服务等级等方面要求更高。

（三）灾备服务

灾备服务，即容灾备份与恢复，是指利用技术、管理手段以及相关资源确保关键数据、关键数据处理系统和关键业务在灾难发生后可以恢复的过程。一个完整的灾备系统主要由数据备份系统、备份数据处理系统、备份通信网络系统和完善的灾难恢复计划所组成。灾备服务一方面包括基于灾备中心的灾难恢复和业务连续性服务，另一方面也包括灾备中心建设咨询、灾备基础设施租赁、业务连续性计划、灾备中心运行维护等相关第三方外包服务。

二、产业链分析

第三方数据中心及灾备服务提供商，连同上下游企业和最终用户，构成了第三方数据中心及灾备服务产业链。上游企业主要包括软件提供商、硬件提供商、系统集成商和电信运营商等。下游主要是最终用户，包括个人和企业级用户。

从业务类型上看，第三方数据中心及灾备服务主要包括互联网数据中心服务、企业数据中心服务和灾备服务三类，而服务提供商主要包括互联网数据中心服务提供商和企业数据中心及灾备服务提供商两类。互联网数据中心服务一般面对中小企业及个人客户，基础设施建设和服务要求较低，而企业数据中心与灾备服务一般面对大型企业，基础设施和服务要求比较高，两类服务提供商的业务也存在交叉。

网络和电信环境是第三方数据中心和灾备服务的重要基础设施，从这个角度讲，电信运营商具有得天独厚的优势，电信、联通和移动三大电信运营商在行业中占据重要地位，由于其数据中心主要使用自己的网络和电信环境，一般称为非电信中立服务提供商，其他可提供多家运营商网络环境的服务提供商则称为电信中立服务提供商。

电信运营商自身拥有带宽资源和大量数据中心空间资源的所有权，所以他们在利用自身的资源为用户提供服务的同时，也为一些第三方数据中心和灾备服务提供商提供资源。目前电信运营商主要向用户提供基础服务，包括专用机房、服务器租赁等，与此同时，电信运营商也开始拓展一些增值服务，主要包括网络管理、网络安全、数据备份等。

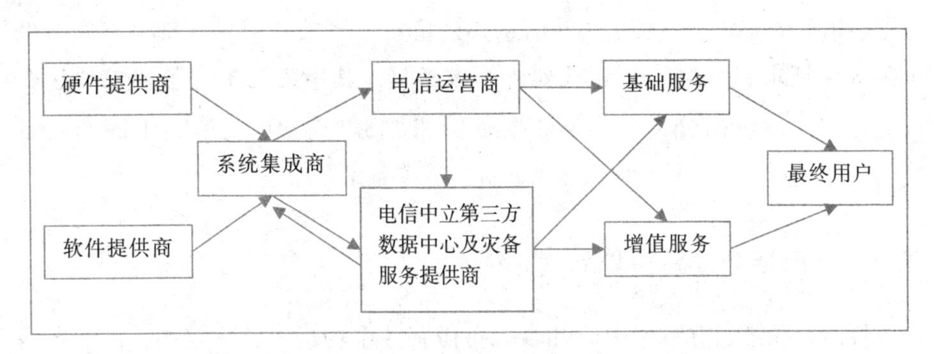

图 17－1　第三方数据中心及灾备服务产业链

资料来源：赛迪智库，2018 年 1 月。

电信中立第三方数据中心和灾备服务提供商是该市场的重要力量，他们需要电信运营商提供的通信网络带宽等资源，二者保持密切的合作关系，而在服务市场上，二者又存在一定的竞争关系。电信中立第三方数据中心服务提供商提供的服务包括基础服务和增值服务。除此之外，为客户提供建设数据中心咨询和灾备解决方案等服务也是第三方数据中心服务提供商的一项重要业务，这部分业务可能涉及与系统集成商之间的合作。

由于信息化的快速发展，数据中心市场的最终用户已经扩展到政府以及各行业的企业，其中互联网企业是主要的客户群。在这些用户中，政府和大型企业对于数据中心的等级要求往往更高。

第二节　发展现状

一、灾备政策取得突破

随着社会各界对灾难备份关注程度的不断提升，国家政策法规对灾备的要求进一步明确，对灾备行业发展带来了新的机遇。2017 年 6 月正式实施的国家《网络安全法》中对灾难备份做出明确规定，第二十一条中明确了“网络运营者”应“采取数据分类、重要数据备份和加密等措施”，第三十四条规定“关键信息基础设施的运营者”应当“对重要系统和数据库进行容灾备份”。2017 年 7 月，国家互联网信息办公室发布《关键信息基础设施安全保护条例（征求意见稿)》，正式对外征求意见，其中第二十三条要求“运营者”应“采取数据分类、重要数据备份和加密等措施”，第二十四条规定“运营者”应“对重要系统和数据库进行容灾备份”。

二、市场规模稳步增长

目前我国第三方数据中心和容灾备份服务市场规模整体较小，但是发展速度非常快，发展潜力巨大。随着云数据中心的兴起，政府、企业使用第三方云数据中心的比例不断提升，据统计，2017 年我国互联网数据中心市场规模约 980 亿元，其中企业级数据中心市场规模达到 362. 7 亿元，整体占比不断提升，总体保持稳定的增长态势。

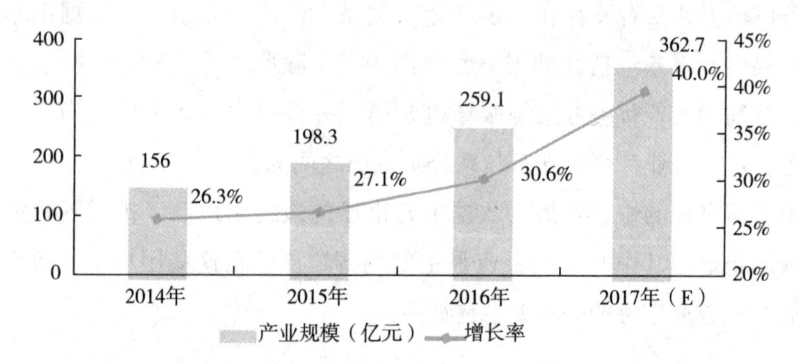

图 17 - 2　2014—2017 年我国企业级数据中心市场规模及增长率

资料来源：赛迪智库，2018 年 2 月。

容灾备份服务可以看作是数据中心的增值服务部分，我国灾备服务市场规模在整体数据中心服务中的占比仍然比较小，随着云灾备等服务形式的出现，灾备服务市场将进入快速增长期。2017 年，国内灾备服务市场规模达到 181. 7 亿元，总体保持良好的上升趋势。

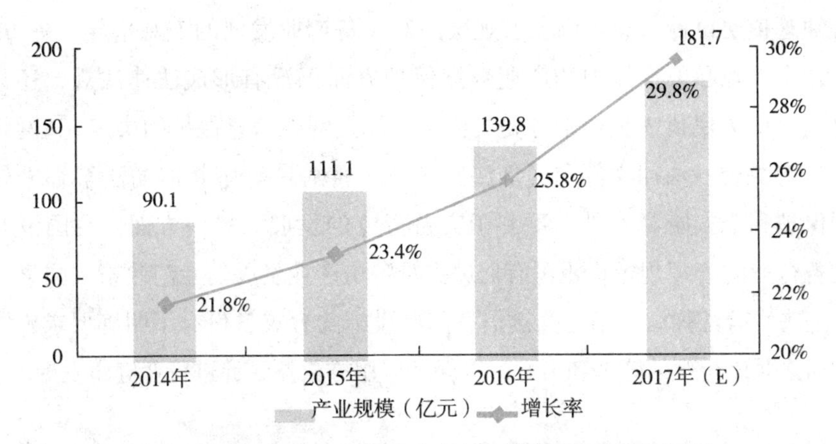

图 17－3　2013—2017 年我国容灾备份服务市场规模及增长率

资料来源：赛迪智库，2018 年 1 月。

三、行业实力大幅提升

我国第三方数据中心和灾难备份行业形成一系列龙头企业，建立起了一系列行业联盟，整体实力不断提升。一是国内企业整体实力大幅提升，行业中万国数据已经在美国上市，市值超过 25 亿元，中金数据和国富瑞等也建立起大量数据中心，整体实力不断提升，与国际第三方灾备服务企业差距逐步缩小。二是国内企业技术能力有所突破，如华为提出了云灾备解决方案，北京同友飞骥、创新科存储、西安三茗科技等公司推出一系列数据备份产品。三是企业联盟推动行业实力提升，由华为、北京邮电大学等联合成立的北京信息灾备技术产业联盟于 2017 年 9 月发布《云灾备技术与应用白皮书》，推动我国云灾备技术发展。

第三节　主要问题

一、政策引导力度有待加强

我国暂未出台针对灾难备份产业整体布局的相关政策，灾难备份产业的发展缺乏顶层设计，急需国家宏观层面对灾备产业发展的宏观指导。一方面，我国在个人隐私数据保护和商业数据保护方面仍没有形成法律法规，还只能通过《全国人民代表大会常务委员会关于加强网络信息保护的决定》《网络安全法》等综合性法律文件和《刑法》《民法通则》等中相应司法解释来处理数据保护和个人隐私案件，不利于灾备行业的发展。另一方面，我国没有针对灾备行业的管理规定，也没有促进灾难备份产业发展的专门政策，国家《网络安全法》等法律法规中对关键信息基础设施的容灾备份有了明确要求，国家也应加强对该行业的管理和引导，以保证应用方权益，促进行业健康发展。

二、核心技术能力相对落后

我国在容灾备份核心技术方面存在缺失，落后于国际先进水平。一是核心技术难以自主可控。目前国内98%以上的容灾备份和恢复系统都是由IBM、HP、SYMANTEC、EMC和ORACLE等国际大厂商提供，国内一些企业的产品，如浪潮、华为、达梦等，在可用性、易用性和产品性能等方面都很难与国外产品相媲美，导致其产品在市场上没有销路，从而进一步恶化了国内厂商的生存空间。二是技术研究不成体系。我国对于灾备技术的研究尚处于起步阶段，灾备相关技术的研究力量比较分散，特别是我国并未将容灾备份作为一个专门的专科，缺少专门的研究机构和人员，我国目前从事第三方容灾备份和恢复业务的企业，大都没有自己的核心技术产品，只能实现系统集成或者基础设施外包。

三、灾备标准体系尚未形成

灾难备份产业的发展需要完善的标准体系，然而国家标准和行业标准在发展中面临很大的短板。一是灾难备份产业有关的国家标准体系尚未建立。目前，灾难备份领域的国家标准推进较为缓慢，发布的国家标准仅有四个，制定的草案仅有两个。二是灾难备份产业有关的行业标准也有待发展。虽然通信行业标准中涉及了一系列灾备标准，然而涉及关键信息基础设施的灾备标准还有待发展。三是团体标准也没有建立。国家鼓励团体标准的建立，然而目前的灾难备份企业还未形成有关的团体标准。此外，尤其是随着云灾备的不断普及，需要制定更多灾备产业的国家标准。

第十八章　网络可信身份服务业

网络可信身份是指网络主体身份由现实社会的法定身份映射而来，可被验证及追溯，或者网络身份由其网络活动或商业信誉担保，具有良好的网络信誉，可被验证符合特定场景对身份信任度的要求。近年来，网络可信身份相关工作得到了国家的高度重视，中央网信办、工业和信息化部、国家密码管理局等主管部门都组织开展了网络可信身份相关研究和实践工作，取得了一定的成效，发布了多个有关网络主体身份的法律、行政法规、部门规章以及规范性文件。与此同时，我国网络可信身份服务业快速成长，已经初具规模。截至2017年底，相关产业规模近990亿元，同比增长37.1%。网络可信身份标准体系基本形成，截至2017年底，我国共制定了270项与网络可信身份相关的标准。但是我国网络可信身份服务业发展仍面临很多问题，具体表现在：一是顶层设计缺失，缺少统筹规划和布局；二是行业监管不足，市场有待进一步规范；三是基础资源尚未实现互联互通，重复建设现象严重；四是认证技术发展滞后，急需能满足新应用、新需求的技术；五是教育培养体系建设滞后，人才队伍严重匮乏。

第一节　概　　述

一、概念及范畴

（一）网络主体身份

在现实社会中，身份是指在社会交往中识别个体成员差异的标识或称谓，它是维护社会秩序的基石。在互联网时代，网络主体是指具有网络行为的实体，包括参与各类网络活动的个人、机构、设备、软件、应用和服务等，它是现实社会主体的数字化映射。网络主体身份是指具有网络行为的实体身份，也称网络身份。

（二）网络可信身份

网络可信身份是指网络主体身份由现实社会的法定身份映射而来，可被验证及追溯，或者网络身份由其网络活动或商业信誉担保，具有良好的网络信誉，可被验证符合特定场景对身份信任度的要求。符合以上条件的身份被称为网络可信身份，其真实性在签发、撤销、挂起、恢复、应用、服务和评价等全生命周期过程中能够得到有效的管理和控制。

（三）网络可信身份标识

可信标识是根据一定技术规范产生的具有唯一性、不可仿冒性以及可鉴别性的数据对象。网络可信身份的标识是基于网络主体身份的属性衍生出的电子身份凭证，用于网络身份的管理和控制。网络可信身份标识由标识序列号、属性域和凭据字段组成。标识序列号是数字或字符串组成的序列号，可以对外展示，用于区分主体；属性域包含跟网络主体身份绑定的法定身份证件信息、网络行为、商业信誉等属性，如自然人的身份证号、护照号、手机号码、用户名、电子邮箱、企业的社会信用代码等；凭据字段是为部分或完整身份提供凭证的一组数据，用于验证网络主体与属性域内的身份信息的真实性。常见的凭据可以是基于法定身份证件衍生的凭证，如身份证、数字证书、银行账号、手机号码、KERBEROS 票据和 SAML 断言等；也可以是人体生物特征信息，如指纹、虹膜、人脸特征等；还可以是主体的网络属性，如电子邮箱、网络行为特征等。

（四）电子认证服务

电子认证服务是基于数据电文接收人需要对收到的数据电文发送人的身份及数据电文的真实性、完整性进行核实而产生的。电子认证服务是指为电子签名的真实性和可靠性提供证明的活动，包括签名人身份的真实性认证、签名过程的可靠性认证和数据电文的完整性认证三个部分，涉及证书签发、证书资料库访问以及网络身份认证、可靠电子签名认证、可信数据电文认证、电子数据保全、电子举证、网上仲裁等服务。

（五）EID 认证

EID（电子身份证）采用目前电子认证服务行业广泛应用的 PKI 技术，在电子认证服务行业之外自建一套认证体系。以密码技术为基础、以智能安全芯片为载体，通过“公安部公民网络身份识别系统”签发给公民的网络电子身份标识来实现在线远程识别身份和网络身份管理。用户开通 EID 时，智能安全芯片内部会采用非对称密钥算法生成一组公私钥对，这组公私钥对可用于签名和验签。公民使用 EID 通过网络向应用方自证身份时，应用方会向连接“公安部公民网络身份识别系统”的 EID 服务机构发出请求，以核实用户网络身份的真实性和有效性。

（六）FIDO 标准

FIDO 线上快速身份验证标准（以下简称“FIDO 标准”）是由 FIDO 联盟（FAST IDENTITY ONLINE ALLIANCE）提出的一个开放的标准协议，旨在提供一个高安全性、跨平台兼容性、极佳用户体验与用户隐私保护的在线身份验证技术架构。FIDO 联盟于 2012 年 7 月成立，并于 2015 年推出并完善了 1.0 版本身份认证协议，提出了 U2F 与 UAF 两种用户在线身份验证协议。其中 U2F 协议兼容现有密码验证体系，在用户进行高安全属性的在线操作时，其需提供一个符合 U2F 协议的验证设备作为第二身份验证因素，即可保证交易足够安全。而 UAF 则充分地吸收了移动智能设备所具有的新技术，更加符合移动用户的使用习惯。在需要验证身份时，智能设备利用生物识别技术（如指纹识别、面部识别、虹膜识别等）取得用户授权，然后通过非对称加密技术生成加密的认证数据供后台服务器进行用户身份验证操作。整个过程可完全不需要密码，真正意义上实现了“终结密码”。根据 UAF 协议，用户所有的个人生物数据与私有密钥都只存储在用户设备中，无须经网络传送到网站服务器，而服务器只需存储有用户的公钥即可完成用户身份验证。这样就大大降低了用户验证信息暴露的风险。即使网站服务器被黑客攻击，他们也得不到用户验证信息伪造交易，也消除了传统密码数据泄露后的连锁式反应。

（七）区块链技术

区块链技术简称 BT（BLOCK CHAIN TECHNOLOGY），也被称为分布式账本技术，是一种互联网数据库技术，其特点是去中心化、公开透明，让每个人均可参与数据库记录。基于区块链技术构建的在线身份认证系统具有以下三大特点：一是身份信息更难篡改。每个人一出生便会形成自己的数字身份信息，同时得到一个公钥和一个私钥，利用时间戳技术形成区块链，在共识机制保证下，数据篡改极为困难。二是系统信息分布式存放，系统上的所有节点均可下载存放最新、最全的身份认证信息。从此以后，人们不必再随时携带自己的身份证，只需要通过公钥证明“我是我”，通过私钥自由管理自己的身份信息。三是激励机制的存在促使用户积极维护整个区块链，保证系统长期良性运作，系统稳定性更高、维护成本更低。

二、发展历程

网络可信身份服务业起步较晚，以2014年中央网信办成立、习近平总书记发表“4·19”讲话为时间节点，2014年以前为萌芽期，2014年至今为快速发展期。

（一）萌芽期

2014年之前，我国并没有明确地对“网络空间”“可信网络空间”进行明确定义，政府、企业、公民对网络空间可信身份的理解仅仅停留在网络身份的真伪认证和实名制层面，由于国家层面没有出台统一规划，各部委、企业则根据自身业务需要，开发了各种各样的网络身份认证技术、系统、应用，其中影响最大的是由工信部主管的电子认证服务，由《电子签名法》赋予其保障电子数据完整性和抗抵赖性的法律地位，广泛应用于高安全等级业务中。除此之外，账号+口令认证、动态口令码认证等传统身份认证方式在低业务安全场景中应用广泛。但是这种僵硬、孤立的身份认证体制已经无法适应网络空间的快速发展，无法应对愈加复杂的网络空间防御挑战，网络欺诈、网络谣言、电信诈骗、人肉搜索、隐私泄露等情况十分严重。

（二）快速发展期

随着中央网信办的成立，党和国家高度重视网络空间治理工作，习近平总书记在“4·19”讲话中明确指出“没有网络安全就没有国家安全，没有信息化就没有现代化”。网络身份是网络主体进行各类行为活动的基础，网络身份的可信是国家进行网络空间治理的关键。有鉴于此，中央网信办开展了一系列有关网络空间可信身份体系、战略规划、技术发展的调研工作，加大对网络空间可信身份的理论和实践研究。除此之外，在企业层面，为了应对日益复杂的网络安全态势，适应大数据、人工智能、移动互联网、物联网、云计算等新技术应用，开发了一批应用场景较为专一、识别精度较高的新型身份认证技术及应用，如基于大数据分析的用户行为检测技术、基于FIDO和人体生物特征识别的身份认证技术、EID技术、基于二代证网上副本的身份认证技术、移动数字证书（手机盾）技术、基于区块链技术的身份认证技术等。目前我国网络空间可信身份服务处在快速发展期，优势和问题都很突出，一方面呈现出“百花齐放、百家争鸣”的局面，各类新兴身份认证技术、方式积极蓬勃发展，一方面又呈现出“信息孤岛、条块分割”的局面，各类身份认证基础设施不能实现互联互通，重复建设、资源浪费现象严重。未来，随着我国网络可信身份战略的出台，顶层设计逐步完善，各类问题将逐步解决，网络可信身份服务发展将进入高速发展期。

三、产业链分析

网络可信身份服务产业链主要包括网络可信身份第三方中介服务商、网络可信身份服务基础技术产品提供商、网络可信身份服务商、依赖方和最终用户等。其中，网络可信身份第三方中介服务商、网络可信身份服务基础技术产品提供商位于产业链上游，提供整个产业所需要的咨询、评测、培训服务、基础技术和软硬件产品（如生物识别芯片、USBKEY、SSL/VPN服务器、身份服务运营管理系统等）；网络可信身份服务商位于产业链中游，向依赖方和最终用户提供网络身份认证服务，一般可分为权威身份服务商、关联身份服务商和一般身份服务商。网络可信身份服务商是整个产业链的核心。依赖方和最终用户位于产业链的下游，应用场景多种多样，如网上报税、网上通关、社保登录、电子营业执照应用、电子病历、电子合同在线签署、网上购物等等。网络可信身份服务业产业链如图18－1所示。

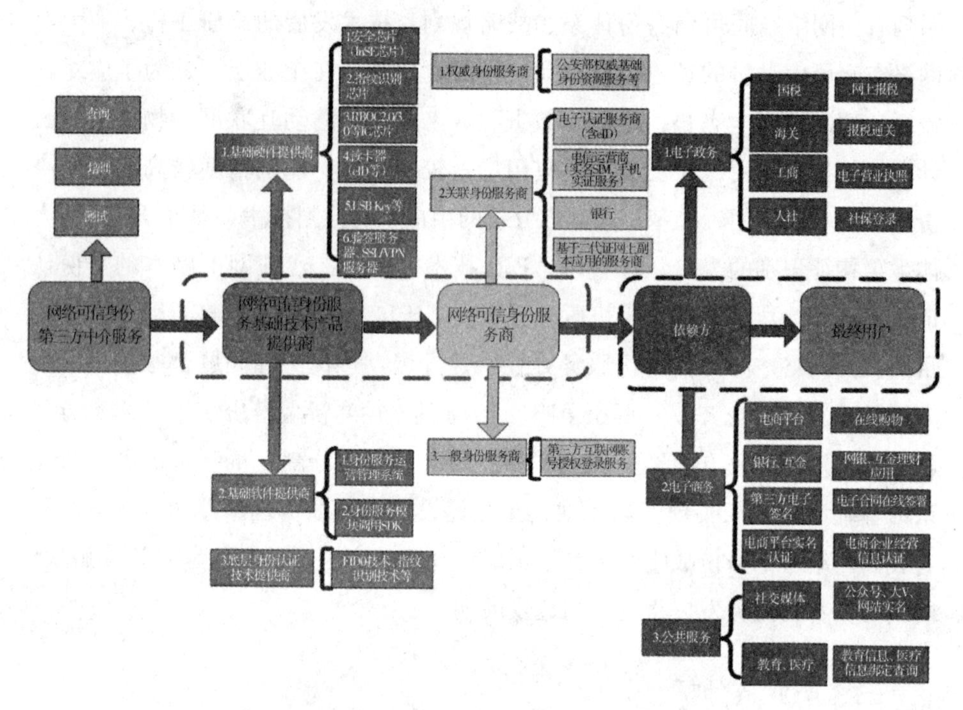

图 18－1　网络可信身份服务业产业链

资料来源：赛迪智库，2018 年 1 月。

第二节　发展现状

一、行业发展所需的良好法制环境已经初步形成

随着信息网络技术的发展和应用，我国加强了网络空间信息安全的法制化治理，制定、颁布并施行了多个有关网络实体身份信息安全与管理的法律、行政法规、部门规章以及规范性文件，推动形成了良好法制环境。2005 年 4 月起正式施行的《中华人民共和国电子签名法》，明确了电子签名人身份证书的法律效力，为确定网络主体身份的“真实性”提供法律依据。2012 年 12 月，《全国人民代表大会常务委员会关于加强网络信息保护的决定》，提出“网络服务提供者为用户办理网站接入服务，办理固定电话、移动电话等入网

手续，或者为用户提供信息发布服务，应当在与用户签订协议或者确定提供服务时，要求用户提供真实身份信息”。2014 年 8 月颁布的《最高人民法院关于审理利用信息网络侵害人身权益民事纠纷案件适用法律若干问题的规定》，规范了审理利用信息网络侵害人身权益民事纠纷案件。2015 年 4 月，中共中央办公厅、国务院办公厅联合印发的《关于加强社会治安防控体系建设的意见》，明确加强信息网络防控网建设，建设综合的信息网络管理体系，加强网络安全保护，落实相关主体的法律责任，落实手机和网络用户实名制，健全信息安全等级保护制度，加强公民个人信息安全保护，整治利用互联网和手机媒体传播暴力色情等违法信息及低俗信息。2016 年 11 月第十二届全国人民代表大会常委会通过的《中华人民共和国网络安全法》，明确提出“电信、互联网、金融、住宿、长途客运、机动车租赁等业务经营者、服务提供者，应当对客户身份进行查验。对身份不明或者拒绝身份查验的，不得提供服务”。2017 年 6 月实施《网络安全法》，明确提出国家实施网络可信身份战略，支持研究开发安全、方便的电子身份认证技术，推动不同电子身份认证之间的互认。此外，有关部委也相继出台一系列规定和管理办法。

二、网络可信身份基础资源建设取得了显著进展

近年来，中央网信办、国家发展和改革委员会、科技部、工业和信息化部、公安部、财政部、人力资源社会保障部、商务部、中国人民银行、海关总署、国家税务总局、工商总局、质检总局、国家密码管理局等网络可信身份相关主管部门都积极开展了网络可信身份相关研究和实践工作，极大促进了网络可信身份基础资源建设。如中央网信办组织开展了国内外网络可信身份现状、相关理论、政策和应用研究，并指导开展了网络可信身份项目试点工作。公安部组织直属机构和科研院所加强对网络身份认证技术、标准的研究和探索，公安部第一研究所和第三研究所分别提出居民身份证网上副本和电子身份标识作为网络身份凭证，确保网络身份的真实性、有效性。工业和信息化部推行域名实名注册登记制度，规范域名注册服务，加强对第三方认证服务机构的监管，推进电子认证服务产业健康、快速发展。工商总局建设了市场经营主体网络身份识别系统（2013 年更名为“电子营业执照识别系

统”），采用统一标准发放的电子营业执照包括社会信用代码、市场主体登记等信息，具有市场主体身份识别、防伪、防篡改、防抵赖等信息安全保障功能，主要解决企业法人网络身份的识别问题。中国人民银行监管的各金融机构已建立客户身份识别制度，并有效落实执行了账户实名制，通过“面签”的形式确认客户的真实身份，并依据实名认证的结果给用户发放身份凭证；针对在线业务制定了网络身份认证策略和网络身份管理策略等等。

三、网络可信身份认证技术产品日趋丰富

随着网络空间主体身份管理与服务的不断深入，我国网络可信身份技术自主可控能力显著提升，以实现网络主体身份“真实性”和属性“可靠性”的国产认证技术产品基本成熟。一是网络认证模式从最早适用于社交平台、电子邮件等安全性需求较低的用户名＋账号、手机号、二维码等低强度认证方式，逐渐演变为适用于电商平台、电子支付、证券交易等安全性需求较高的电子认证、生物特征识别、动态口令等认证模式。二是以非对称加密算法、散列算法等为主的基础密码技术逐渐替代国外的算法，例如国产密码SM1、SM2、SM3、SM4等，国产密码算法产品不断丰富，通用型产品已达到62项，涉及PCI密码卡、数字证书认证系统、密钥管理系统、身份认证系统、数字证书认证系统、服务器密码机等22种产品类型。三是基于数字证书的身份认证技术日益成熟，包括数字签名、时间戳等关键技术，以及身份认证网关、电子签名服务器、统一认证管理系统、电子签章系统等一系列身份认证安全支撑产品，国产服务器证书正在逐步替代国外同类产品。

四、网络可信身份服务产业初具规模

随着网络空间主体身份管理与服务的不断深入，生物特征、区块链等技术逐步融入到网络身份服务行业，推动网络可信身份服务新模式不断涌现，促进我国网络可信身份服务产业快速成长。据赛迪智库统计，截至2017年底，我国网络可信身份服务产业总规模近990亿元。其中，网络可信身份第三方中介服务规模约25亿元，网络可信身份服务基础软硬件产品约为460亿元，网络可信身份服务机构收入超过505亿元。

五、网络可信身份服务标准体系基本完善

我国政府和相关机构十分重视网络可信身份标准制定工作，制定了诸多标准，基本形成了包含基础设施、技术、管理、应用等方面内容的网络可信身份标准体系。截至 2017 年底，共形成 270 项标准，其中，基础设施类标准基本成熟，相关标准有 60 项；技术类标准较为完备，相关标准 114 项；管理类标准发展较快，有 45 项；应用支撑类标准取得一定进展，有 51 项。已在全国信息安全标准化技术委员会立项在研的电子认证相关国家标准约 40 项。

第三节 主要问题

一、顶层设计缺失，缺少统筹规划和布局

我国的网络可信身份体系建设缺少国家层面的顶层设计，还未明确将网络身份管理纳入国家安全战略，也未形成推进我国网络可信身份体系建设整体框架、时间表和路线图，在政策法律、技术路线、应用模式等方面缺少统筹规划和布局，导致各主管部门职责不清，政府和市场、监管和市场发展、自主和开放等间的关系还没有厘清，责任主体权益和义务不明确，急需做好调研、厘清现状、把握问题，结合中国实际情况，做好顶层设计，统筹我国网络可信身份服务健康持续快速发展。

二、行业监管不足，市场有待进一步规范

网络可信身份作为网络空间的基础设施，随着网络安全攻击手段不断升级，其面临的安全风险日益严重。行业主管部门需要进一步加强网络可信身规范监管，提升监管层级，建立网络可信身份认证规范体系，从主体资格、经营场所、注册资本、技术设备、专业人员、用户身份信息管理、可信身份标识管理、网络安全管理、运营管理、信用等方面，对网络可信身份服务商的综合能力和水平进行认证，规范网络可信身份服务市场，提高行业整体规

范性和服务能力。进一步完善监管系统，加强监管的制度设计，并不断探索利用网络，依法、透明、高效、协同监管，促进网络可信身份市场健康发展。

三、基础资源尚未实现互联互通，重复建设现象严重

由于缺乏战略设计和统筹规划，我国网络可信身份基础设施共享合作相对滞后。目前，公安、工商、税务、质检、人社、银行等部门的居民身份证、营业执照、组织机构代码证、社保卡、银行卡等基础可信身份资源数据库还未实现互通共享，且缺少护照、台胞证、驾驶证等有效证件的对比数据源，导致数据核查成本较高、效率低；现有的网络可信身份认证系统基本上由各部门、各行业自行规划建设，各系统各自为战，网络身份重复认证现象严重，并且“地方保护”“条块分割”现象严重，阻碍了网络可信身份快速发展和价值发挥。

四、认证技术发展滞后，急需能满足新应用、新需求的技术

随着互联网应用深化，对方便、快捷、在线的身份认证需求迫切，但无论是自然人的身份证还是法人的营业执照等尚不能有效支持网络化远程核验，在初次核验用户身份后，在实际业务开展中缺乏必要的后续验证，难以保证用户网络身份与真实身份的持续一致性。云计算、大数据、移动互联网、物联网等新一代信息技术不断涌现，数据的传输、存储、处理等方式与传统信息技术及应用存在重大差异，已有身份认证技术、认证手段、认证机制还不足以支撑新技术、新应用的发展。服务商及设备身份、感知节点、应用程序、用户数据存储及处理控制等诸多可信身份的鉴别和认证，对网络可信身份提出更新、更高的要求，急需网络可信身份的技术创新发展、与时俱进。

五、教育培养体系建设滞后，人才队伍严重匮乏

人才短缺已成为制约网络可信身份行业发展的重要因素。作为互联网新兴产业，网络可信身份服务仍处于发展阶段，人才培养体系建设滞后，人才支撑能力不足，极度缺乏高端人才，专业技术人才供需矛盾日益突出。第一，普通高等教育培养体系还没有设置网络可信身份专业，相关课程设置也不科

学，没有遵循完整性、前沿性、特色性的原则，国际前沿的网络可信技术知识未能快速普及到课程之中。第二，高等职业教育定位不清。很多高等职业学校除了在理论课程内容设置比学历教育浅显外，培养方式与普通高等教育方式并无差别，高职教育没有突出网络可信身份职业导向所重视的实操能力培养。第三，社会培训作用有限。目前我国社会培训并没有成为网络可信人才培养的主要途径。目前社会上开展网络可信身份相关知识培训的机构非常少，举办的相关知识培训班屈指可数，通过国际认证资质的网络可信身份人才数量极为有限。

企 业 篇

第十九章　北京启明星辰信息技术股份有限公司

第一节　基本情况

北京启明星辰信息技术股份有限公司（以下简称“启明星辰”）创立于1996年，是目前国内最具实力、拥有完全自主知识产权的信息技术公司。一直以来，公司将自身定位于提供网络安全产品、可信安全管理平台、安全服务与解决方案的综合提供商。公司一直遵守“诚信”的理念，同广大合作伙伴共同成长，2010年在深交所中小板正式挂牌上市。多年来，启明星辰致力于为网络安全产品技术的创新和研究，目前，启明星辰已对网御星云、杭州合众、书生电子进行了全资收购，旗下投资参股公司达到30多家。自此，公司成功地实现了对数据安全、应用业务安全以及网络安全等多领域的全覆盖，并为打造一个可控的安全生态体系不断努力。

第二节　发展策略

一、不断提升技术创新能力

启明星辰作为网络安全领域的龙头企业，公司十分重视技术和产品研发，为了提升技术创新能力，公司建立了研发中心、积极防御实验室（ADLAB）以及网络安全博士后工作站；为了提高产品研发质量，公司组建了高水平的技术团队、安全咨询专家团（VF专家团）以及安全系统集成团队。多年来公司已经积累了丰富的网络安全服务经验，与此同时，启明星辰公司依然不断完善应急响应服务体系。近年我国网络安全时间频频发生，主要包括重大漏洞、黑客攻击以及各种蠕虫病毒，基于此公司率先在全国31个省、市、自治区建立了中央、省、市三级应急响应服务体系，根据不同的网络安全事件不断完善更新服务体系，为用户提供及时有效的网络安全应急响应解决方案。此外，启明星辰积极参与国家科研项目、国家及行业网络安全标准的制订，获得了诸多科研成果，其中多项成果填补了我国网络安全领域的空白。

二、积极开展合作与并购

启明星辰积极与其他组织进行合作，并通过一系列的并购和参股进入多个技术产品领域和市场。一是与华为合作推出联合创新案例，即启明星辰创新的智慧流平台与华为敏捷网络对接的联合创新案例，充分展示了从软件定义网络（SDN）到软件定义安全（SDS）的美好蓝图；二是与腾讯云签署战略合作协议，开展政企客户云合作，共同带动和促进在全国范围内的政企客户、产业互联网等领域的建设和发展；三是与云南省政府签署战略合作框架协议，采用“政产学研资用”相结合的产业体系和技术创新服务体系，面向西南省份、南亚东南亚开展云计算、大数据、工控系统、移动互联网和物联网安全等业务；四是收购杭州合众、书生电子、赛博兴安等企业，展现出大数据技术、加密认证等网络安全细分领域中的技术优势和市场优势。

三、不断完善产品体系

启明星辰结合当前网络安全发展的新需求，不断推出新产品，完善产品体系。一是推出医疗卫生信息系统安全防御系统，从态势感知、监测预警、主动防御、快速处置等方面增强医疗卫生系统的安全监控检测能力。二是启明星辰提出了动态赋能的工控安全新体系，通过专业化、智能化、精确化、可视化和共享化的工控安全防护，保障工业控制系统的网络与数据安全，为工业生产稳定发展保驾护航。三是启明星辰推出的天清WEB应用安全防护系统（简称天清WAF），已完成设备端（地）云联动接口与腾讯云（空）的完美对接，利用腾讯云（空）海量的木马样本、恶意 URL 以及威胁情报等资源库，提升设备端（地）网站安全防御能力，共同构建网站安全的地空协同防御体系。

第三节 竞争优势

一、具有较高的市场占有率

目前，公司的各类信息安全产品在政府、军队，以及金融、电信、能源、军工、制造和交通等重要领域都具有极其广泛的应用，各类产品都有着非常高的市场占有率。尤其是在政府和军队部门，公司信息安全产品的市场占有率达到了 80%。在金融领域，全国大约 90% 的政策性银行、国有控股商业银行、全国性股份制商业银行都使用了公司提供信息安全产品和服务。截至目前，在世界 500 强的中国企业中，大约有 60% 的企业是启明星辰的客户。公司在防火墙（FW）、统一威胁管理（UTM）、入侵检测与防御（IDS/IPS）、安全管理平台（SOC）等方面的市场占有率一直保持第一的位置，并且在安全性审计、安全专业服务等方面也维持了市场领先的地位。根据 IDC 的数据显示，公司在防火墙/VPN、IDS/IPS、UTM、安全管理平台（SOC）、数据安全等几个细分市场排名中均位居前列。

二、形成了较完善的产品线

历经 20 多年的发展，公司目前已经形成了较为完善的信息安全产品线，在防火墙/UTM、入侵检测管理、网络审计、终端管理、加密认证等领域研发并生产了百余种产品。目前公司积极响应中央战略，持续打造信息安全生态链，密切关注大数据、云计算、移动互联网、工控安全、物联网等新兴领域的信息安全发展趋势和技术走向，从传统的信息安全、网络安全、密码技术不断向移动智能设备安全、工控安全、大数据安全、云安全、电磁安全等方面延伸。主要产品线有 6 类，威胁管理类包括入侵检测、入侵防御、WEB 应用安全网关、无线安全引擎、APT 检测等产品；安全网关类包括防火墙、一体化安全网关、异常流量管理与抗拒绝服务、安全隔离、ADC 安全应用交付等产品；安全工具类包括脆弱性扫描与管理系统、安全配置喝茶管理系统、远程网站安全检查服务；应用监管类包括网络安全审计系统（业务网审计类、互联网行为审计、安全域流监控）、内网安全风险管理与审计系统；管理平台类包括：信息安全运营中心系统（日志审计、业务支撑安全管理系统、ADM DETECTOR、工控信息安全管理系统）、信息网络行为分析系统 TSOC、虚拟威胁检测系统、同时在态势感知、舆情分析方面积极探索；数据安全类包括：面向数据的安全产品、包括安全数据交换、大数据（大数据分析系统、分布式数据库系统、云服务总线系统、大数据安全管理系统、大数据资源管理系统、数据集成系统等）、电子签名/印章、DLP 等。

三、拥有较强的技术实力

启明星辰在云计算安全、大数据安全、物联网和工控安全、移动互联网安全领域积极投入部署，建立了自主的核心能力，并逐步形成了信息安全产业生态圈。多年来启明星辰积累了较强的技术实力，其中技术发明专利和软件著作权具有 400 多项，参与制订国家及行业网络安全标准 60 多项，承担并完成了包括国家发改委产业化示范工程，国家科技部“863”计划、国家科技支撑计划、工业和信息化产业部电子发展基金等国家级、省部级和地方科研项目 200 余项。启明星辰凭借技术实力荣获“中国自主创新品牌 20 强”“国家火炬计划软件产业优秀企业”“国家规划布局内重点软件企业”“中关村国家自主创新示范区核心区重点创新型企业”“中关村十百千工程企业”“中国电子政务 IT100 强”等企业资质和荣誉。

第二十章　北京奇虎科技有限公司

第一节　基本情况

北京奇虎科技有限公司（以下简称“奇虎360”）于2005年9月创立，是一家专门从事信息安全相关工作的互联网公司，旗下拥有众多明星产品，涉及安全防护、搜索服务等多个领域，安全防护产品包括360安全卫士、360杀毒等，搜索服务包括奇虎网、奇虎浏览器、360安全网址导航和360搜索等。

作为国内领先的主营信息安全软件与互联网服务的大型IT公司，奇虎360曾先后获得诸如鼎晖创投、高原资本、红杉资本、红点投资、MATRIX、IDG等风险投资机构的联合投资，投资总额达到千万美元。2011年3月30日，公司正式在美国纽约证券交易所挂牌，开创了公司发展的新时代。作为国内最大的从事信息安全产品和服务的互联网公司之一，奇虎360拥有一支规模领先、技术卓越的安全技术团队，从而使得旗下360安全卫士、360杀毒、360手机卫士等一批安全防护产品赢得了广大用户的一致好评。凭借公司在信息安全领域的强大实力，公司安全浏览服务业务的代表产品360安全浏览器也占有一定的市场份额，从而使得公司成为当之无愧的信息安全行业的领先品牌。

第二节　发展策略

一、聚焦网络安全，重构发展战略

信息安全技术是奇虎360的核心竞争力，而在如今这个大数据时代，信息安全是大数据的基本保障，其对经济社会平稳发展乃至国家安全的重要性都愈发重要。一方面，公司致力于提高互联网用户的网络安全意识，以及主动防御能力。随着互联网的快速发展，各种网络隐患接踵而至，大多互联网用户缺乏防御意识或者缺乏主动防御能力。因此，公司希望通过向用户提供高质量的免费的安全服务，从而帮助中国互联网用户及时解决在上网过程中时遇到的各类网络安全问题。奇虎 360 是免费提供信息安全服务的首倡者，公司认为互联网的信息安全是互联网的基础服务，就像搜索引擎、电子邮箱、即时通信一样。因此，公司将 360 安全卫士、360 杀毒等一系列信息安全产品向国内的数亿互联网用户免费提供。另一方面，公司致力于利用新思路、新方法帮助用户全面解决网络安全问题。面对木马、病毒、流氓软件、钓鱼网站等互联网领域的众多信息安全威胁和挑战，公司希望通过互联网思维解决安全问题。为实现该目标，公司开发了在规模和技术都达到全球领先水平的云安全体系，该体系可以快速识别并且清除各种木马、病毒、钓鱼网站等威胁，从各个方面保护互联网用户的上网安全。

二、不断推出新产品，完善产品布局

结合国内互联网用户的信息安全需求，奇虎 360 公司在硬件产品生产和软件开发等方面一直不断地推出新产品，完善其在安全领域的布局。

在硬件方面，公司推出了众多方便使用的互联网产品。一是率先推出了 360 随身 Wi-Fi 产品，开创了随身 Wi-Fi 这一新的产品类别，截至目前，产品的累计销售量已经突破了 2000 万个。二是推出了具有防盗号欺诈、防 DNS 劫持、防蹭网入侵、拦截恶意网站、新型漏洞防护等功能的 360 安全路由器，产品内置的安全系统可以帮助对恶意网址库等进行实时数据更新，同时还支持防暴力破解，可以对 OPENSSL 新型漏洞进行专门的防护。三是推出了具有实时定位、安全预警、单向通话等功能的 360 儿童卫士智能手表，通过使用智能手机向该产品发送指令实现实时了解小孩所处位置的目的，同时还可以收听到小孩周边的声音，从而了解小孩当时所在的环境。四是推出了 360 家庭卫士产品，通过使用摄像头实时监控到的数据，从而实现利用手机远程查看、侦测物体移动的目的，并且通过内置的麦克风和扬声器可以达到随时随地与家人双向语音通话。

在软件方面，公司也推出了众多好用的产品。一是推出了具有伪装地理位置、手机型号、运营商名称等功能的360手机杀毒APP，产品可以迷惑试图窃取用户位置数据的木马和应用，并且可以利用手机应用通知消息实现对其的统一管理，对于经常重复性发送广告的APP设置禁止弹出。二是推出了新版的360手机浏览器，该浏览器在安全保护、加载速度、内容聚合、界面体验等方面具有升级，能够进行全方位的安全漏洞扫描检测，并且依据360最新、最全的恶意网址库数据，对收集进行危险等级评估和预警，尤其当用户购物受骗时，可以享受奇虎360网购先赔的优先服务。三是针对微软XP系统停服事件推出了“XP盾甲”产品，通过内核加固引擎提升了对漏洞攻击的防护能力，为中国XP用户提供持续安全防护。

三、广泛开展合作，谋划发展战略布局

公司不断加强与各类机构的战略合作关系，谋划安全业务的新发展布局。一是通过与酷派合作加快布局移动终端。公司与酷派手机厂商达成合资协议，认购COOLPAD E－COMMERCE公司扩大发行股本中的45%，该合资公司将致力于手机终端产品的研发和生产，并以互联网为主要分销渠道，酷派集团将向该公司注入包括知识产权、业务合约及员工等资产，奇虎360发挥其互联网安全软件、移动应用程序设计及网上营销推广优势，帮助该公司发展。二是与中国银联加强支付安全方面的合作。奇虎360与中国银联签订了安全战略合作协议，以实现在安全产品、服务、信息等方面全方位合作，一起推广客户终端安全保障计划，共同研发移动安全支付模块，从而帮助客户实现识别盗版客户端、查杀木马病毒、监控支付环境、扫描恶意网址、鉴别二维码安全等功能。三是投资新的创业公司以进入新技术领域。例如，与富国银行等公司共同投资旧金山生物验证技术公司EYEVERIFY，致力于专门开发专利生物识别技术，并且今后还将发展金融服务、移动安全领域、健康医疗等领域的业务。四是与久邦数码合作拓展国际市场。奇虎360与久邦数码达成战略合作协议，通过借助久邦数码的安卓移动分发平台向主要海外市场推广安全产品和其他工具类应用。

第三节 竞争优势

一、拥有众多黏性较高的用户

奇虎360推出的360助手通过提供优质、全面、免费的信息安全服务，获得了大量的黏性较高的互联网用户。根据移动大数据服务商QUESTMOBILE发布的《2017年中国移动互联网年度报告》显示，2017年中国移动互联网人口红利殆尽，移动互联网用户增长面临着巨大考验，但360手机助手却凭借29.3%的月活跃用户增长率荣登了2017用户规模亿级APP增速TOP10，成为了入选榜单的唯一第三方应用商店。自2017年360手机助手创新推出主打个性分发的7.0正式版后，其个性化服务就一直受到用户的欢迎。据了解，360手机助手的个性化服务打破了传统应用商店在面对不同用户群体时都采用同一应用推荐界面的做法，用更加精准的推荐方法，使得互联网用户可以用更少时间获取其最需要的APP。

具体看来，通过大数据和云计算技术，360手机助手将用户需求与APP推荐进行了精准匹配，为不同年龄、性别、使用偏好的互联网用户定制了专属的APP推荐计划。同时，针对多种多样的小众人群，公司也推出了不同主题的应用，以及专属的个性应用商店。基于此，360手机助手一直被使用者称为“最懂用户的应用商店”，并创造了超高的用户活跃度。

二、技术先进产品非常的丰富

奇虎360公司拥有众多类型的产品，包括360安全卫士、360杀毒、360手机卫士、360安全浏览器、360安全桌面等一系列产品，并且针对新的信息安全技术、信息安全发展趋势，以及不断变化的用户需求，公司不断开发新产品和推出新服务，逐渐地形成了针对个人和企业上网功能的立体防护体系。

作为中国最大的互联网安全公司之一，公司聚集了一大批高水平的技术人员，形成了在国内规模领先、技术过硬的安全技术团队。公司不仅开发了技术先进、操作简单、防护全面的信息安全产品，还努力协助其他企业修复产品漏洞。近年来，公司因为多次协助微软修复漏洞而收到致谢。凭借对微软补漏洞突出贡献，公司成为全世界共有四大“白帽子军团”唯一入选的中国企业，其余三家单位为谷歌、惠普 ZDI 漏洞平台、PALO ALTO NETWORKS（美国防火墙厂商）。

三、搭建了安全分发防护体系

为用户提供良好的产品体验、为用户守住安全底线，是 360 手机助手长期以来一直受到欢迎的重要原因之一。从当前信息安全分发布局来看，360 手机助手已经逐渐建立起了一个立体安全分发防护体系。

一方面，通过与国家海关总署政法司、公安部经侦局、国务院下属双打办等多家政府部门的携手合作，公司成立了移动互联网安全联盟，不断推出 APP 安全标准，树立了移动互联网领域的安全标杆；通过与中国防伪行业协会的合作，公司推出了“全国产品防伪溯源验证平台”，让防伪、查验、维权更加轻松和便捷。

另一方面，公司从源头入手，通过严格设置 APP 上架审核标准，让不良 APP 无法触及用户；还通过不定期的抽查，做到让不良应用“0 存在”的目标。除此之外，360 手机助手还相继推出了“绿剑行动”“照妖镜”“加固保”等产品和安全活动，帮助对手机中隐藏的恶意 APP 进行检测，并及时彻底清理，有效防止了 APP 被反编译、二次打包，防止了 APP 被嵌入病毒、木马和广告等恶意代码，从而在源头上打击了各类不良应用，切实做到了保护用户和开发者的权益。

第二十一章　中金金融认证中心有限公司

第一节　基本情况

中金金融认证中心有限公司，即中国金融认证中心（CHINA FINANCIAL CERTIFICATION AUTHORITY，简称CFCA）于1998年牵头组建，是由中国人民银行经国家信息安全管理机构批准成立的国家级权威安全认证机构，同时也是国家重要的金融信息安全基础设施之一。在《中华人民共和国电子签名法》颁布后，CFCA成为首批获得电子认证服务许可的电子认证服务机构。截至目前，超过3800家金融机构使用了CFCA的电子认证服务，在使用数字证书的银行中有98%的市场份额。

自2000年挂牌成立以来，CFCA一直致力于建立全方位的网络信任体系。经过了十多年发展，CFCA目前已经成为国内最大的电子认证服务机构。而自从2009年公司启动战略转型以来，CFCA已经逐步由单一的电子认证服务机构，发展成了综合性的信息安全服务的提供商。目前，公司拥有5家子公司，先后在上海、广州、成都、深圳建立了4家分支机构，业务涵盖七大业务板块，涉及电子认证服务、互联网安全支付、信息安全产品、信息安全服务、大数据服务、软硬测评实验室及互联网媒体。

作为国内一流的电子认证服务机构，以及信息安全综合解决方案提供商，CFCA一直致力于建立高水平的基础设施和管理体系，竭诚为广大客户提供高质量的产品和一流的服务。为营造可信的网络环境、构建稳固的网络信任体系而不断努力，从而达到推动我国的信息安全事业繁荣发展的目的。

第二节　发展策略

一、充分发挥集团优势，带动业务高速发展

CFCA全资子公司北京中金国信科技有限公司专注于软硬件产品研发和生产，目前已有超过100多款的软硬件产品应用于金融领域。全资子公司中金支付有限公司提供第三方支付服务，而CFCA则主要提供第三方的电子认证服务和安全评估、检测等信息安全服务，集团成员之间通过资源优势互补，以各自的优势业务带动集团公司的业务高速发展。

二、不断加强研发能力，持续提升产品创新性

一直以来，CFCA高度重视自主研发能力的建设，通过大量的人才引进和培育，公司汇集了一大批高、精、尖人才，形成了一支技术一流的研发团队。CFCA对交易欺诈监控、电子签章、签名验签服务器、量子加密机务软硬件产品进行了持续技术创新和研发，已经建立了集软硬件开发、测试和质量控制于一体的一整套研发生产体系。凭借人才优势以及强大的技术支撑能力，公司在信息安全领域取得了数十项技术专利成果，与微软、苹果等国际大公司也展开了各种合作，不断推动我国国产密码算法的普及和广泛应用。

随着互联网应用安全发展需求，推出了“安心签电子合同平台”“云证通—可靠的电子签名云服务”“FIDO +”“网络可信身份认证平台”“中金一鉴通”“交易监控及反欺诈系统”“安心授权”及证据保全服务、移动安全检测等创新性产品和服务，完美服务可信网络应用生态体系。

CFCA旗下的“安心签电子合同平台”已达到日签署量30万次，总合同份数3500万份，用户1500万余人，平台客户分布在各个领域。云证通及“FIDO +”产品充分利用了密码技术和生物识别技术，已为80多家银行提供移动安全解决方案，无纸化解决方案，更是助力金融业务发展，获得了金融

领域科技发展二等奖。“网络可信身份认证平台”“中金一鉴通”提供综合的个人、企业身份、信用认证及评价服务。而“安心授权”则是根据用户信息保护等管理规则，引入金融科技，助力个人信息采集、使用合规化的一个创新性产品。证据保全服务，结合司法实践，让网上应用更可靠。

三、加强国际交流，拓展国际市场

CFCA自2011年完成WEBTRUST国际标准审计认证后，积极加入CAB论坛、亚太PKI论坛、FIDO等国际组织，承办2018年CAB论坛会议，推动国际机构间交流。目前包括泰国、缅甸等国家已使用CFCA提供的电子认证服务。

CFCA作为金融领域重要的信息安全服务商，参加由国际刑警组织主办的“反网络金融犯罪：构建新治理架构高级别对话”，依托长期以来积累的网络统一信任体系及防控金融犯罪技术领域的研究成果，在信息安全、反欺诈识别、大数据共享、证据保全、应急保障等方面为公安、金融机构提供有效解决方案。借助参与国际刑警组织高级别对话的时机，希望将国内成熟的安全技术经验推向国际，同时学习、借鉴海外先进的技术理念，并携手与会机构落实会议成果，及早建立一个由国际刑警组织主导、多部门协同合作的新型网络金融犯罪治理体系。

四、加强品牌宣传，提升社会责任

通过充分利用自身的权威品牌优势，CFCA举办了具有全国影响力的行业公益活动——“中国电子银行联合宣传年”，以此向大众传播电子银行安全知识。2011年，“中国电子银行网”（www.cebnet.com.cn）平台正式上线，这是由CFCA牵头，联合近百家商业银行创建的新型金融门户网站。截至目前，网站已发展成为横跨传统门户网站、手机网站、移动APP、自媒体平台的全媒体平台，是目前行业规模最大、极具影响力的社会化媒体平台。

第三节　竞争优势

一、综合服务优势显著

CFCA 在信息安全领域形成了较强的综合服务优势。CFCA 子公司北京中金国信科技有限公司具有很好的信息安全产品研发、生产能力，目前已有包括电子认证系统、电子签章、优蓝智能密码钥匙、签名验签服务器、密码控件等 100 多款软硬件信息安全产品应用于各领域。子公司中金支付有限公司是专业的第三方支付公司，而 CFCA 是专业的第三电子认证服务和安全评估服务机构，承担着“中国金融 IC 卡借记/贷记应用根 CA 系统”的运维，为各商业银行金融 IC 卡借记/贷记应用提供服务。2011 年 CFCA 服务器证书通过 WEBTRUST 认证，成为我国唯一入根四大平台根证书库的 CA 机构。CFCA 商业银行无纸化解决方案获得中国国际金融展 2015 年度“金鼎奖最佳解决方案”。2017 年 10 月 17 日全线贯通 CFCA 至徽商银行基于数字证书业务的量子通信加密通道，并完成国内首笔数字证书业务应用量子加密。技术及综合服务优势明显，在金融领域具有良好的服务口碑。

二、运营服务能力较强

公司一直努力提升自己的运营服务能力。在 2009 年，CFCA 完成了运行机房的顺利搬迁，在机房运行管理、机房安全、风险防控等方面均达到国内的领先水平。在 2011 年，CFCA 的电子认证服务系统通过了国际权威 WEBTRUST 认证，CFCA 的电子认证系统和金融 IC 卡密钥管理系统也顺利通过了信息系统安全等级保护三级测评。在 2012 年，CFCA 获得了北京市的《高新技术企业证书》认证；同年，CFCA 的电子认证服务系统（V2.0）和密钥管理系统（V2.0）也顺利通过国家密码管理局的安全性审查和互联互通测试，获得同意正式运行，使得公司在金融领域率先完成了信息安全基础设施国产密码算法改造工程。另外，CFCA 的全球服务器证书产品也完成了微软等主流浏览器的预埋工作，从而实现了服务器证书自主可控。在2013年，公司位于北京亦庄研发中心的运行机房得以建成并正式投入使用，公司成功建成了电子认证服务两地三中心的运行体系，可以不间断为用户提供服务，在全球范围内居领先地位。在2015年底，CFCA数字证书的发放量突破7000万张，使用CFCA数字证书的银行占全部银行的比例超过98%。

三、企业声誉良好

中国金融认证中心的售后服务宗旨是："帮助客户保证系统的运行，成为客户的技术支持合作伙伴，在客户需要的时候随时提供适当的服务。"CFCA的技术支持服务远远超出了传统的针对故障排除的响应支持概念，而是依据整个系统的情况及客户的需求，从支持客户的日常运作维护、系统预防性检查、系统功能升级，到客户的培训服务，帮助用户更好地掌握系统维护的知识和了解相关的最新技术。

2006年，CFCA荣获"2005年度中国电子商务诚信建设贡献奖"。2007年，CFCA获得中国电子商务协会企业信用等级评价"AAA级信用企业"荣誉。CFCA金融IC卡（基于PBOC2.0）密钥管理体系荣获上海市科学技术奖。2008年，CFCA获得国家金卡工程协调领导小组办公室颁发的"国家金卡工程金蚂蚁奖（最佳应用支撑奖)"。2009年，CFCA获得国家金卡工程协调领导小组办公室颁发的"2009国家金卡工程优秀成果金蚂蚁奖（自主创新奖)"。在2010年，获得国家金卡工程协调领导小组办公室颁发的"2010年度国家金卡工程优秀成果金蚂蚁奖（信息安全奖)"。在2012年，公司荣获2012香港资讯及通讯科技奖最佳协同合作（产品）金奖；公司预植证书业务获得亚洲PKI论坛颁发的"2012创新奖"荣誉证书。在2013年，公司预植证书管理系统获得中国人民银行"银行业科技发展奖"。在2015年，公司商业银行无纸化解决方案获得中国国际金融展年度"金鼎奖最佳解决方案"。在2017年，公司商业银行无纸化解决方案获得中国人民银行"银行业科技发展奖"二等奖。

第二十二章　北京云开信安信息技术有限公司

第一节　基本情况

北京云开信安信息技术有限公司是在亚信科技和北京云基地的支持下，于2015年6月注册在北京经济技术开发区，专业从事网络可信身份服务的科技创新型企业。依托国家可信身份权威认证体系，自主设计、研发并试运营互联网可信身份服务平台，业已成为领先的互联网可信身份认证与授权服务提供商。

公司主营业务及方向为互联网可信身份平台运营服务与应用服务。基于权威身份认证体系及各项领先身份认证技术，公司开发并运营可信身份服务平台及增值服务平台，面向政务、金融、医疗、教育、交通、民政、商事、信用等领域各类互联网业务应用提供可信身份服务并根据应用个性化需求提供各种可信身份增值服务，建立了一套独具特色的适用于互联网生态环境的网络身份服务体系。

公司在技术层面涵盖互联网身份认证领域主流的密钥密码技术、数字证书技术、生物识别技术以及云计算、大数据、人工智能、区块链等基础支撑技术。

第二节　发展策略

一、专注可信身份

公司专注于互联网可信身份垂直业务领域，依托国家级“源头”权威技术，以公民身份信息为“根本”载体，在万物互联的第一入口——可信身份认证领域长期深耕。公司秉持“自主研发，开放集成”的技术理念，在公安部可信身份认证技术持续大力投入，确保长期领先优势的同时，集成包括刷脸、虹膜、指静脉、指纹等生物特征、数字证书、数字签名、密码、口令、智能硬件等其他身份认证方式的最新技术，打造独有技术优势。

云开信安围绕国家权威可信身份认证标准和技术进行精准战略布局，依托亚信创始人田溯宁博士、可信身份认证领域的多名专家顾问确立了清晰的发展战略；与公安部、安全部、网信办、工信部等保持常态化互动。

二、跨界整合资源

公司充分利用身份认证业务“第一入口全联全通”的业务特点，整合政府、企业、院校、智库、研究机构、协会、联盟、理事会、媒体、金融机构、第三方专业公司等各类机构资源，为公司研发、市场、资本运作和战略发展提供全方位资源支持。

云开信安团队基于国际主流可信身份技术体系构建的互联网可信服务，已构建起一个引擎和四个平台，四个平台分别为 AP（应用服务商）平台、基于可信身份授权的 API STORE、内容电商化平台以及开发者中心。其中，AP平台实现 APP 或网站 EID 服务快速便捷接入和使用；API STORE 向应用服务商提供接口增值服务，提供统一的 SDK 和 API 获取其他接口服务提供商提供的接口服务；内容电商化平台基于 EID 关联智能设备或解决方案进行在线宣传和销售；开发者中心为面向技术人员和产品人员等开发人员的平台。四个平台通过云开信安自主研发的核心引擎关联，并进行业务处理。

三、构建市场体系

公司通过发展区域和垂直行业合伙人、合作商、代理商的方式建立多样化市场渠道，构建覆盖全国各省市和重点行业、连接跨境国际网络的市场体系；通过合理的制度设计与利益安排充分调动外部资源。公司采用类似英特尔“INTEL INSIDE”和高通专利授权的 TOB 业务发展模式，除对具有战略意义的大客户直接提供服务外，其他客户均由各类合伙人、合作商、代理商等合作伙伴提供服务，公司通过服务合作伙伴实现对客户的最终服务。前期聚焦产品、业务、市场试点，试点成功后迅速形成标准化并持续迭代，通过标准化复制的方式在各区域、行业实现快速批量复制和同步迭代。

云开信安以可信身份为连接器构建了可信身份+产业服务联盟，定位于企业间连接器，通过促进联盟成员之间、产业链上下游企业、研究机构用户间的技术和信息交互以及企业间的协作，推动产业生态和市场的形成与健康发展。

第三节 竞争优势

一、行业领先的技术水平

云开信安由亚太地区最大、全球领先的电信运营支撑企业亚信科技公司和中国领先的云计算产业创新孵化器北京云基地共同支持成立，公司定位于为互联网可信身份验证服务提供商，为各类业务应用提供 EID 身份服务，根据应用个性化需求提供各种 EID 增值服务，建立并维系适用于互联网生态环境的网络身份服务体系。经过不断实践，云开信安已成长为互联网可信身份服务与应用领域领航者和突击队。

云开信安团队优选在互联网产业理念、信息安全、大数据、云计算等方面具有丰富运营和实践经验的管理骨干与技术专家组建团队，具有全国领先的技术研发和创新能力水平。

二、面向全国的可信身份认证服务

云开信安聚焦在可信身份认证领域，积极参与相关专家院士牵头的国家各类可信身份领域课题研究和标准制定工作，积极为政府决策部门建言献策；独具创新思维并在落实试点应用中显著领先，在业内有口皆碑。云开信安是目前国内唯一一家可提供基于公安部人口库的互联网全场景、多维度权威身份认证服务的公司。

目前，云开信安已在医养健康领域、智慧城市政务惠民领域、电子商务领域、人力资源应用领域、国防领域、金融征信领域、云计算及大数据等多个领域进行尝试。例如，云开信安与工行合作试点智能IC卡，将EID加载到智能IC卡中；与乌兰察布市合作试点健康卡，方便快捷地查看个人体检信息；联合中诚信、中青信用开展个人征信查询方面合作等。除了深入推广和普及公司业务，随着移动互联时代的到来，云开信安还联合公安部第三所和联通公司开展EID项目协作，将EID加载到手机SIM卡中，提高用户体验，首批发行10万张，同时积极推动与移动、电信等运营商合作。

三、快速反应的创新服务模式

云开信安通过多年的技术沉淀，打造了一支年轻有力、朝气蓬勃、高效执行的市场、产品、研发团队，具有市场导向的产品思维和平台导向的发展思路，业已建立成熟的产品体系和创新的业务模式，可实现快速反应、快速落地、快速优化。

第二十三章　蓝盾信息安全技术股份有限公司

第一节　基本情况

蓝盾信息安全技术股份有限公司（以下简称“蓝盾股份”）成立于1999年，是一家专注于企业级网络安全产品研发和生产的企业，致力于为客户提供网络安全产品和服务、安全系统集成、安全教育培训等业务的综合性互联网公司。目前，公司已经建立了以网络安全产品为基础、全方位覆盖网络安全集成和服务的一整套业务体系，并且目前正努力进入安全运营领域。

一直以来，公司致力于网络安全产品的研发和生产。目前，公司已经自主研发出了蓝盾防火墙、多功能安全网关（UTM）、账号集中管理、安全审计、入侵检测、漏洞扫描等十余个产品系列，生产了近50个型号的产品。公司的各种型号的产品也都通过了公安部门、安全部门、保密部门和军队等权威主管部门的检测认证。公司以安全产品为基础，建立了以信息安全保障体系为目标，以等级保护为主线的产品体系，并且为企业用户提供等级保护咨询、风险评估、安全体系设计、安全规划、策略制定、安全建设与集成、安全运维外包服务、安全托管监控服务、安全培训等全方位的专业安全服务，为建成以安全产品、安全服务、安全集成的综合性网络安全公司迈出了坚实的一步。

2012年3月15日，公司在深圳证券交易所创业板成功上市，并在2017年上半年，实现了营业收入9.4亿元的成绩，目前，公司市值超过100亿元。

第二节 发展策略

一、"动立方"产品技术策略

公司动立方产品策略是在北京举办的第十四届中国信息安全大会上于业内首次提出。根据自身专业经验和对未来趋势的预判，蓝盾股份认为智慧安全需具备三要素，即化繁为简、预测变化和协同作战。面对企业用户专业而简单的信息安全防护需求，公司以"让你的安全更智慧"为防护理念，提出了智慧安全的核心"力求简单（SIMPLE）"原则，即系统化解决方案（SYSTEMATIC）、面向事件（INCIDENT）、高效管理（MANAGEMENT）、降低专业性要求（PROFESSIONAL）、降低人员成本（LABOR－COST）和环境感知（ENVIRONMENT－AWARE）。"SIMPLE"原则为公司网络安全产品的研发和生产提出了许多要求。在此基础上，公司进一步提出了最新的产品技术解决策略：动立方。动立方技术策略的提出使得公司的安全产品、安全集成业务的优势更加突出，也能够更好地满足客户的需求，大力推动公司业务的拓展。

"动立方"产品技术框架主要包括主动防御、自动安全以及安全联动三个方面的内容。其中，主动防御是未来网络安全的核心保障，以满足信息时代发展的需要；自动安全则可以实现智能自动响应，在最大限度上减少系统和产品对专业运维人员的依赖；安全联动则是希望通过建立一个整体的网络安全防护体系，实现统一的安全策略和统一的安全管理，以达到安全产品之间的互通与联动，成为一个统一的、可扩展的安全体系平台的目的。

二、"四位一体"联动发展模式

目前，公司的"行业营销"策略帮助公司充分利用在政府、教育等行业积累的品牌形象和经验，实现了对现有业务的规模扩张和延伸发展，促进公司业务实现快速增长。另外，在华中、华北、西南、西北等其他区域市场，公司一共设立了6家分公司以及8个办事处，基本形成了以华南地区为中心，服务范围辐射全国核心区域市场的营销网络。

在各种业务进行良性开展的同时，公司也正在向其他重点行业进行拓展，利用云业务等方式不断增强公司自身发展的内在动力。一直以来，公司坚持以安全产品、安全集成、安全服务、安全运营“四位一体”联动发展的运营模式，一方面继续保持现有客户资源及安全集成方面的优势，另一方面也会根据“智慧城市”的建设需求，为其提供安全保障，同时探索安全运营的道路，在云防线的基础上继续深化在云安全方面的优势。

随着募投项目的投产，公司的产品线实现全面升级和改造，将为公司产品带来更高的性能，从而使公司能够生产出更符合市场需求的新产品，大幅提高公司的经营效益。面对互联网时代的快速发展，公司对三网融合、IPV6的迁移、下一代互联网、大数据、云计算等前沿技术也都已经做了较准确的预先判断，募投项目也正是针对这些新兴技术的发展趋势而设计的。与此同时，公司也着眼于未来，将在云安全平台、大数据安全等方面会陆续有相应的产品问世。近期，公司防火墙、IDS、IPS、信息安全管理审计4大类产品先后通过了IPV6测试，获得由全球IPV6测试中心颁发的IPV6金牌认证，成为目前国内信息安全产品通过IPV6金牌认证最多的厂商之一。

三、持续推进重组并购和投资

公司完成了对中经电商及汇通宝的重组实施事宜，推动了公司报告期营业收入和净利润的增长。同时，公司非公开发行股份募集配套资金事宜也顺利完成，将对公司及子公司未来业务发展提供有力的资金保障。重组完成后，公司也迅速开展与中经电商及汇通宝的协同整合工作，公司在其运营的电商平台充分释放网络安全、移动安全、云防线等安全能力，并通过利用双方的客户、合作渠道及合作商户资源，构建了以“电商+安全”为核心的业务生态系统。

通过行业化方式切入工控安全领域。公司以支付现金5.82亿元的方式收购满泰科技60%股权。通过收购，除了能够增强公司的盈利能力之外，还可以加速推进公司“大安全”战略的实现，以“水安全”为切入点延伸公司的物理安全布局，同时进入以水利、水电自动化为代表的工业自动化控制领域，并且以工业自动化控制领域为纽带，能够布局“大安全”中工控安全等新兴技术安全，促使客户公司的业务与蓝盾原有的信息安全、电磁安全、应急联动等业务有效结合，从产业、技术、渠道等方面全方位深化“大安全”产业布局。

公司除推进重组及重大并购事宜的实施外，也进行了一系列的产业投资布局。公司向广州天锐锋增资600万元并取得其控股权，其安审平台、科技廉政系统等产品也迅速融合在公司的营销体系中，从而抢占业务应用安全市场；公司投资700万元设立控股子公司蓝盾教育，瞄准了信息安全教育及网络空间安全学科建设这一新爆发点；公司投资100万美元设立全资子公司香港蓝盾，作为公司的海外业务及投融资平台；公司投资2亿元设立全资孙公司中经福建，以助中经电商加速拓展海西地区市场；公司分别投资3亿元及1亿元设立全资子公司成都蓝盾网信及西咸蓝盾，以推进公司的区域扩张战略规划及全国化业务布局。此外，报告期内，公司还与专业投资机构充分合作，将产业投资与产业整合有效融合，通过投资1000万元入伙丰年君盛基金，助力布局国防军工领域；通过投资1000万元入伙思科尔创投，助力布局网络信息安全、云计算、大数据、物联网、通信、地理空间等新兴技术及市场领域；通过设立智慧安全产业基金，为公司的外延并购储备优质项目。通过上述一系列产业投资布局，公司持续完善了“大安全”产业生态体系。

第三节　竞争优势

一、技术研发优势

公司始终坚持以自主创新为原动力，以技术研发领先优势抢占市场。在经过十多年的探索和积累后，公司目前已掌握了信息安全领域内的主要核心技术，并且使得公司掌握的主要技术处于国内领先地位。凭借技术实力的领先，公司先后承担并实施了包括公安部科技攻关项目在内的数十项国家级、部级、省市区级的重点信息安全科研项目，并且为公安部等部委在制定行业技术标准方面发挥了重要作用。项目过程中，公司及其主要子公司新增专利10项，新增软件著作权125项；截至目前，公司及其主要子公司共拥有专利86项，软件著作权430项。其中，子公司蓝盾技术中标3.71亿元的广东省基层医疗卫生机构管理信息系统项目、通过CMMI5认证、获得涉密信息系统集成甲级资质及广东省武器装备科研生产二级保密资格、挂牌成立“博士后创新实践基地”、入选CNVD技术组成员单位，均是公司技术研发优势的集中体现。

公司非常注重人才团队的建设，目前已建立起一支技术精湛、经验丰富、业务熟练、结构合理、团结协作的研发、销售和管理团队。报告期内，公司在北京等地设立了研发分中心，在信息安全、云计算、大数据、移动互联网等技术领域均储备了大量的技术人才，同时在一些重点拓展行业及区域补充了优秀的营销人才，为公司全方位快速发展提供了有力保障。同时，公司也通过实施员工持股计划、股权激励计划等激励机制以及科学合理的薪酬机制，有效保证了公司核心技术、业务团队的稳定。

二、专业资质优势

作为专业技术要求极高的行业，获得资质或许可的多少是衡量信息安全企业竞争实力的重要标准。截至2017年底，公司凭借领先的技术优势及丰富的案例优势，已拥有商用密码产品生产定点单位证书、国军标质量管理体系认证证书、涉密信息系统产品检测证书18项、军用信息安全产品认证证书13项、产品销售许可证32项、中国信息安全认证中心产品认证证书35项、广东省高新技术产品证书29项、中国节能产品认证证书12项，并取得了计算机信息系统安全服务一级资质证书、信息系统集成及服务一级资质证书、中国国家强制性产品认证证书、涉密计算机信息系统集成甲级证书（系统集成及安防监控）、信息安全一级应急处理服务资质证书、信息安全一级风险评估服务资质证书、国家信息安全测评信息安全服务资质证书（安全工程类一级）、通信网络安全服务能力评定证书（安全设计与集成一级）、工程设计资质证书（建筑智能化系统设计专项乙级）、涉密信息系统集成资质乙级证书、广东省武器装备科研生产二级保密资格认证、防雷工程专业施工丙级证书、安全生产许可证（建筑施工）、广东省安全技术防范系统设计、施工、维修资格一级证书等业务资质，基本获得了包括信息安全产品、信息安全集成及信息安全服务在内的所有业务类别的较高级别资质或许可，成为业内资质或许可最齐全的企业之一。

三、客户资源优势

信息安全行业的特殊性决定了行业中的下游客户对信息安全提供商存在一定的依赖性，并且随着社会各界对信息安全要求的提高，下游客户在信息安全系统的建设过程中，及其后续的升级过程中，都会对安全产品、安全集成及安全服务产生出交叉消费和重复消费的现象，从而形成信息安全领域的持续性投入的结果。因此，公司对现有的客户资源进行整合，认为其既是稳定的业务来源，也是宣传品牌、扩大影响力的最佳载体。这十分有利于新市场及新客户的开拓，为公司的持续盈利提供重要保证。目前，公司的客户遍布全国十余个行业，涉及上万家客户，是业内服务行业最广、服务客户数量最多的厂商之一。

2017年，公司大力发展营销渠道，发展了上百家合作渠道商，秉承合作共赢的理念携手渠道商共同推广公司自有安全产品。通过对签约渠道商提供市场活动经费、人力资源、针对售前和售后人员提供技术支持、安全评估、紧急救援及客户跟踪等售后服务与咨询工作等方式，有效提升渠道商的业务能力。公司在成熟的安全解决方案的基础上，通过大范围铺设渠道，有效提升了营销效率，推动公司业绩的增长。

第二十四章　北京威努特技术有限公司

第一节　基本情况

北京威努特技术有限公司（简称“威努特”）成立于2014年9月，是国内专注于工控安全领域的高新技术型企业。威努特致力于为客户提供全方位的自主可控的工控安全整体防护体系，客户群体涵盖电力、石油、石化、水利、化工、军工、冶金、轨道交通、市政以及燃气等上百家关键行业。威努特总部位于北京，并在上海、杭州、广州等地设有分支机构及研发中心。

2016年，威努特成为国家高新技术企业，被公安部授予工控安全技术支撑单位，并且接受邀请参与到保障2016杭州G20峰会的网络安全工作中，成为国家信息安全漏洞库（CNNVD）支撑单位。2017年，威努特获得“2017贵阳大数据及网络安全攻防演练”安全创新奖。2018年，威努特首次入围安全牛《中国网络安全企业50强》（2017年下半年）主榜50强榜单，荣登安全牛《网络安全行业全景图》（2018年1月）工控安全细分领域行业榜首。

第二节　发展策略

一、坚守工控安全业务方向

自成立以来，威努特积极响应国家相关政策导向，围绕工控安全业务方向精耕细作，以持续不断的创新研发、专业可靠的安全服务、丰富的行业实践经验等为战略制高点，有力带动国内工控安全行业持续发展。威努特以工业网络“白环境”理念为核心，不断推出工业防火墙、工控主机卫士、工业网闸、工控漏洞扫描平台、“谛听”工业网络空间安全态势感知系统、工业互联网雷达等具有较强竞争力的工控安全产品，提供培训、咨询、评估、建设、运维全流程安全服务，并结合行业特点，打造多行业解决方案，有效提升公司工控安全解决综合能力。

二、充分利用行业资源助力企业发展

威努特的成功不仅得益于企业创始人的技术精湛、经历丰富、团队实力强等因素，更得益于公司积极借助各种社会团体平台资源开拓市场。威努特与产业链上下游企业保持良好的合作，与工控系统厂商深度对接，与高校科研院所合作开展行业定制化产品的研制工作，与安全厂商合作维护工控系统安全、开展安全态势监测，在全国范围内拥有几十家合作单位，协力为客户提供工控安全产品和服务。威努特还先后加入了中国工业信息系统安全联盟、工业控制系统信息安全产业联盟、智能机床工业互联网安全联盟、上海工业控制系统信息安全技术服务联盟等社会组织。通过这些平台，威努特快速高效整合了工控安全上下游资源，推动了公司市场开拓，加速了企业发展。

三、借力标准制定布局工控安全市场

威努特积极参与工控安全行业标准、地方标准和国家标准制定工作，充分发挥标准对产业的引领和拉动作用。威努特与公安部一所等部门联合制定“工业主机安全产品标准”，联合湖南省产商品质量监督检验研究院等机构共同起草了《制造行业分布式数控（DNC）系统安全技术要求》《风力发电工业控制系统安全基本要求》《城市轨道交通控制系统信息安全通用要求》三项地方标准。通过参与标准制定工作，威努特在掌握产品安全要求、推进技术研发、产品推广方面具备了先发优势，对威努特进一步创新产品、布局市场意义重大。

第三节 竞争优势

一、拥有强大的技术研发能力

威努特对工业网络和工业协议的认知和深入研究，在工控安全领域具有深厚的技术积累。自2015年以来，威努特陆续推出国内首款千兆工控防火墙、国内首款工控主机卫士、工控漏洞挖掘平台、国内首款工控设备通信健壮性测试工具、“谛听”工业网络空间安全态势感知系统、工业互联网雷达平台等核心产品，其中工控防火墙、工控主机卫士、“谛听”工业网络空间安全态势感知系统等产品的市场占有率均为第一，最新发布的工业互联网雷达平台的协议识别、设备指纹、漏洞感知等多项核心技术填补国内技术空白。

二、形成了较为完善的产品线和服务体系

经过多年发展，威努特已经初步构建了“统一安全管理平台 + 网络安全产品 + 主机安全产品”相互协同的三大产品线，其中，主机安全产品线是公司最为核心和最具竞争力的产品，包括应用白名单产品以及主机加固类产品，将来公司还会增加USB、光盘、键盘、鼠标等外设端口管理类产品；公司的网络安全产品线包括工业网闸、工业防火墙、工控安全监测与审计平台等产品；统一安全管理平台则主要实现对威努特产品的管理，并逐步实现对其他工业设备商的产品的管理，以全方位监控整个工业生产的安全问题。在安全服务方面，威努特打造了融合安全检查、安全渗透、风险评估、安全集成、安全培训、安全测评的服务支撑体系，依托专业化团队为监管机构和行业用户提供国家关键信息基础设施安全监管支撑技术服务的支撑。

三、企业实力得到业内充分肯定

作为工控安全行业领军企业，威努特以工控安全领域的深厚的技术积累为基础，以工控安全产品为依托，结合不同行业特点，提出工业网络“白环

境”理念，针对性打造多行业解决方案。目前，威努特已经在电力、石化、轨道交通、智能制造等相关领域制定了相应解决方案，服务范围已覆盖电力、石油、石化、市政、烟草、化工、军工、轨道交通、智能制造等行业的一百余家客户，安全防护和检测效果得到客户的一致赞誉。凭借良好的工控网络安全技术功底与先进的渗透技术实现水平，威努特受邀参加“2017 贵阳大数据及网络安全攻防演练”，并获得“安全创新奖”。

第二十五章　安天实验室

第一节　基本情况

安天实验室（ANTIY LABS，以下简称“安天”）。自 2000 年成立以来，就一直以“创造就是我们的脚步！”这样的精神与信念，致力于推动信息技术的发展。今天，安天已经成长为一家以网络信息安全为主要领域的综合性信息技术研发机构，并成为计算机病毒全网监控技术的领导者，同时也是专注于威胁检测防御技术的领导厂商。通过将提升用户应对网络空间威胁的核心能力、改善用户对威胁的认知为企业使命，同时依托于自主先进的威胁检测引擎等系列核心技术和专家团队，公司致力于为用户提供端点防护、流量监测、深度分析、威胁情报和态势感知等相关产品、解决方案与服务，成为重要的设备级反病毒引擎技术供应商。

在美国和日本等国家，都有主流安全企业使用安天的反病毒引擎，中国 TOP4 的专业防火墙/UTM 厂商中有两家企业也使用了安天的反病毒引擎，使得安天引擎的防火墙/UTM 设备在全球销售数量超过 3 万台。同时，安天也是国家级网络安全应急服务支撑单位。在奥运会的网络安保过程中，安天共有 9 名工程师被评为奥运网络安保功臣，占全部获奖人员的 18%。除此之外，安天还在网络病毒监控、主机安全保护与评估等领域也拥有一套完整的核心技术和产品体系。

第二节 发展策略

一、不断提高国际合作，提高公司的影响力

安天坚持在反病毒和信息安全领域进行探索和研究，通过国际合作来提高公司的影响力。安天始终坚持为全球的计算机用户和移动智能终端用户提供高质量的公益性反病毒服务，包括对重大恶意代码事件的预警、分析、处置和跟踪，对恶意代码增长情况的年度统计和趋势判断，提供多种免费的检测和专杀工具等。安天也积极参与各类开源项目，加入国际性安全组织，参加大型的学术会议和产业界会议，并与国内外高校和学术机构建立良好的合作关系。

安天实验室技术负责人和工程师积极参加全球信息安全会议，如第十五届亚洲反病毒大会，会议上来自安天实验室反病毒引擎研发中心的童志明与康学斌做了名为《基于动态分析的 APT 检测技术》（*RESEARCH ON APT DETECTION TECHNOLOGY BASED ON DYNAMIC ANALYSIS*）的分论坛报告，向与会的同行介绍近年来安天在 APT 威胁检测方面的工作和获得的经验，并归纳总结了 APT 攻击的技术特点和攻击步骤，介绍了以往典型的 APT 攻击案例。

安天实验室加入 AVAR，成为这个国际反病毒学术组织的企业成员之一。AVAR 的全称是亚洲反病毒研究者协会（ASSOCIATION OF ANTI VIRUS ASIA RESEARCHERS），成立于 1998 年，是一个非营利性独立机构。它由来自全球的反病毒专家和企业组成，致力于抵御恶意代码的传播和危害、在全球反病毒事业中发挥重要的作用。

二、不断更新技术手段，应对网络安全隐患

安天始终以技术为先导，创造为灵魂。安天有一个管理团队和七个研发中心（反病毒引擎研发中心、基础支撑平台研发中心、第一研发部、微电子与嵌入式实验室、安天研究与应急处理中心、北京研发中心、武汉研究中心），拥有近百位技术精英。他们正不断为不同行业的用户创造出全新的信息

安全技术和产品。安天重视基础环境建设，通过持续投入与维护，安天病毒监控捕获分析网络 ARRECTNET 已经覆盖全球，安天计算机病毒分类样本库 ASTS#6 以其庞大的样本基数和快速更新能力成为多家主流反病毒企业和研究机构的样本来源。在历史上，安天率先发现了红色代码 II、口令蠕虫等恶意代码，对冲击波、魔波、震荡波、震网、火焰、ADRD、CARRIERIQ 等恶意代码或 PUA 也提供了深度的分析报告和有效的应对方案。

三、坚持抵抗安全威胁，共建网络安全空间

安天一贯坚持“恶意代码和安全威胁是安天唯一的敌人”，面对安全威胁，安全厂商必须履行自身责任，为用户提供可靠、有效的产品与服务，向公众发布客观严谨的信息。无论威胁来自何方，无论对手何其强大，作为独立安全厂商，我们都将与更多安全同道携手并肩，共同担起正直与责任。安天以独有的网络病毒监控产品为中心，打造全网安全解决方案，推动反病毒的全局防控时代的到来。安天对反病毒引擎的关键性贡献：第一，较早地提出了基于网络包进行精确病毒检测的方法，在基于 IDS 扩展名检测和兄弟厂商着力研究的基于应用代理还原间，找到了一种可以高速化的方法，使病毒过滤速度，可以在千兆量级上实现；第二，提出了引擎的细粒度、可嵌入等概念，明确提出了内存引擎标准；第三，提出了将反病毒引擎延伸到取证领域的方法和思想；第四，提出了一个开放的网络病毒检测的架构，并在数十万规则集上如何优化，使检测速度维持在 1GBPS 以上；第五，设计了 AVL SDK LR EDITION，将百万规则集的反病毒引擎内存占用降低到 10M 以下，可以为低端网络设备使用；第六，开放了独立接口的云支持引擎。

第三节　竞争优势

一、具有先进安全检测能力

安天实验室也属于国内最早成立的网络安全研究机构之一，凭借围绕反

病毒引擎的15年坚守，并逐步在反APT等领域前台发力，已经初步在安全产品链中建立了技术卡位点。旗下的安天安全研究与应急处理中心（安天CERT）其前身是安天病毒分析组，是国内较早按照应急响应小组机制建设的恶意代码分析团队。安天与其他兄弟厂商不同的是，安天整体研发建制从实验室型组织起步，因此今天仍有人习惯性地用安天实验室称呼整个安天体系。而安天CERT无疑是安天的实验室文化的代表团队之一。同时安天CERT也是安天追求“先进检测能力”供应商的重要支撑力量。

安天的主要产品是名为AVL SDK的反病毒引擎中间件，可以用于检测PC平台和移动平台的恶意代码、广告件和间谍件。AVL SDK的用户可以轻松地将它集成到自己的网络设备产品、软件或移动应用中，立即获得顶级的反病毒能力。AVL SDK可以被移植到不同的硬件平台，并适应不同的网络环境和计算能力；它对恶意代码的检测能力也已经得到权威测试和学术研究的验证。目前，AVL SDK已经被美国、日本和中国的多家安全企业采用，运行在数万台网络设备和近千万台移动设备中。同时，安天还为企业提供了下一代反病毒服务，包括开放的恶意代码云检测、恶意代码知识百科、后端自动分析系统、按需人工分析和响应等，从而帮助引擎的用户建立起应对恶意代码相关威胁的综合能力。

二、拥有较强技术研发能力

AVL SDK FOR MOBILE是安天实验室开发的新一代移动反病毒引擎，可以被集成到各类移动安全应用软件、网络设备和BYOD/MDM方案之中，高效地检测多个移动平台的最新恶意代码和广告件。依托安天实验室在反病毒领域超过12年的经验，AVL SDK FOR MOBILE在检出性、性能、可移植性和易用性等方面均取得了杰出的成绩。安天曾参加了AV－TEST一次测试，全球共23家企业的手机反病毒产品参加了这一次测试。安天实验室的AVL SDK FOR MOBILE是其中唯一一款可以轻松集成至网络设备和BYOD/MDM的反病毒引擎。在这次测试中，AVL SDK FOR MOBILE在恶意代码检测中检出率为100%，排名全球第一；在广告件与间谍件检测中检出率超过90%，稳居第一梯队；在性能测试中以极低的CPU使用率和网络流量消耗获得满分的成绩。

在此前 AV－TEST 举行的多次内部测试中，AVL SDK FOR MOBILE 在恶意代码检测、广告件和间谍件检测、性能测试等多个项目中也始终保持全球前五的成绩。

近年，AV－TEST、AV－C 两大测评机构已经成为检测安全厂商能力的主战场。而中国军团在最近几年的横向 PK 中表现抢眼，接连取得不俗表现。AV－TEST 在首次设立移动设备最佳保护年度奖项时，即被中国厂商安天摘得；安天首次参加 AV－C 的测试便取得了第一名的好成绩。一方面，证实了我国已具有雄厚实力的互联网厂商积极投入到反病毒技术、移动安全等的研发中来，对于提升我国网络的整体安全状况和安全意识有显著、广泛的意义。另一方面，充分证明了国内企业坚持自主研发、自主可控这条道路是一个正确的选择，类似于安天这样的新锐安全厂商，只要专注单点，坚持投入，就能够在单点技术上，成为我国网络安全产业的优势点。

三、具备“国家级”服务能力

“国家级”网络安全应急服务支撑单位不仅是企业自身技术实力和研究工作能力的体现，同时是为信息安全保障提供基础服务，既带动信息产业和信息安全服务业的发展，又为基础信息网络、重要信息系统和社会公众提供更加有力的保障。对于网络安全企业来说，可以说这个资质本身就是网络安全企业社会责任和安全企业核心价值的体现。与网络安全威胁的对抗中，不断地挑战支撑力量的强度和技术服务能力，继续依靠专业信息安全厂商形成国家级应急服务支撑单位将成为国网络安全强国战略至关重要的一环。

随着安天自身的发展，和安天在恶意代码分析、网络安全事件响应、安全应急服务方面能力的提高，从 2007 年开始获得网络安全应急服务支撑单位，后连续 4 届获评“国家级”网络安全应急服务支撑单位。在连续四年蝉联“国家级”的历史中，安天在恶意代码的发现和网络安全应急服务方面做了大量的工作。安天曾率先发现了红色代码 II、口令蠕虫等恶意代码，对冲击波、魔波、震荡波、震网、火焰等恶意代码和攻击的早期发现、预警提供了深度的分析报告和有效的应对方案。参加了包括北京奥运、上海世博、历届两会等重大活动的网络安保工作，多次受到各级有关部门的通令嘉奖。

第二十六章　恒安嘉新（北京）科技股份公司

第一节　基本情况

恒安嘉新（北京）科技股份公司（简称“恒安嘉新”）成立于2008年8月，注册资本7500万元。恒安嘉新由多位网络安全专家联合创办，公司总部设在中国北京，在全国31个省、市、自治区设有分公司或办事处，形成了由700余名网络与信息安全专业研发、技术与服务人员构成的高质量员工队伍。

恒安嘉新以移动互联网、固网、IDC以及企业网数据流量为驱动，通过大数据、人工智能、机器学习等核心技术，以及政府的合规监管要求，全天候、全方位地为客户提供“云管端”一体化的解决方案，矢志成为国家网络空间安全基础能力的搭建者，安全、高效、可信赖的网络空间安全生态的引领者。凭借在行业中领先的技术实力及影响力，在2017年下半年中国网络安全企业50强榜单中，恒安嘉新列第14位。

第二节　发展策略

一、坚持以个体价值创造为核心的创新理念

恒安嘉新高度重视个体的价值创造，将创意精英视为企业成功的核心支柱，给予创意精英足够的自由度。同时，注重充分发挥团队智慧，以个人价

值激活组织价值，以组织价值激活组织。为此，恒安嘉新打造了“小组制组织创新模式”，设立了增长小组，将小组视为公司前进的离合器，对每个增长小组进行充分授权，将每个小组长作为一个创业家，推动每一个组员积极主动参与到公司的生产运营；制定创新式激励政策，使小组成员的成果越多、回报越大。正是这种鼓励创新、支持合作的理念，使得恒安嘉新不断发展壮大。

二、坚持把客户的要求摆在首位

恒安嘉新坚持“支持国家、助力企业、服务社会”的发展理念，高度重视国家、企业和社会公众的安全需求。一方面，全力支持国家网络安全保障工作。配合国家计算机网络与信息安全管理中心开展网络安全应急服务工作，支撑公安部开展国家网络与信息安全信息通报工作，同时结合网信办、工信部、安全部等政府部门和军队的网络安全需求，针对性提供移动互联网和互联网网络与信息安全产品和服务，支撑相关单位开展工作。另一方面，积极回应企业和社会公众的网络安全需求。恒安嘉新打造了“云管端”一体化的解决方案，并在全国31个省、市、自治区设有分公司或办事处，全天候、全方位地为客户提供服务，客户涵盖电信、广电、银行、金融、能源、教育、交通等领域，业务涵盖GBIC（B TO GOVERNMENT、B TO BUSINESS、B TO INDUSTRY/INTERNET、B TO CUSTOMER）等多种类型。

三、坚持商业融资和战略合作并举

进行商业融资，加强与其他机构的战略合作是恒安嘉新做大做强的重要发展策略。在商业融资方面，2016年4月，恒安嘉新完成C轮股权融资；同年12月，恒安嘉新完成C+轮股权融资。此外，恒安嘉新还成立了北京恒安嘉新安全技术有限公司、嘉萱（上海）科技有限公司、博泰雄森（北京）网络科技有限公司等子公司，加快行业布局。在战略合作方面，恒安嘉新近两年与中国人民公安大学、北京警官学院、国际关系学院等单位达成战略合作。恒安嘉新还先后加入了中国互联网协会反网络病毒联盟（ANVA）、国家信息安全漏洞共享平台（CNVD）、移动互联网应用自律白名单联盟等社会组织。

通过这些平台，恒安嘉新高效整合业内资源，推动了公司市场开拓，加速了企业发展。

第三节　竞争优势

一、建立了完善的组织架构

恒安嘉新的组织架构完善，公司内部设有市场战略中心、市场营销中心、解决方案产品中心、安全运营与应急响应中心、交付运营运维网管安全中心、智能管道研发分中心、大数据人工智能算法研究分中心、融合管道研发分中心、通信安全研究分中心、用户体验分中心、安全研究分中心、网安/信安研发分中心、智能场景应用分中心、网优/信令研发分中心、质量保障服务中心等二十余个核心部门，在全国31个省、市、自治区设有分公司或办事处，拥有由700余名网络与信息安全专业研发、技术与服务人员构成的高质量员工队伍。

二、打造了覆盖“云—管—端”的产品体系

恒安嘉新以移动互联网、固网、IDC以及企业网数据流量为基础，以大数据、人工智能、机器学习等核心技术为依托，逐步打造了覆盖“云—管—端”的产品体系。在云侧，恒安嘉新拥有大数据平台，能够针对海量数据和文件进行业务建模和数据挖掘，同时积累了IP基础资源库、恶意网址特征库、APP特征库、协议特征库和漏洞库资源；在管道侧，恒安嘉新拥有完全自主知识产权的智能网络实时流量分析设备，能够针对互联网、通信网、广电网、局域网、私有和公有云，实施高位、中位、低位监测，形成了全覆盖的网络流量采集能力、解析能力和处置能力；在终端侧，恒安嘉新研发了网络安全、信息安全、网优信令与增值业务产品线，产品范围涵盖移动互联网恶意程序监测系统、木马和僵尸网络监测系统、安全威胁态势感知系统、电信诈骗分析与治理平台、网络优化与信令分析平台、大数据平台、通信卫士

客户端等。

三、企业实力得到广泛认可

恒安嘉新获评北京市海淀区“海帆企业”称号、“金种子企业”称号，目前为中关村“重点瞪羚”企业、中关村标准化试点单位、专利试点单位、北京市高新技术企业成果转化示范单位。公司是国家计算机网络与信息安全管理中心的国家级网络安全应急服务支撑单位，公安部国家网络与信息安全信息通报机制技术支持单位，同时作为中国互联网协会反网络病毒联盟（ANVA）、国家信息安全漏洞共享平台（CNVD）、移动互联网应用自律白名单联盟和国家反钓鱼网站举报受理平台的独家运营支撑单位，全面支持国家移动互联网恶意程序特征库、移动互联网应用自律白名单和国家安全漏洞库的建设。

热 点 篇

第二十七章　网络攻击

第一节　热点事件

一、黑客利用理财 APP 漏洞半天提现千万元

2017 年 2 月 27 日，某金融信息服务有限公司向公安机关报案称其旗下一款理财应用软件被多人利用黑客手段攻击，半天时间内即被非法提现人民币 1056 万元。经查，不法分子利用理财 APP 平台漏洞，使用黑客手段篡改 APP 充值过程中的请求金额数据，导致平台入账金额异常，并迅速进行提现操作实施犯罪。除此之外，不法分子还通过互联网向他人传授作案方法，致使该漏洞被大量传播利用。至案发，共有 422 个异常 APP 账户使用该方法进行恶意充值，其中 269 个提现成功。9 月，上海警方经半年侦查破获了这起特大网络盗窃系列案，并抓获近百名犯罪嫌疑人。

二、手电筒惊现海量 ROOT 病毒

2017 年 3 月，手电筒 ROOT 病毒再次爆发，该病毒在手机上成功安装后，会私自向用户手机发送扣费并订制包月业务，使用户话费遭受损失。与此同时，此类病毒还向手机系统目录注入大量恶意 ELF 文件，严重威胁用户手机系统安全。该病毒还会在用户手机系统中私自下载并安装大量恶意软件和推广软件，匿名弹出大量恶意广告，不仅造成手机资费消耗还会严重影响用户手机的正常使用。

三、勒索软件“想哭”肆虐全球

2017 年 5 月 12 日，蠕虫式勒索病毒“想哭”（WANNACRY）在全球大范围爆发并蔓延，该病毒目标针对使用 WINDOWS 操作系统的用户，对计算机中的文档、图片、程序等数据进行加密，并要求受害者以比特币形式支付赎金。多达百余国家的数十万名用户感染该病毒，包括医疗、教育等公用事业单位和一些知名企业。中国是受该病毒影响最严重的国家之一，部分大型机构应用系统和数据库文件被加密，严重影响工作与生活，其中教育网受损程度最高，大量实验室数据和毕业设计等重要科研信息被锁定加密。除此之外，该病毒影响范围也逐渐扩大至关键基础设施领域。例如，中石油所属 2 万多座加油站突然断网，正常运行受到波及，导致加油站加油卡、银行卡、第三方支付等网络支付功能无法使用。

四、王者荣耀辅助工具袭击手机

2017 年 6 月 2 日，360 手机卫士通报其发现了一款针对于手机的勒索病毒，该病毒冒充时下热门手游《王者荣耀》辅助工具。用户在手机中安装该勒索病毒后，手机中的照片、下载、云盘等目录下的个人文件会被加密，并要求用户支付赎金。该勒索软件界面与电脑版“永恒之蓝”勒索病毒极其相似，功能也和电脑版相同，当其在手机中开始运行后，会篡改用户的桌面壁纸、软件名称和图标。如果用户三天内不支付赎金解密，赎金将会翻倍，一周不解密，则会删除手机中所有文件。该勒索病毒是国内第一款文件加密型勒索病毒，如大规模爆发会威胁几乎所有安卓平台的手机，导致用户丢失所有个人信息。此后，腾讯游戏安全中心于 6 月 4 日发布公告，给出破解该新型手机病毒的解决方案，帮助受影响用户恢复文件，挽回损失。

五、全国爆发软件升级劫持攻击

2017 年 7 月，山东、山西、福建、浙江等多省发生大规模软件升级劫持事件，不法分子用篡改过的伪装程序替换软件的升级程序。伪装程序在安装正常软件的同时在后台静默安装其他推广软件，完成静默安装后，还会继续完成正常软件的安装流程，难以被用户发现。根据 360 网络安全研究院监测数据，国内包括爱奇艺、百度网盘等在内的数十款常用应用软件的升级地址均遭遇网络劫持，被用于强制安装流氓推广软件。全国软件升级劫持日攻击量在最高峰时能达到 4000 万次，影响范围远超 WANNACRY 勒索病毒，是其传播量的 1000 倍，国内受到这一劫持事件影响的用户超过百万人。尽管目前国内软件升级劫持仅被利用于流氓推广软件，但是大规模的网络劫持、大量缺乏安全升级机制的软件，如果再加上"商业模式"非常成熟的勒索病毒，无疑会造成灾难性后果。

六、逾 51 万手机用户感染"ZM 幽灵"病毒

2017 年 8 月，百度安全发布《"ZM 幽灵"病毒分析报告》，披露静默推送应用的手机病毒"ZM 幽灵"，该病毒隐藏在众多第三方应用软件中，在用户不知情的情况下，该病毒连接远程服务器获取推广应用信息，并静默下载恶意扣费游戏，消耗用户手机流量。以游戏软件为例，大量游戏在界面中并无明显扣费提示，若用户点错，就会产生一笔不菲费用。目前，已有逾 51 万用户感染了"ZM 幽灵"病毒，且仍在持续扩散中。

七、僵尸网络 IOT－REAPER 快速扩张

2017 年 9 月 13 日，360 安全研究人员发现针对物联网设备的新僵尸网络，并将其命名为"IOT_ REAPER"。据悉，该僵尸网络利用路由器、摄像头等设备的已知漏洞，将僵尸程序传播到互联网，感染并控制大批在线主机控制信道，从而形成具有规模的僵尸网络。目前，该病毒利用的漏洞包含 DLINK、NETGEAR、GOAHEAD、JAWS 等厂商的公开漏洞。截至 10 月底，全球已有超过 200 万台设备受到感染，其中受感染最严重的国家是中国，日均设备感染量超过 1 万台，蔓延速度十分惊人，发展速度远超 2016 年感染了全球 100 多万个物联网设备的僵尸网络 MIRAI。该恶意软件中还包含百余个 DNS 解析服务器，能够发动大规模 DNS 攻击。此类僵尸网络危害指数极高，可在一定程度上传播木马程序到主机，再通过额外扩散，形成一个大面积僵尸网络群。

八、针对企业的钓鱼邮件 APT 攻击爆发

12 月，腾讯安全监测到一起大范围的钓鱼邮件攻击事件，点击钓鱼链接后出现的界面极具迷惑性，如果用户不注意，则很容易上当受骗。本次钓鱼邮件的链接的域名绝大部分是正常网站，因此可以推断攻击者是利用了正常网站存在的漏洞，然后放入钓鱼链接。从这些被利用站点所处的地理位置来看，共有 52 个国家的网站被用于植入钓鱼链接，其中 95% 为国外网站，美国受害网站数目最多，占到了总量的 54. 4% 。全球共有将近 4 万家企业、高校、政府组织的邮箱接收到钓鱼邮件，其中 71% 为中国机构，包括比亚迪、京东、南京大学、江南大学等多家知名企业、高校，另有 24% 为美国企业。据监控数据显示，此类型钓鱼邮件工作日传播量大，日传播量峰值能达到将近 6 万次。在 11 月 28 日至 12 月 4 日的 7 天时间内，共发现 18 万个电子邮件用户被钓鱼攻击，日均影响用户量在 3 万人左右。

第二节　热点评析

随着物联网设备的激增，全球进入到了万物互联时代，网络攻击目标泛化，数量也大幅增加。2017 年，网络热点事件呈现如下特点。

一是移动终端成为网络攻击重要目标。根据 2018 年 1 月 31 日发布的《第 41 次中国互联网络发展状况统计报告》，截至 2017 年 12 月，我国手机网民规模已经达到 7. 53 亿，较 2016 年底增加 5734 万人。网民使用手机上网的比例由 2016 年底的 95. 1% 提升至 97. 5% ，手机上网比例持续提升。随着移动互联网服务场景不断丰富、移动终端规模加速提升、移动数据量持续扩大，移动互联网攻击也遍及各个角落，规模不断增大，影响也进一步扩大。2017 年全年，仅腾讯手机管家就拦了截恶意网址超 1067 亿次，查杀病毒 12. 42 亿次。对移动终端的主要攻击方式为植入病毒并控制设备，病毒往往会同时兼具多个行为特征，包括窃取隐私、恶意推广和流量盗刷等。该病毒背后也通常存在相当规模的公司进行运作，利用手机刷流量、广告等，并通过流量变

现牟利。公众在移动互联网时代的安全意识仍需进一步提升，一方面面对陌生应用软件应提高警惕性，不随便下载；另一方面需安装安全防护软件，定期使用进行病毒查杀，以防止新的手机病毒侵害用户的手机。

二是勒索病毒大规模爆发。2017 年可以称得上是勒索病毒之年，在过去的一年里，勒索病毒对网络安全的威胁急速增长。由于勒索软件攻击拥有低成本、高产出等特性，网络犯罪集团可以通过不断推出新的变种版本，来躲避杀毒软件的查杀。而一旦中招，受害者往往为了减少损失，会选择支付赎金，无疑助长了勒索软件的泛滥态势。勒索病毒“想哭”、PETYA、NOTPETYA 与“坏兔子”相继在全球大面积爆发，对全世界的互联网安全造成了严重威胁，为用户带来了难以估量的损失。根据 360 互联网安全中心发布的《2017 勒索软件威胁形势分析报告》，2017 年 1 月至 11 月，360 互联网安全中心共截获电脑端新增勒索软件变种 183 种，新增控制域名 238 个。全国至少有 472. 5 多万台用户电脑遭到了勒索软件攻击，平均每天约有 1. 4 万台国内电脑遭到勒索软件攻击。目前，勒索病毒已经危及到了包括教育、通信、媒体、金融、建筑、政府、制造业、交通、医疗在内的诸多行业，造成了极大的损失。

三是比特币成网络攻击者赎金支付首选。在 2017 年爆发的勒索病毒攻击事件中，攻击者大多要求受害者使用比特币进行支付，这是由于比特币在全球转账汇款中存在着种种优势，使其成为网络攻击者的首选。首先比特币具有匿名性，便于黑客隐藏其身份；其次作为一种国际化货币，比特币并不受到地域限制，攻击者可以在全球范围内收款，并使用赃款；除此之外，比特币还有“去中心化”的特点，黑客可以通过程序对受害者赎金进行自动处理，资金的流向也不容易追踪。除此以外，如同现实社会中犯罪分子将美元作为首选相同，比特币目前在虚拟货币中占有最大的市场份额，具有最好的流动性，因此成为网络攻击者的首选。

第二十八章　信息泄露

第一节　热点事件

一、网上“黑市”买卖个人信息遭到曝光

2017 年 2 月，根据央视新闻频道曝光，互联网上存在个人信息买卖黑市，有信息贩子宣称可通过个人手机号获取机主全部隐私信息，包括身份户籍、名下资产、手机通话记录、支付宝账号、开房记录、航班记录、打车记录、“淘宝”送货地址等。在这些专门贩卖个人信息的 QQ 群中，各类公民个人信息被明码标价，这些信息涉及公民生活的各个方面，范围覆盖全国各地，用户个人隐私遭到严重威胁。除此之外，实时位置信息也是个人信息黑市中的热门商品，很多信息贩子表示可以对移动、联通和电信的手机用户进行定位，误差在 50 米以内。事件曝光后，公安部立刻成立专案组，查清信息泄露源头，抓获 26 名犯罪嫌疑人。

二、50 亿条公民信息泄露，京东前员工牵涉其中

2017 年 3 月，公安部摧毁一个出售公民个人信息的犯罪团伙，抓获 96 名犯罪嫌疑人，该团伙通过入侵社交、视频直播、医疗等各类互联网公司服务器窃取个人信息，涉及交通、物流、医疗、社交、银行等各类公民重要个人信息 50 亿条被泄露。该案中一名犯罪嫌疑人为京东公司前员工，根据京东发布的声明，该嫌疑人郑某 2016 年 6 月底入职京东成为网络工程师，尚处于试用期。在京东与腾讯联合打击信息安全地下黑色产业链的行动中，发现郑某

长期与盗卖个人信息的犯罪团伙合作，是黑产团伙中的骨干成员。郑某曾在多家国内著名互联网公司任职，利用职务之便从公司盗取个人信息数据，并通过多种方式在互联网上进行贩卖。该团伙除用黑客入侵、内部窃取等方式外，还对其所获取的数据进行相互交换、买卖，互相补充。

三、58 同城被曝招聘信息公开售卖

3 月底，58 同城被曝 700 元即可采集全国简历信息。由于全国 58 同城招聘网对求职者简历毫无防护，平台存在多个漏洞，黑客通过采集工具就能轻易获取后台数据，甚至有商家在网上出售 700 元一套的爬虫软件，使用该软件可不断采集应聘者的相关信息，并且将所采集信息按照“姓名、手机号、求职方向、年龄、期望月薪、工作经验、居住地、学历、用户 ID、更新简历时间”等格式自动录入到 EXCEL 表格中。该软件可采集全国 430 多座城市，以及 464 个职业的简历数据，每小时可以采集数千份用户数据。

四、航空 APP 成信息泄露重要渠道

2017 年 5 月，《新京报》刊登报道《APP 泄露航班信息 80 元买到明星航班行程》，指出航空 APP 如今正成为乘客航班信息泄露的重要渠道，部分航空公司的官方 APP、第三方航班 APP 以及航空公司的官网存在系统漏洞，只要知道姓名和身份证号，就能利用系统漏洞查询。部分商家利用漏洞获取国内艺人相关航班信息，并在微博、微信和 QQ 群内叫卖。此外，还有不法分子窃取受害人航班信息，利用发短信方式告知受害人航班临时取消，提供虚假航班改签客服。因航班信息属实，极易让受害人放松警惕，从而上当受骗。

五、辽宁破获特大侵犯公民个人信息案

2017 年 6 月，在多地公安机关协助下，辽宁丹东警方破获公安部督办“4 · 26”特大侵犯公民个人信息安全案，摧毁犯罪团伙全链条，共捣毁 5 个犯罪团伙，抓获来自近十余个省份的 31 名犯罪嫌疑人，查获涉及交通、物流、医疗、社交、银行等各类被窃公民个人信息 100 余亿条。这些犯罪团伙通过在互联网下载、破解加密数据、利用云端漏洞撞库等多种方式获取个人信息，

并将这些个人信息进行转卖，或利用其盗刷信用卡等，团伙之间相互存在交换、买卖公民个人信息等不法行为。

六、雅虎承认30亿用户账户信息泄露

2017年10月3日，雅虎公司在外部专家帮助下分析断定，2013年8月黑客入侵可能影响了所有用户账户。上述判断意味着，2013年被黑客窃取信息的雅虎账户达到30亿，远超去年雅虎公布的约10亿。据悉，雅虎此次被盗信息内容包括用户名、邮箱地址、电话号码、生日以及部分用户部分客户加密或未加密安全识别的问题和答案，有中国互联网分析师表示，其中包括至少几千万中国用户。同时安全专家提醒所有用雅虎邮箱登录微博的用户，可能随时存在信息泄露的风险，所以需提高警惕，及时修改相关信息。

七、凯悦酒店遭黑客攻击信息泄露，中国受影响酒店最多

2017年10月，美国酒店集团凯悦证实其支付系统被黑客入侵，影响全球11个国家的41家凯悦酒店，导致大量用户数据外泄，这也是继2016年1月以来，该集团发生的又一次严重数据泄露事件。发生数据泄露的原因是由于有第三方利用了酒店管理系统的漏洞，将含有恶意软件代码的卡片插入一些酒店IT系统获取数据库的访问权限，提取与解密后获得用户的私人信息。其中，中国是受影响最大的国家，共有18家受到影响，数量最多。泄露的信息包括住客支付卡姓名、卡号、到期日期和验证码。事件发生后，凯悦酒店表示将增强系统安全性并与执法部门和网络安全专家合作，同时为受影响的客户提供一年的保护服务。

第二节　热点评析

随着云计算、大数据和物联网的普及，网络信息种类越来越多，其价值也更加丰富，信息泄露事件呈高速增长趋势，泄露涉及行业广泛，对公民和社会利益都造成巨大的损失。2017年，信息泄露热点事件呈现如下特点：

一是信息泄露体量不断增大。2017 年破获的几起个人信息泄露案件数据规模甚至达到了十亿、百亿级，如涉及京东员工数据泄露案泄露数据 50 亿条，辽宁“4·26”特大公民信息泄露案泄露个人信息 100 亿条。这些信息不仅数量多，内容也十分丰富，除了身份户籍等身份信息外，在生活中产生的各类信息，如名下资产、手机通话记录、支付宝账号、开房记录、航班记录、打车记录、“淘宝”送货地址等也被随意买卖，公民的生活轨迹被完全泄露。大量的个人信息有潜在的重大价值，隐藏着巨大的利益，利益驱动使得个人信息泄露在未来依然难以避免。因此，数据管理机构一方面需继续加强对员工的普法教育，防止出现泄露数据的“内鬼”。另一方面，还需继续提升网络安全防御能力，应对信息窃取行为。

二是内部威胁成信息泄露重要途径。信息泄露的内部威胁主要有两种形式，一种为内部员工的故意或无意泄露数据，有些内部员工与信息交易组织相互勾结，违规将所掌握的信息卖给非法组织，如涉及京东员工的 50 亿条公民信息泄露案。另一种是第三方供应商带来的风险，第三方供应商的出现，增加了信息的传输与存储过程，潜在扩大了机构或企业的网络攻击面。由于企业对自身防御的重视，网络罪犯已经转变方向将第三方视为最有效的攻击捷径，由供应商引起的第三方风险，已经成为当今网络安全领域的一个普遍问题。面对严峻形势，改善第三方网络监管势在必行。

三是获取经济利益仍是数据泄露最大诱因。如今由数据的非法获取、网上交易与违规利用所组成的数据售卖链条已经十分成熟，个人数据的价值也源源不断地被开发出来，个人数据能够带来的经济利益不容小觑。这些价值使得组织对于个人数据始终存在急切的需求，个人数据需求的产生给个人数据的非法交易以成长的土壤。如央视所曝光的网络数据黑市，其中各类个人数据都被贩售，不法分子可利用这些数据进行网络诈骗、身份冒用等非法活动，在给不法分子带来巨大的经济收益的同时，也给广大公民带来了极大的损失。

第二十九章　新技术应用安全

第一节　热点事件

一、人脸识别技术成手机潜在威胁

根据央视在“3·15”晚会上发布的消费预警，采用3D建模将照片转化成立体人脸模型与普通静态自拍照片变为动态模式这些技术处理手段处理的照片可以通过部分人脸识别系统，存在重大安全隐患。早在2017年春运时，人脸识别在部分火车站进站检票时开始应用，引起广泛关注，虽然有提高通行速度、识别效率、安防等级并减轻工作人员压力的优势，但部分媒体也曾报道生产商的核心技术掌控在日本企业手中，以及由此引发了对信息安全的担忧，指出如这些信息被泄露会严重威胁个人隐私和国家安全，且这一后果是无法挽回的。

二、手机共享充电桩泄露隐私

在央视“3·15”晚会中揭露了手机共享充电桩带来的个人信息泄露隐患。目前市面上有部分共享充电桩在智能手机用户利用其充电时，要求用户向充电站的电脑开放权限并安装手机软件才可高速充电。而用户有可能会忽视这一授权所带来的安全风险，事实上，如用户应此要求向充电桩放开权限，就意味着允许充电桩运营者无障碍地查看手机中的短信、照片、通信录等隐私信息。实验证明，当手机根据要求开放权限并安装软件后放在充电桩上充电时，如工作人员对充电桩进行数据操控，就可轻而易举地获取该手机中的资料和文件。不法分子可借助充电桩对充电的进行信息发送、在线支付等操作，用户难以察觉，可能会造成严重经济损失。除此之外，还有一部分充电桩会在手机上安装推广应用软件，这些应用的安全性，也有待检验，可能会造成恶意扣费等情况。

三、基带漏洞可攻击数百万部华为手机

2017 年 4 月，安全公司 COMSECURIS 的一名安全研究员发现，未公开的基带漏洞 MIAMI 影响了华为智能手机、笔记本电脑 WWAN 模块以及 LOT 组件。基带是蜂窝调制解调器制造商使用的固件，用于智能手机连接到蜂窝网络、发送和接收数据，并进行语音通话。攻击者可通过基带漏洞监听手机通信，拨打电话、发送短信或者进行大量隐蔽、不为人知的通信。该漏洞是 HISLICONBALONG 芯片组中的 4G LTE 调制解调器引发的。仅在 2016 年第三季度销售的 3300 万元的智能手机中，其中就有 50% 使用了这种有漏洞的芯片研究人员估计有数千万华为智能手机受到攻击。

四、共享单车可能造成个人信息泄露

2017 年 5 月，2017 国际安全极客大赛 GEEKPWN 年中赛在香港举办，在比赛现场浙江大学计算机系毕业的女黑客“TYY”仅用了不到一分钟的时间，就利用漏洞攻破了评委手机预装的小鸣、永安行、享骑和百拜等 4 款共享单车的 APP，成功获取其共享单车账号密码、余额、骑行记录、GPS 定位等隐私信息，并通过场外连线用这些账号开锁、骑行消费。这意味着，利用共享单车 APP 存在的安全漏洞，黑客可轻易盗用用户账户远程骑车，还可将用户信息售卖给不法分子，使用户遭受推销电话、垃圾短信的骚扰，甚至还有遭遇诈骗和其他应用软件账户被盗的可能性。

五、大量家庭智能摄像头遭入侵

2017 年 6 月 18 日，央视《每周质量报告》报道大量家庭摄像头遭入侵。黑客通过破解大量家庭智能摄像头，对家庭日常起居进行观察获取用户信息，并在网上进行传播其窃取信息与破解方法，甚至将破解终端的 IP 地址、登录

名和密码在网上公开叫卖，这引发了大量用户对智能终端使用的安全担忧。攻击者主要利用扫描软件在网络上对设备进行大范围扫描，随后使用弱口令密码方式来控制智能设备。在质检总局对智能摄像头的抽检中，采样品牌涵盖市场关注度前5位产品的情况下，40批次产品中有32批次存在安全漏洞，占比高达80%。国家互联网应急中心也在市场占有率排名前五的智能摄像头品牌中随机挑选了两家，进行了弱口令漏洞分布全国性监测，结果发现，仅两个品牌的摄像头竟有超过十余万部设备里存在弱口令漏洞。

六、Wi-Fi网络漏洞威胁全球

2017年10月16日，计算机科学家MATHY VANHOEF宣布用于保护Wi-Fi网络安全的保护机制WPA2安全协议存在重大安全漏洞，黑客们可以通过利用密钥重装攻击（KRACK）来访问Wi-Fi数据，有可能监听到Wi-Fi接入点与电脑或移动设备之间传输的敏感数据。在某些案例中，黑客可以利用KRACK漏洞向网站中植入勒索软件。这一严重漏洞的存在意味着WAP2协议完全崩溃，由于Wi-Fi的应用遍布全球各个角落，因此该漏洞将深入影响个人设备和企业设备，几乎每一台设备都受到威胁。该漏洞自Wi-Fi开始使用之后一直存在，但目前还不清楚是否有黑客已经使用这种方法窃取了任何数据。

第二节　热点评析

新技术的应用为我们的生活带来了极大的便利，然而由于其依然处于探索阶段，技术本身及其应用都尚未成熟，制度条件也不完备，存在着大量的安全风险。2017年，新技术应用安全热点事件呈现以下特征。

一是物联网智能终端存在安全隐患。随着物联网的大力发展，物联网智能终端开始广泛覆盖在各个行业和领域，深入涉及国家关键基础设施、工业设备、智慧家庭、个人生活等，如果缺乏必要的安全保障，必将埋下极大的安全隐患。由于成本和技术成熟等原因，物联网系统在信息安全防护方面呈现“重平台、轻终端”的状况，物联网各类终端数量十分庞大，但由于资源、技术等能力受到了限制，防护能力普遍较弱，成为物联网系统信息安全的薄弱环节，遭到攻击后严重影响正常工作，不仅用户的个人信息可能被泄露，甚至可能还会威胁到人身安全。

二是共享设备存在风险。根据国家信息中心与互联网协会发布的《中国分享经济发展报告2017》，2016年我国分享经济市场交易额约为34520亿元，比上年增长103%，预计未来几年将保持年均40%高速增长。从单车，到充电宝，甚至到手机，目前看来，共享经济的扩张似乎没有边界，市场的快速发展使得创业者也一味求快，用速度占领市场，并未周全细致地开发产品，对其安全风险考虑不足，造成产品存在大量漏洞。这些漏洞如果被网络攻击者加以利用，不仅会使用户蒙受损失，还会对整个行业的发展带来极大的负面效应。

三是新技术网络安全风险意识仍需提升。当前，互联网技术处于高速发展中，新技术应用的出现在带来发展机遇与生活便利的同时，往往也伴随着新问题的出现。面对新技术，以往的安全风险防范措施也往往难以契合，政府、企业和公民对于新技术网络安全风险防范意识的缺乏就给不法分子留下了可乘之机。

第三十章　信息内容安全

第一节　热点事件

一、“塑料紫菜”谣言

2017 年 2 月，网上流传几段视频称市面出售某些紫菜是用塑料制成，并劝诫网友不要食用该品牌紫菜。在视频中，有人将某品牌紫菜泡在水中用力撕扯，此后再用火烧，表示这些紫菜难以扯断，点燃后还有非常刺鼻的味道，断定其是用塑料制成。这些视频的广泛传播给紫菜生产企业造成了极大的影响，甚至有涉事企业爆料，有人向厂家敲诈索取钱财，称如不给钱将继续传播相关视频。2 月 22 日起，福建海洋与渔业厅、北京食品安全监控和风险评估中心于国家食药监总局纷纷采取措施对这一谣言进行辟谣。6 月 16 日，制造、传播“塑料紫菜”谣言并向相关企业实施敲诈的 18 名犯罪嫌疑人被抓获。

二、网民编造虚假恐怖信息网上传播被刑拘

2017 年 2 月 4 日 11 时许，温州网民“阿华仔”在多个微信群发布“北京天安门门前遭到了恐怖袭击”的谣言信息。此后，北京市警方微博公众号“平安北京”同日发布官方信息辟谣，通报真实情况为国家博物馆北侧 2 月 3 日发生一起交通事故，并指出有个别网民据此编造虚假恐怖信息并进行网上传播。两地警方随即迅速开展调查工作。温州鹿城区、北京海淀区、房山区公安分局各嫌疑人抓获犯罪嫌疑人 1 人，并依法对其进行处罚。

三、江苏“2·8”特大微信传播淫秽物品牟利案

2017年2月，有多名家长向苏州市公安机关举报，称发现未成年人在微信群购买、观看淫秽色情视频，不仅身心受到极大危害，同时还花费大量钱财，多达数万元。苏州警方迅速开展行动，抓获犯罪嫌疑人。经查，犯罪嫌疑人以微信群为媒介大量传播有害信息，达到牟利的目的，其群内成员遍及二十余个省、市，多达十多万人，其中有很大一部分是未成年人。该团伙作案方式为通过手机发送微信群信息，并以会员制形式引诱全国各地受害人加入微信群免费观看淫秽视频。随后在免费群里发布广告，称如加入高级会员群，可提供数量更多、内容更加不雅的视频，并向加入会员收取会员费。据不完全统计，该团伙管理有规模为400—500人的免费群五六百个，收费群四五十个。

四、广东破获色情APP网络诈骗犯罪链条

2017年4月，接某互联网公司举报，公安机关对一款名为“某涩影音”的手机APP开展调查。该手机APP以播放色情视频为诱饵，引诱用户下载安装，之后以多次要求用户充值升级会员等级以观看完整视频的手法实施诈骗。仅4—5月短短1个月的时间内，该犯罪团伙控制的公司账单流水高达1.2亿元，日均受害者达上万人。5月上旬，公安机关将第四方支付平“某发啦”老板及涉案公司股东、法人代表、主要财务和技术人员全部抓获归案。随后，在福建等11个省份抓获其全国各地代理商和渠道商嫌疑人50余人。截至目前，已抓获犯罪嫌疑人100余人，冻结银行资金约5100多万元，止付银行账号约190余个。该APP自上线以来，发展大量代理商、渠道商群体，将其向全国扩散，还以第四方支付公司合作注册账号，向手机APP提供支付渠道。

五、“蓝鲸”死亡游戏有害信息传入中国

2017年5月，多家媒体报道称国外盛行的“蓝鲸”死亡游戏传入中国，这款网络游戏可以在多个社交媒体上进行，游戏组织者每日向参加者发送秘密指令，并要求其拍照证明完成指令，以这种方式教唆青少年在50天内完成一系列暗

黑任务。据相关人员提供消息称，为控制参与者，管理员要求入群参与游戏的女性必须给管理员发送手持身份证的裸照，而男性则需要发送身份证照片和家庭地址，并威胁参与者如中途退出游戏，女性裸照将会被发送网上，而男性则是根据地址追查至家里。当游戏进入第50天，组织者就会要求参与者自杀。据媒体报道，自2015年开始，该“游戏”涉嫌造成多名俄罗斯青少年的自杀事件。在我国，该游戏在QQ和贴吧等社交媒体传播，含有“蓝鲸”等关键词的QQ群有“420叫醒我画蓝鲸”“4点20叫醒我”和“蓝鲸：死亡4·20”等多个聊天群组，百度贴吧中也出现了“蓝鲸游戏”命名的贴吧。

六、“棉花肉松”谣言

2017年5月，一段视频在社交媒体流传开来，视频中两人称在青岛某蛋糕店买来的蛋糕中肉松由棉花制成，并在视频中展示了所购买的肉松蛋糕放在水中清洗后，呈现大量棉絮状物质，以此证明肉松是由棉花制成。该视频广泛传播后，相关蛋糕店当晚被大量居民包围。青岛市南区食药局迅速前往检查并于5月26日发布公告称肉松蛋糕中洗出棉花消息不实。此后警方将拍摄、传播该造谣视频的二人抓获，并行政拘留5日。

七、“月光宝盒”直播平台聚合软件传播淫秽物品牟利案

2017年7月，山东省泰安市公安局网安支队接腾讯公司“守护者计划”安全团队举报，一款名为“月光宝盒”的手机APP软件涉及黄色直播，严重危害群众身心健康。据悉，“月光宝盒”聚合平台于2017年3月开始上线运营，其开发者以营利为目的，制作了“月光宝盒”手机APP的IOS版、安卓版，利用黑客技术将各类收费直播平台破解后添加到“月光宝盒”APP的直播页面中，并利用购买的有关云播平台代码，利用某些云盘的漏洞，来实现涉黄视频在线播放。“月光宝盒”是国内最大的色情云播平台，也是我国目前破获的首例聚合类直播色情平台，公安机关查获的图片、视频资料容量相当于几千部电影大小。

八、"多人感染 SK5 病毒死亡"谣言

2017 年 8 月，多地社交网络流传一则消息称当地出现一种新型病毒 SK5，该病毒造成多人感染并死亡，参与抢救医生也被隔离。并称中央台已播出相关新闻，呼吁公众不吃鱼类并广泛传播该信息，并表示当地已有大量鱼塘遭到感染。谣言中秦皇岛市第一医院、上海市第三人民医院、玉林市第一人民医院、重庆市第三人民医院等地不幸"躺枪"。这一"新型病毒"来袭的消息，引发一些网民恐慌。各地相关政府机构纷纷出面辟谣，在社交媒体作出回应，称经专家证实，从专业角度，不存在 SK5 病毒名称，当地医院也没有发生传染病死亡病例，此网传文章纯系谣言。

第二节　热点评析

随着互联网行业的日益蓬勃发展，我国互联网上每日产生的有害信息数量随之变得十分巨大，发现和处理这些违法有害信息的难度也随之增加。根据百度公司发布的 2017 年度信息安全综合治理报告，百度全年处置淫秽色情类、毒品类、赌博类、非法信息交易类等有害信息高达 452.1 亿余条。这些有害信息不仅严重扰乱了网络秩序，更损害网络媒体的公信力，使网民遭受重大损失，对社会造成极坏的影响。

2017 年，信息内容安全热点事件主要呈现以下几方面的特点：一是网络有害信息严重危害青少年身心健康。互联网的发达和移动设备的普及使得青少年能够十分方便地获得各类网络信息。然而青少年心智尚不成熟，判断能力不足，极易遭受有害信息的侵害。如"蓝鲸"死亡游戏就是通过社交网络传播，利用青少年追求刺激的心理，诱导叛逆、心智不成熟的青少年，最终诱导青少年参与者自杀。其本质上已经不是传统的网络游戏，而是通过建立社交，引诱、教唆青少年犯罪。又如微信传播淫秽物品案，其受害者也有很大一部分都是未成年。这些有害信息不仅对青少年的心理造成了不良影响，有些甚至还会威胁到生命。

二是有害信息传播组织采用新方式传播信息并牟利。如"月光宝盒"平

台，与普通涉黄直播平台相比，“月光宝盒”的运营方式有所创新，主要有两处新特点：（1）利用云存储进行淫秽视频下载播放；（2）通过有偿推广、黑客技术破解等方式将国内较为有名的涉黄直播平台和知名的正规直播平台聚集在一起，属于涉黄直播领域的新形态。这种“商业拓展”模式具有鲜明的“传销”性质，引发短时间内的爆发式增长。有害信息传播方式的更新要求监管方式也应根据其实际情况进行调整，满足不断变化的新犯罪方式。

三是网络谣言传播屡禁不止。随着微博、微信等自媒体的快速发展，公众媒介素养无法跟随媒体形态的更新换代，也是公众频频被网络谣言所欺骗的原因。近些年来，网络谣言凭借不断翻新的表现形式，频繁出现新花招，即使是常年在网络上活动的年轻网友都常有中招，更不用说网络使用不频繁的中老年人。有的谣言是将多年前出现过的旧新闻掐头去尾，将虚实信息掺杂在一起，再通过视频剪接方式，制造所谓的真相广泛传播；有的则是不断升级表现形式，从文字、图片逐渐变为动画、直播等，吸引民众眼球并获取其信任；还有的甚至以专家发声名义，自行编造出某些最新研究成果欺骗民众。公众面对谣言，有时很难借助自己的认知甄别其真伪，就本着保护自己和家人、朋友的心理，即使知这些内容非常荒谬、可信度低，也要“宁可信其有，不可信其无”，甚至在社交网络上转发，客观上起到为谣言推波助澜的作用。

展 望 篇

第三十一章　2018年我国网络安全面临形势

2018年，以破坏和窃取情报为目的、针对关键信息基础设施的网络攻击将不断升级，攻击范围将进一步扩大，攻击更加隐蔽化，有国家背景的高水平攻击带来更大危害，关键信息基础设施面临的网络安全风险持续加大；随着物联网智能设备的普及应用，针对物联网智能设备的网络攻击将更为频繁，物联网智能设备漏洞披露数量将大幅增加，利用僵尸网络发动的DDOS攻击规模将更大，物联网智能终端面临的安全威胁将更趋严重；以信息窃取为目的的网络攻击将更加频繁，信息窃取型网络犯罪地下生态将快速发展，大规模信息泄露事件将频发，涉及行业范围将不断扩大，带来更大危害；勒索软件攻击将成为网络攻击的新趋势，勒索软件的数量将持续攀升，会有更多的变种，攻击手段将会不断翻新，攻击范围将会不断扩大，造成的经济损失也会越来越大；越来越多的企业开始尝试将人工智能、机器学习等应用到网络安全威胁的识别和防范中，人工智能在给网络安全行业带来新变革的同时，也成为网络攻击的新手段，利用人工智能实施的网络攻击将快速兴起；随着数字加密货币价格持续上涨、挖取难度不断增大，针对数字加密货币的盗窃行为越来越多，挖矿木马攻击也将呈现持续增长趋势，成为不法分子获取利益的主要渠道；网络空间"军备竞赛"将持续升级国家级网络冲突爆发的风险将显著增加。

第一节　关键信息基础设施的网络安全风险持续加大

关键信息基础设施是国家至关重要的资产，一旦遭受破坏、丧失功能或者数据泄露，不仅将可能导致大规模的人员伤亡和财产损失，还将严重影响经济社会平稳运行并危害国家安全。近年来，随着金融、能源、电力、通信等领域基础设施对信息网络的依赖性越来越强，针对关键信息基础设施的网络攻击不断升级，这些攻击多以破坏和窃取情报为目的，攻击主体既包括带有政治倾向性的黑客团体、恐怖组织，也包括国家支持的黑客团体和组织，攻击手段也越来越复杂和多样。2017 年全球关键信息基础设施遭受的攻击较以往频繁，范围也更为广泛。4 月，全球超过 4000 家基础设施企业遭受网络攻击，涉及石油、天然气、制造业、银行业等多个行业；6 月，韩国网络托管公司 NAYANA 遭遇网络攻击，153 台 LINUX 服务器出现故障；7 月，美国国土部官员证实，美国多个核电站遭受网络攻击；8 月，乌克兰国家邮政服务机构 UKRPOSHTA 遭受黑客攻击，导致计算机网络系统运行缓慢，甚至出现中断现象；10 月，瑞典三家交通机构的 IT 系统遭到黑客攻击，导致官网服务掉线、列车运行延误；11 月，美国遭遇网络攻击，从西海岸的加利福尼亚到东边的纽约，出现了大范围的断网。2018 年，针对关键信息基础设施的网络攻击将持续增加，攻击范围将进一步扩大，攻击更加隐蔽化，具有国家背景的高水平攻击带来了更加严峻的挑战。而我国关键信息基础设施存在软硬件高度依赖国外、从业人员安全意识薄弱、安全保障体系不健全等问题，更加剧了其遭受网络攻击的风险。

第二节　物联网智能设备面临的安全威胁将更趋严重

近年来，物联网在全球范围内迅速发展，据 GARTNER 预测，到 2020 年全球将有超过 200 亿个物联网智能设备投入使用。在物联网智能设备快速普及的同时，针对物联网智能设备的网络攻击也越来越多，攻击者利用设备的安全漏洞可获取设备控制权限、窃取设备重要数据、进行网络流量劫持，或利用被控制设备形成大规模僵尸网络[①]。加之，很多设备都使用弱口令（或内

① 国家计算机网络应急技术处理协调中心：《2016 年我国互联网网络安全态势综述》，http：//www. cac. gov. cn/wxb_ pdf/cncert2017/2016situation. pdf，2017 年 4 月。

置默认口令)，攻击者甚至不需要很高超的技巧，就能够成功实现攻击。2016年，MIRAI 僵尸网络首次将物联网设备的安全问题凸显出来；2017 年 5 月又出现了名为 HTTP81 的僵尸网络，幕后操控者远程入侵了存在安全漏洞的网络摄像头设备，在这些摄像头中植入恶意代码，只要发出指令就可以随时向任何目标实施 DDOS 攻击[①]，我国有超过 5 万台网络摄像头受到感染；10 月，网络安全公司 CHECK POINT 发现 REAPER（又被称为 IOTROOP）僵尸网络，REAPER 在 MIRAI 源代码的基础上新增已知物联网的漏洞利用，攻击复杂程度远远超出简单的 DDOS 攻击，已有 100 万个组织受到感染。此外，2017 年还披露了大量物联网设备安全漏洞，如影响所有博通 Wi-Fi 芯片的命令执行漏洞 BROADPWN、蓝牙蠕虫级漏洞 BLUEBORNE、任意终端 Wi-Fi 流量劫持漏洞 KCACK 等。2018 年，随着智能设备的普及，以及工业互联网、车联网、智慧城市等的发展，利用物联网设备漏洞而实施的网络攻击将更为频繁，利用僵尸网络发动的 DDOS 攻击规模将更大，物联网智能终端面临的安全威胁将更趋严重。

第三节　以信息窃取为目的的网络攻击将更加频繁

当前，以信息窃取为目的的网络攻击行为越来越普遍，主要有三种类型：一是通过取得个人隐私或有价值的数据达到勒索、诈骗等目的；二是入侵重要政府组织、系统以达到特定政治、军事和经济目的；三是通过入侵企业或各类组织的信息系统，达到窃取商业秘密、实施网络敲诈或进行跳板攻击的目的。2017 年，全球信息泄露的规模和数量都较以往有所增长，统计显示，上半年泄露的数据量超过 2016 年全年的数据量。1 月，暗网出售多家中国互联网巨头数据，数据高达 10 亿条以上；3 月，公安部破获的一起盗卖公民信息的特大案件中，京东网络安全部员工与黑客长期勾结，泄露 50 亿公民信息；5 月，印度 4 个政府门户网站泄露公民身份信息 1.35 亿条，以及 1 亿银

---

① 新华网：《360 预警：HTTP81 新型僵尸网络来袭国内超 5 万台摄像头遭控制》，http：//www.xinhuanet.com/tech/2017－05/09/C_ 1120944132.htm，2017 年 5 月 9 日。

行账户信息；9 月，美国征信机构 EQUIFAX 由于网站漏洞，导致 1.43 亿消费者信息泄露；10 月，美国雅虎公司承认 30 亿用户账户全部泄露；11 月，谷歌和加州大学伯克利分校的研究员发现，黑市上约有 19 亿个账户密码信息在出售，并且有 25% 的账户密码仍能登录谷歌账户；12 月，美国加州数据分析公司 ALTERYX 的亚马逊 AWS S3 存储桶因配置错误，导致 1.23 亿美国家庭的敏感数据泄露。2018 年，以信息窃取为目的的网络攻击将更加频繁，信息窃取型网络犯罪地下生态将快速发展，大规模信息泄露事件将频发，涉及行业范围将不断扩大，带来更大危害。

第四节　勒索软件攻击将成为网络攻击的新趋势

勒索软件是近两年来影响最大、最受关注的网络安全威胁之一。勒索软件主要通过电子邮件、网络渗透、蠕虫病毒等多种形式传播，攻击者向受害者的电脑终端或服务器发起攻击，采用高强度的加密算法对用户文件进行加密并勒索赎金[①]。2017 年勒索软件全面爆发，呈现出全球蔓延趋势。5 月，发生 WANNACRY 勒索软件攻击事件，包括美国、英国、中国等在内的 150 多个国家的 30 多万台电脑受到感染，造成损失高达 80 亿美元；6 月，韩国网络托管公司 NAYANA 旗下 153 台 LINUX 服务器和 3400 个网站感染 EREBUS 勒索软件，并向黑客支付了赎金；10 月，俄罗斯、乌克兰、保加利亚、土耳其、日本和其他多国的组织机构遭受一款被称为“坏兔子”（BAD RABBIT）的加密勒索软件攻击。据安恒信息《2017 年度网络空间安全报告》，勒索软件在 2016—2017 年期间的销售量增长了约 2502%，全球约 6300 个平台提供勒索软件交易；另据 360 互联网安全中心《2017 勒索软件威胁形势分析报告》，2017 年我国新增勒索软件变种 183 种，全国至少有 472.5 万多台电脑遭到了勒索软件攻击。2018 年，勒索软件的数量将持续攀升，会有更多的变种，攻击手段将会不断翻新，攻击范围将会不断扩大，造成的经济损失也会越来越大。

---

① 安全牛：《勒索软件威胁形势分析报告》，http：//www.aqniu.com/industry/30529.html，2018 年 1 月。

从攻击目标看，勒索软件目前主要针对 WINDOWS 操作系统，但针对 LINUX、ANDROID 平台的勒索软件数量也将不断增长，而且勒索软件将越来越有针对性，针对特定企业或组织的精准攻击将更为普遍；从攻击手段看，勒索软件将更为复杂，自我传播能力更强，通过借助社会工程传播、与已经泄露的网络武器库结合等，发动更为有针对性的攻击；从攻击带来的损失看，勒索软件带来的经济损失将越来越大，相关机构曾预测，2019 年的勒索软件攻击损失可能升至 115 亿美元。

第五节 利用人工智能实施的网络攻击将快速兴起

当前，在网络安全领域，越来越多的企业开始尝试将人工智能、机器学习等应用到恶意软件检测、漏洞测试、用户行为分析、网络流量分析等过程中，以识别和防范网络安全威胁。例如，美国 CYBEREASON 公司利用机器学习和行为分析来实时处理大量端点监测数据；法国 CYBELANGEL 公司通过优化深度学习能力和人工智能算法，处理庞大的数据量，为客户提供网络安全解决方案；以色列的 HEXADITE 公司利用人工智能来自动分析威胁，以迅速识别和解决网络攻击。但与此同时，人工智能和机器学习也被用来发动网络攻击，赛门铁克等安全公司预测，2018 年利用人工智能实施的网络攻击将快速兴起，带来了新的网络安全威胁和挑战。例如，利用人工智能技术，病毒程序能够自动复制，在无须人类指令操纵的前提下完成在计算机之间的传播；利用人工智能技术，攻击者能够快速收集、组织并处理大型数据库，对信息进行关联与识别，从而获取潜在目标的个人信息以及其他详细资料；利用人工智能技术，病毒能够对已经修复的网络安全漏洞快速作出反应，在无须人为指示的前提下转而利用另一项漏洞，或者对系统进行扫描以找到新的可行入侵方式。人工智能技术有效降低了攻击成本，提高了网络攻击速度和效率，将促发更多的网络攻击行为和网络安全事件。

第六节　针对数字加密货币的非法活动将呈现高发趋势

数字加密货币是区块链技术的典型应用，目前有1500多种，包括比特币、莱特币、门罗币等。随着数字加密货币价格持续上涨、挖取难度不断增大、数字加密货币数量越来越少，针对数字加密货币的非法活动也呈现高发趋势。一方面，针对数字加密货币的盗窃行为越来越多，不法分子利用安全漏洞通过入侵交易平台和个人钱包盗取加密货币，不仅造成个人财产损失，甚至直接造成交易平台倒闭的严重后果。另一方面，非法挖矿成为不法分子获取利益的主要渠道，不法分子通过各种手段将挖矿机程序植入受害者的计算机中，利这种被植入的挖矿机程序（即：挖矿木马）定时启动挖矿程序进行计算，大量消耗受害者计算机资源。奇虎360公司《2017年挖矿木马报告》显示，2017年国内披露的大规模挖矿木马攻击事件数量呈现了爆发式增长，已经超过2013—2016年四年的数量之和；2017年12月，腾讯电脑管家还捕获一款名为TLMINER的HSR币挖矿木马，该木马隐藏在游戏“绝地求生”的辅助程序中，在玩家不知情的情况下，启动挖矿木马专门挖取HSR币，仅仅2天就有近20万台机器受到该挖矿木马影响。2018年，随着数字加密货币价值的持续看涨，针对数字加密货币的非法活动，尤其是挖矿木马攻击，将呈现持续增长趋势，较以往将更为猖獗。

第七节　全球局部爆发网络战的风险进一步增加

网络空间已成为国家和地区之间安全博弈的新战场，各国为了维护本国在网络空间的核心利益，持续加大网络空间的军事投入，国家级网络冲突爆发的风险不断增加。从近年来情况看，各国在网络空间的军事部署主要有几个方面：一是理论准备，即发布相应的战略、立法和作战规则，如美国2016年《网络威慑战略》、2017年《国防科学委员会网络威慑专题小组最终报告》

和《国家安全战略》。二是力量准备，包括成立网络司令部、组建网络部队、投入网络军备经费、研发网络武器等。例如，美国 2010 年成立隶属战略司令部的网络司令部，组建包括国家任务部队、作战任务部队、网络保护部队在内的网络部队；2017 年美国国防部高级研究计划局启动 SHARE 项目，试图创建一种新的数据共享技术，使美军可以在世界各地安全地发出或者接收远程敏感信息。又如，2017 年韩国国防部公布《2018—2022 年国防中期计划》，计划 5 年间将投入 2500 亿韩元加强网络安全建设。三是构建网络防御军事行动同盟，北约已经将网络防御作为其集体防御的核心任务之一，美澳、美日等也结成了网络防御军事同盟，一国受到网络攻击，两国将共同采取行动。四是强化网络安全军事演习，如 2017 年欧盟多国国防部长参加大规模网络防御演习，模拟欧盟军队在受到网络攻击时所能作出的反应。目前，全球已经出现了由国家政府支持的、带有实战性质的网络攻击，如 2017 年俄罗斯入侵了美国 39 个州的选民数据库和软件系统，对美国选举系统发动的网络攻击；网络安全公司 PALO ALTO NETWORKS 发现黑客组织利用恶意软件 BABAR 操控刚果民主共和国常设理事会官方网站，窃取国家重要信息。2018 年，网络空间“军备竞赛”将持续升级，国家级网络冲突爆发的风险将显著增加。

第三十二章　2018年我国网络安全发展趋势

2018年，我国《网络安全法》实施推进工作将进一步加快，国家有关部门和各省市将针对法律实施中存在的问题和困难，重点从完善配套法规制度、加强网络安全意识教育、加快建设网络安全态势感知平台、健全网络安全人才培养体系等方面加强工作；关键信息基础设施安全保障将持续加强，立法将明确关键信息基础设施保护范围，关键信息基础设施运营者将更切实履行安全保护义务，网络安全审查工作将加快开展，关键信息基础设施监测预警、信息通报和应急处置机制将加快形成；个人信息和隐私保护力度将不断强化，相关配套法律规范将进一步完善，国家有关部门将通过多种手段督促网络运营和公共服务单位严格依法收集和使用用户信息，公安机关将进一步加大对倒买倒卖个人信息等犯罪行为的打击力度；围绕落实习近平总书记讲话精神，以及《网络安全法》关于数据安全保护的相关规定，通过加快推动数据跨境流动法律规定的落地实施、完善数据产权保护制度、加强重要数据全生命周期的安全管理、提升企业安全风险防控能力和水平等，国家数据安全保障能力将得到快速提升；网络安全产业将继续保持高速增长态势，并呈现出人工智能等新技术将引发网络安全技术革新、网络安全技术产品服务化、企业融资并购将更加频繁三大趋势；统一的网络身份生态体系将加快形成，国家将尽快出台网络可信身份战略，对网络身份实行分级管理，推动建立一个面向个人、法人和其他组织，体系内各参与主体分工明确的网络身份生态体系，为网络主体提供安全、有效、易用、互认的网络身份，满足各项网络业务需求。

第一节 《网络安全法》实施推进将进一步加快

《网络安全法》是我国网络空间安全管理的基本法律，2017 年 6 月 1 日正式施行。2017 年 8 月至 10 月，全国人大常委会执法检查组对《网络安全法》实施情况进行了检查，并于 12 月发布了实施情况报告。报告肯定了相关省市法律实施工作的做法和成效，但也指出了工作中存在的一些困难和问题，如网络安全意识亟待增强、网络安全基础设施建设薄弱、网络安全配套法规有待完善、网络安全人才短缺等。2018 年，围绕《网络安全法》的实施，国家有关部门、相关省市将加快推进几方面的工作：一是完善配套法规制度，尽快出台关键信息基础设施安全保护条例、个人信息和重要数据出境安全评估办法，推动个人信息安全保护、数据安全保护等方面立法工作；二是加强网络安全意识教育，通过举办国家和省市网络安全宣传周、开展大学生网络安全知识竞赛等活动，引导广大网民主动获取网络安全知识和技能，提高网络安全意识，积极防范网络安全风险；三是加快建设网络安全态势感知平台，完善网络安全监测预警和信息通报制度，推进网络安全威胁信息共享，实现对网络安全风险的动态、实时监控；四是健全网络安全人才培养体系，加快推进一流网络安全学院建设示范项目，鼓励高等院校创新人才培养方式、完善教材体系、强化师资队伍建设等，继续推进国家网络安全人才与创新基地建设，加快网络安全大高层次人才培养力度。

第二节 关键信息基础设施安全保障将持续加强

《网络安全法》明确，要对关键信息基础设施实行重点保护。近年来，我国在电力、通信、铁路、交通等重要行业和领域深入开展网络安全等级保护、网络安全检查、信息技术产品国产化等工作，关键信息基础设施安全保障能力显著增强。但面对日益严峻的网络安全威胁，我国关键信息基础设施安全保障还存在较大差距和不足。当前，欧美等国家都高度重视关键信息基础设施的保护，2017 年美国总统特朗普又签署了《增强联邦政府网络与关键性基础设施网络安全》总统行政令，并组织开展电力基础设施网络安全演习。2018 年，我国将落实法律关于对关键信息基础设施重点保护的要求，持续加强关键信息基础设施安全保障工作：一是立法明确关键信息基础设施保护范围，制定关键信息基础设施识别指南；二是通过深入开展网络安全等级保护、网络安全检查等方式，督促和指导关键信息基础设施运营者履行安全保护义务，包括制定安全管理制度、采取技术措施监测网络运行状态、对关键岗位人员进行背景调查、对重要系统和数据库进行容灾备份、制定网络安全应急预案并定期演练等；三是推进网络安全审查工作，对关键信息基础设施运营者采购的可能影响国家安全的网络产品和服务，开展网络安全审查；四是统筹建设关键信息基础设施监测预警、信息通报和应急处置机制，加强网络安全监测预警，强化网络安全威胁信息共享，完善信息通报机制，建立健全关键信息基础设施网络安全应急协作机制。

第三节　个人信息和隐私保护力度将不断强化

移动互联网、云计算、大数据等新一代信息技术的创新应用，既给经济社会活动带来新的变革，也使得个人信息可以在个人不知晓和无法有效控制的情况下被收集、分析和利用，给个人信息和隐私保护带来新的挑战。个人信息泄露引发了网络欺诈、身份盗用、网络攻击等犯罪行为，危害日益严重。早在 2012 年我国就出台了《全国人民代表大会常务委员会关于加强网络信息保护的决定》，《网络安全法》也对个人信息保护作出了明确规定。2017 年，我国个人信息保护力度进一步加强，5 月，最高人民法院、最高人民检察院发布《关于办理侵犯公民个人信息刑事案件适用法律若干问题的解释》，完善了我国关于个人信息侵害行为的刑事规范体系；9 月，中央网信办、公安部、工信部及国家标准委组织开展“四部委隐私政策审查”，对国内十家大型互联网企业隐私政策规范进行了评审，并公布评审结果；针对倒卖个人信息等网络犯罪行为的打击力度也持续加大。2018 年，我国个人信息保护将从法律、技术等多方面更加务实地推进，一方面个人信息保护配套法律规范将进一步完善，通过专门立法，明确网络运营者收集用户信息的原则、程序，明确其对收集到的信息的保密和保护义务，不当使用、保护不力应当承担的责任，以及监督检查和评估措施；另一方面，个人信息保护监督力度将加大，通过隐私专项审查、移动 APP 检测等手段，国家有关部门将督促网络运营和公共服务单位严格依法收集和使用用户信息；再者，公安机关将进一步加大对倒买倒卖个人信息等犯罪行为的打击力度，切断个人信息犯罪利益链条，使广大公民的合法权益免受侵害。

第四节　关键数据的安全保障水平将获得快速提升

大数据时代，随着国家经济社会活动对数据的依赖，数据已经成为类似石油一样的战略性资源。当前，数据资源尤其是国家关键数据资源已经成为网络攻击的重要目标。美国利用其信息技术优势，实施对其他国家的网络监控，大肆获取关键敏感数据，这使得其他国家的水、电力、交通、银行、金融、卫生、商业和军事等承载着庞大数据的各种关键信息基础设施，面临着数据安全的威胁。2017 年 12 月 8 日，在中共中央政治局实施国家大数据战略进行第二次集体学习中，习近平总书记强调，要切实保障国家数据安全；要加强关键信息基础设施安全保护，强化国家关键数据资源保护能力，增强数据安全预警和溯源能力。在我国关键信息基础设施行业和领域，把数据管好、保护好已经成为网络安全工作的第一要务。关键数据安全问题不仅关系着关键信息基础设施运行安全，而且也是保障国家安全的重要内容。2018 年，围绕落实习近平总书记讲话精神，以及《网络安全法》关于数据安全保护的相关规定，我国将从几个方面加快提升关键数据资源保护能力：一是加快推动数据跨境流动法律规定的落地实施，出台个人信息和重要数据出境安全评估办法，形成跨境数据流动评估机制；二是加强重要数据全生命周期的安全管理，制定数据资源收集、使用和处理等环节应遵循的规则规范，增强数据安全预警和溯源能力；三是落实关键信息基础设施运营者和大数据平台企业的网络安全责任，构建企业网络安全防护体系，提升企业安全风险防控能力和水平。

第五节　网络安全产业将继续保持高速增长态势

在政策环境与市场需求的共同作用下，我国网络安全产业一直保持高速增长趋势，年均增速在20%以上。2018年，随着《网络安全法》实施工作加速推进，以及各地对安全技术孵化、安全企业培育、安全人才培养等方面工作力度加大，产业政策红利进一步释放，我国网络安全产业将继续保持高速增长态势，赛迪智库预测，2018年我国网络安全产业规模有望达到2471.5亿元，增幅突破27.8%。在我国网络安全产业高速增长的同时，有几个趋势不容忽视。一是人工智能等新技术将引发网络安全技术革新。国内已经有企业在探索人工智能与网络安全领域结合的可能性，如悬镜安全实验室推出了基于机器学习的威胁语句检测引擎，利用云端的训练与知识迭代，实现对SQL注入、XSS攻击和WEBSHELL的检测。二是网络安全技术产品服务化趋势明显。随着网络安全威胁的变化，政府、企业等用户对安全需求不断增长，从最初的合规性需求，逐步转向威胁感知、安全防护和快速响应等需求，基于云计算平台的智能化的威胁监测、安全防御等新兴服务快速兴起，云审计、DDOS攻击防御等云安全服务快速发展，网络安全技术产品服务化转型步伐加快。三是企业融资并购将更加频繁。近年来网络安全市场的融资并购十分活跃，2018年，在国家政策引导、网络安全技术进步、网络安全产业园建设加快等因素影响下，企业将继续加大融资并购力度。

第六节　统一的网络身份生态体系将加快形成

《网络安全法》明确提出，国家实施网络可信身份战略，支持研究开发安全、方便的电子身份认证技术，推动不同电子身份认证之间的互认。网络身份是网络主体参与网络活动的基础，网络空间中各类主体，如个人、机构、设备、软件、应用和服务等，都需要有一个网络身份。目前，国内企业基于多种身份认证技术提供网络身份服务，如电子认证服务机构基于PKI技术体系提供数字证书认证服务，在电子政务、电子商务等领域获得了较广泛的应用；旷视科技等公司提供人脸生物特征识别，精度已经超过了人脸，能够有效抵抗视频、照片等活体人脸伪造；阿里巴巴、腾讯等公司利用大数据分析、人工智能等技术，对网络账户的使用合法性进行监测，及时发现异常情况。但目前，国内各种身份认证技术和服务模式，相互独立，较为碎片化，国家层面缺乏统筹规划，尚未形成一个统一的网络身份生态体系。对此，业界专家、相关学者都呼吁国家加强统筹协调和顶层设计，相关部门应当牵头，尽快推动网络身份生态体系建设工作。2018 年，我国势必会加快出台国家网络可信身份战略，对网络身份实行分级管理，推动建立一个面向个人、法人和其他组织，体系内各参与主体分工明确的网络身份生态体系，为网络主体提供安全、有效、易用、互认的网络身份，满足各项网络业务需求，促进网络空间的繁荣发展。

第三十三章　2018年加强我国网络安全防护能力的对策建议

2018年，建议从几个方面加强我国网络安全防护能力。一是加快立法进程，完善《网络安全法》配套法规。加快出台关键信息基础设施网络安全保护条例和个人信息和重要数据出境安全评估办法；推动完善个人信息保护立法；加快数据安全立法工作；加快《网络产品和服务安全审查办法》的实施。二是提升自主研发实力，构建核心技术生态圈。统一信息领域核心技术发展思路；加快突破关键核心技术；以应用为牵引加强核心技术生态圈建设；优化核心技术自主创新环境。三是加强安全制度建设，全面保护关键信息基础设施。加强关键信息基础设施安全保障工作的统筹协调；加快建立关键信息基础设施识别认定机制，建立并维护国家关键信息基础设施清单；加强国家关键数据资源的安全保障，推行数据分级分类制度，定期开展数据资源安全状况检测和风险评估；建立健全关键信息基础设施安全监管机制。四是推进网络可信身份建设，构建可信网络空间。做好网络可信身份体系的顶层设计，加快出台国家网络空间可信身份战略；根据业务类型和应用场景对身份的敏感程度，对网络身份实行分级管理；制定网络身份服务商安全和隐私保护规范，提升网络身份服务商的个人信息和安全保护水平；推动多种网络身份认证技术和服务发展。五是完善人才培养、评价和激励机制，加快人才队伍建设。加快高校人才培养体系建设；建立适合网络安全人才特点的评价机制；建立有效的人才激励机制；加强网络安全人才国际交流。六是深化国际合作进程，打造网络安全命运共同体。推动国际社会形成网络主权和“建立多边、民主、透明的国际互联网治理体系”的共识，推动全球互联网治理体系变革；推动建立各方普遍接受的国际规则；务实推进网络外交；利用“一带一路”建设等规划和已有国际合作机制推动网络安全合作机制的构建。

第一节　加快立法进程，完善《网络安全法》配套规定

一是加快出台关键信息基础设施网络安全保护条例，明确我国关键信息基础设施的范围、保护主体及职责、运营者的安全保护义务，加大对关键信息基础设施安全保障共性技术和核心技术的研发，加快建立关键信息基础设施监测预警和应急处置机制。二是加快个人信息和重要数据出境安全评估办法，明确限制跨境流动的重要数据的范畴，明确数据出境安全评估制度的具体框架，包括数据跨境流动监管部门、进行安全评估的程序和方法等，引导企业加强数据跨境流动过程中的安全管理。三是推动完善个人信息保护立法，以专门立法形式，明确个人信息收集、使用和处理的规则，对个人信息的安全保护义务，健全个人信息安全防护措施，保护公民个人信息及隐私。四是加快数据安全立法工作，制定数据资源确权、开放、流通、交易相关制度，完善数据产权保护制度，制定数据全生命周期管理的办法，明确数据持有者的安全保护义务和责任。五是加快《网络产品和服务安全审查办法》的实施，对关键信息基础设施行业和部门采购关系国家安全的网络和信息系统与重要网络产品和服务，进行网络安全审查。

第二节　提升自主研发实力，构建核心技术生态圈

一是统一信息领域核心技术发展思路。针对当前信息领域核心技术多种技术路线并存、碎片化的情况，整合资源，以 LINUX 操作系统为基础统一操作系统技术标准，在国家层面推出我国主导的开源指令集架构，统一技术发展路线。统一自主可控、安全可控、安全可靠、安全可信等概念，摒弃自主创新和引进消化吸收之间的路线之争，改变以出身论安全的思路，形成信息技术产品安全可控评价标准，组织开展评价工作，引导厂商提升自主创新能

力和产业生态掌控能力。二是加快突破关键核心技术。核心技术实现创新突破。CPU方面，我们应重点突破指令集架构、设计工具、制造工艺、流片设备等方面的关键技术，打破国外厂商的垄断。操作系统方面，我们应重点突破操作系统内核、编译器、应用程序接口（API）等方面的关键技术。三是构建核心技术生态圈。依托政府、军队等安全要求较高的应用领域，结合应用单位基本需求，制定自主生态技术标准，统一相关技术产品的关键功能模块、技术接口等，依托安全可控评价等手段，引导企业协同创新，推动产业上下游企业团结协作，打造安全可控生态圈。四是优化核心技术自主创新环境。强化企业的创新主体地位，着力构建以企业为主体、市场为导向、产学研相结合的技术创新体系，提高企业创新积极性，继续以基金等形式支持企业通过技术合作、资本运作等手段争取国际先进技术和人才等，为企业充分利用国际资源提升自主创新能力提供支撑。

第三节　加强安全制度建设，全面保护关键信息基础设施

一是加强关键信息基础设施安全保障工作的统筹协调。构建由国家网信部门统筹协调、行业主管部门各自负责的协调机制，加强各部门间的沟通协调，形成合力。二是加快建立关键信息基础设施识别认定机制。国家网信部门联合行业主管部门制定关键信息基础设施识别认定标准，借鉴国外经验，从对公众的影响、经济影响、环境影响、政治影响等方面考虑，将相关基础设施界定为关键信息基础设施；在建立行业关键信息基础设施清单的基础上，建立并维护国家关键信息基础设施清单。三是加强国家关键数据资源的安全保障。在关键信息基础设施行业和领域推行数据分级分类制度，探索建立政府部门数据和水、电、气等公共数据的资产登记和数据异地备份制度。定期开展数据资源安全状况检测和风险评估，引导企业等单位建立数据全生命周期安全策略和规程，采用数据访问权限控制等技术与管理手段，加强数据资源在收集、传输、存储、处理、共享、销毁等环节的安全管理。四是建立健全关键信息基础设施安全监管机制。健全关键信息基础设施安全检查评估机

制，面向重点行业开展网络安全检查和风险评估，指导并监督地方开展安全自查，组织专业队伍对重点系统开展安全抽查，形成自查与重点抽查相结合的长效机制；完善关键信息基础设施安全风险信息共享机制，理顺信息报送渠道，完善监测技术手段和监测网络，加快形成关键信息基础设施网络安全风险信息共享的长效机制。

第四节　推进网络可信身份建设，构建可信网络空间

一是做好网络可信身份体系的顶层设计。借鉴国外做法，结合我国国情，加快出台国家网络空间可信身份战略，明确国家网络可信身份体系框架、各参与方在其中的角色和职责，确定网络可信身份体系建设的战略目标、基本思路和主要任务，建立实施机制，从组织保障、资金投入、生态联盟建设等方面推动可信身份体系建设。二是加快推行网络身份分级管理。加快建立网络身份分级管理的办法和标准规范，根据业务类型和应用场景对身份的敏感程度，对网络身份实行分级管理，不同的业务类型和应用场景下使用不同的网络身份；开展网络身份认证技术评估，对可满足应用场景要求的技术予以推荐，对于无法满足要求的技术，在相应的业务类型和应用场景中不予采用。三是提升网络身份服务商的个人信息和安全保护水平。制定网络身份服务商安全和隐私保护规范，对服务商应采用的安全管理和技术措施进行规定，明确服务商对个人信息进行全生命周期管理的措施，定期对服务商进行检查评估，督促其提高信息安全和个人信息保护能力。鼓励网络身份服务商采用先进的信息安全和个人信息保护技术。四是推动多种网络身份认证技术和服务发展。坚持技术中立，对满足各种应用场景和需求的技术采取开放态度，用户自主选择网络身份技术。推动社会化的网络身份服务发展，鼓励已具备完备身份管理的互联网企业开放网络身份服务，构建市场化的网络身份服务体系。充分利用现有技术基础设施，加快开发安全、方便的网络身份技术。跟踪区块链等新兴技术发展，不断提高技术的先进性。

第五节　完善人才培养、评价和激励机制，加快人才队伍建设

一是加快高校人才培养体系建设。继续推进国家网络安全一流学院示范项目，夯实重点和特色高校的网络安全学科建设，借鉴发达国家经验，采取“学习、科研、实训、实战”四位一体的培养模式，强化人才实战能力培养。鼓励高校与科研院所、知名企业联合设立国家级网络安全学院、相关实验室，或者开办夏令营、冬令营等技术培训班，为学生提供相对系统的技术培训和实践环境。二是建立适合网络安全人才特点的评价机制。制定出台网络安全专业人才职称评价办法，突出尊重和实现人才价值的导向，以实际能力为衡量标准，不唯学历，不唯论文，不唯资历，突出专业性、创新性、实用性。建立鼓励创新、容忍失败的人才考核机制，不在经营指标、条条框框的任务方面给予人才过大压力，允许创新失败，容忍人才短期内无法马上出成果，充分发挥人才潜能。三是建立有效的人才激励机制。在网络安全领域加快落实股权和期权激励政策，开展股权和期权激励试点。出台科技成果转化的政策指引，允许企事业单位自主决定转让、许可或者作价投资，允许对科技成果转移转化作出重要贡献的人员，按规定获得现金奖励，把成果转化收益分享落到实处。四是加强网络安全人才国际交流。通过派出访问学者、参加国际会议或黑客大会等方式，提升网络安全人才国际竞争力。

第六节　深化国际合作进程，打造网络安全命运共同体

一是推动互联网资源的平等管理。推动国际社会形成网络主权和“建立多边、民主、透明的国际互联网治理体系”的共识，以相互尊重和信任和原则，积极拓宽网络安全国际合作渠道，求同存异，最大范围地与多国携手，推动互联网域名、IP 地址等关键资源合理分配和管理，推动全球互联网治理

体系变革，打破美国对互联网关键资源的垄断，促进全球互联网的均衡发展。二是推动建立各方普遍接受的国际规则。加强与新兴国家的协调合作，重点与俄罗斯等上海合作组织成员国推动国际社会在《信息安全国际行为准则》基础上，推动建立各方普遍接受的网络空间国际规则；积极参与和引导国际条约制定工作，包括信息依法流动、互联网跨境服务贸易、知识产权、个人信息保护、打击网络犯罪等方面，提升我国在国际上的话语权和影响力。三是务实推进网络外交。针对美国及其盟友国家，保持必要的沟通交流，及时了解美国等在互联网治理方面的动向，同时适时表达我国关于互联网治理的重大观点和主张；针对欧盟国家，找出彼此关于互联网治理的共同关切，以此为切入点加强合作。巩固和完善中俄在网络安全方面的共同立场和主张，加强协调和合作；推动互联网治理论坛、国际电信联盟、亚太经合组织、上海合作组织、中国—东盟合作框架等政府间网络安全合作进程。四是以发展合作带安全合作，利用“一带一路”建设等规划和已有国际合作机制推动网络安全合作机制的构建。

附　录

2017 年国内网络安全大事记

1 月

3 日，多款手机 ROM 和 APP 中捆绑了盗取微信支付资金的病毒。

5 日，贵阳发布《贵阳市网约车信息安全管理暂行办法》。

9 日，我国在贵阳举行首次大数据与网络安全攻防演练。

9 日，“2017 中国可信计算与网络安全等级保护高峰论坛”在北京召开。

10 日，亚信安全与新华三战略合作取得重大进展，全力推动我国自主可控云计算产业的创新发展。

17 日，工业和信息化部正式发布《大数据产业发展规划（2016—2020 年）》。

17 日，360 企业安全与浪潮战略合作，促进国内云计算产业的创新发展。

18 日，蓝盾股份正式上线蓝盾安全卫士国际版，迈出进军国际市场的重要一步。

20 日，工业和信息化部制定了《信息通信网络与信息安全规划（2016—2020 年）》。

22 日，工业和信息化部在其网站上公布了《工业和信息化部关于清理规范互联网网络接入服务市场的通知》。

2 月

4 日，国家互联网信息办公室起草了《网络产品和服务安全审查办法（征求意见稿）》。

6 日，福建省通信管理局印发《福建省互联网基础管理专项行动工作方案》。

7 日，新华三成为唯一通过公安部等保专项认证的综合类网络安全厂商。

8 日，工业和信息化部组织对虚拟运营商实名制落实情况进行抽查暗访。

9 日，绿盟科技宣布参股北京九州云腾科技有限公司，进一步完善了公司在信息安全领域的战略布局。

10 日，公安部发布《旅馆业治安管理条例（征求意见稿）》。

17 日，在 RSA2017 信息安全峰会上，绿盟威胁情报中心（NTI）成为唯一被推荐的中国产品。

21 日，交通运输部公开发布《民航网络信息安全管理规定（暂行）（征求意见稿）》。

21 日，山石网科获得美国《网络安全杂志》颁发的国际奖项。

22 日，全国人大常委会对《反不正当竞争法（修订草案）》进行审议，对部分内容进行调整，首次增加互联网领域不正当竞争行为的规定。

22 日，南昌市东湖区人民法院审结一起侵犯公民个人信息的案件，涉案人员倒卖 18 万条中小学生信息。

28 日，腾讯信息安全争霸赛品牌发布会在北京邮电大学召开。

3 月

1 日，工业和信息化部下发紧急通知，要求重点互联网企业做好信息安全工作。

1 日，外交部和国家互联网信息办公室共同发布《网络空间国际合作战略》。

2 日，赛宁网安与匡恩网络签订战略合作协议。

2 日，全国信息安全标准化技术委员会全体会议在京召开。

6 日，中国信通院—阿里巴巴集团安全创新中心在北京正式成立。

7 日，安恒信息安全研究院发现 J2EE 框架——STRUTS2 中存在远程代码执行的严重漏洞。

7 日，公安部破获一起盗卖公民信息的特大案件。

8 日，十二届全国人大五次会议审议民法总则草案。

9 日，上海市工商局公布 2017 年第 1 号虚假违法广告公告。

10 日，全国首例微信程序红包外挂案被警方破获。

11日，公安部召开打击网络侵犯公民个人信息犯罪的专项行动部署会。

15日，“3·15”上海“金融信息安全论坛”顺利召开。

16日，工业和信息化部授予电信和互联网行业49个网络安全试点示范项目牌照。

16日，网络安全试点示范经验交流会暨成果展在广西南宁召开。

18日，公安部部署国家级重要信息系统和重点网站安全执法检查工作。

18日，中国长城与华大半导体有限公司签署了《股权转让框架协议》。

20日，在PWN2OWN2017世界黑客大赛上，360安全战队以总积分63分排名积分榜榜首。

24日，华为与COMMVAULT联合推出混合云备份方案。

24日，大数据分析与应用技术国家工程实验室落户北京大学。

27日，龙芯中科与金山办公软件在龙芯产业园举行“龙芯—金山战略合作仪式”。

28日，中标麒麟发布基于龙芯3A2000/3A3000处理器的64位桌面操作系统V7.0。

30日，蓝盾股份与戴尔（中国）有限公司达成战略合作。

30日，华为与英国COLT DCS达成合作协议。

30日，快递实名制信息安全联盟成立发布会在北京举行。

30，工业和信息化部印发了《云计算发展三年行动计划（2017—2019年)》。

31日，四川大学网络空间安全研究院召开了四川大学网络安全人才培养专项基金评审专家会。

4月

1日，国家邮政局发布的《邮件快件寄递协议服务安全管理办法（试行)》将正式施行。

3日，国家网信办依法关停18款传播低俗信息直播类应用。

7日，国家新闻出版广电总局发布《关于调整互联网视听节目服务业务分类目录（试行)》的通告。

7日，中国电子技术标准化研究院牵头制定的虚拟现实头戴式显示设备通用规范联盟标准在北京正式发布。

8 日，全国信息安全标准化技术委员会 2017 年第一次会议周在武汉召开。

17 日，国家互联网信息办公室会同相关部门起草《个人信息和重要数据出境安全评估办法（征求意见稿）》。

17 日，全国信息安全标准化技术委员会在武汉发布《大数据安全标准化白皮书》。

17 日，浙江松阳警方侦破一起特大侵犯公民个人信息案件。

19 日，永信至诚联合 360 推出国内第一个人工智能网络安全攻防平台——人与机器网络攻防竞赛平台。

24 日，贵州师范大学联合多家大数据安全领域的机构和企业共同建立了国内首个大数据安全实验室。

25 日，犇众信息盘古实验室推出国内首个移动应用威胁数据平台。

25 日，澳大利亚与中国达成网络安全协议。

27 日，北京成立网络与信息安全信息通报中心。

27 日，全国人大常委会第二十七次会议表决通过新修订的测绘法，严格规范互联网地图个人信息保护。

5 月

2 日，国家互联网信息办公室颁布《网络产品和服务安全审查办法（试行）》。

2 日，国家互联网信息办公室发布新的《互联网新闻信息服务管理规定》。

2 日，国家互联网信息办公室公布《互联网信息内容管理行政执法程序规定》。

4 日，我国首次实现 10 个超导量子比特纠缠，构建了基于单光子的量子计算机。

5 日，CNVD 秘书处近期向全社会全行业开放 CNVD 网站公开发布的漏洞信息的批量获取方式。

6 日，河南省“安恒杯”第二届信息安全与攻防技术大赛开赛。

9 日，最高人民法院、最高人民检察院在北京联合发布《关于办理侵犯公民个人信息刑事案件适用法律若干问题的解释》。

10 日，中国香港首个抗衡黑客攻击的网络靶场曝光。

12日，全国信息安全标准化技术委员会归口的《信息安全技术基于互联网电子政务信息安全实施指南第4部分：终端安全防护》《信息安全技术 SM2椭圆曲线公钥密码算法第5部分：参数定义》《信息安全技术密码应用标识规范》等7项国家标准正式发布。

16日，全国人大常委会公布《中华人民共和国国家情报法（草案）》。

17日，由工业和信息化部主导的“首届中国区块链开发大赛”暨“区块链技术和应用峰会”在杭州国际博览中心举行。

19日，中国澳门将设网络安全预警中心以统一防范体系。

19日，全球第三大最畅销手机型号的OPPO R9S曝致命漏洞。

21日，浙江温岭警方摧毁了以指导投资为名进行诈骗的特大网络诈骗团伙。

22日，国家互联网信息办公室公布《互联网新闻信息服务许可管理实施细则》。

25日，国家信息安全漏洞库（CNNVD）举办新增技术支撑单位暨优秀技术支撑单位颁奖仪式。

25日，中国信息安全测评中心和贵阳市人民政府在贵阳共同主办“第三届中国大数据安全高层论坛”。

6月

1日，国家新闻出版广电总局印发《关于进一步加强网络视听节目创作播出管理的通知》。

1日，国家互联网信息办公室会同工业和信息化部、公安部、国家认证认可监督管理委员会等部门制定了《网络关键设备和网络安全专用产品目录（第一批）》。

5日，工商总局、发展改革委、工业和信息化部、公安部等10部委联合开展2017网络市场监管专项行动。

8日，工业和信息化部组织起草了《互联网新业务安全评估管理办法（征求意见稿）》。

8日，国家工业信息安全产业发展联盟在北京成立。

9日，福斯康姆公司（FOSCAM）的多款IP摄像机产品中被发现18项安全漏洞。

15 日，工业和信息化部印发《工业控制系统信息安全事件应急管理工作指南》。

16 日，贵州大数据及网络安全专家委员会成立。

20 日，360 智能网联汽车安全实验室与美国网络安全供应商 SECURITY INNOVATION 宣布联合组建自动驾驶安全实验室。

26 日，中央深改组通过《关于设立杭州互联网法院的方案》。

27 日，第十二届全国人民代表大会常务委员会第二十八次会议通过《中华人民共和国国家情报法》。

27 日，工业和信息化部联合国家标准化管理委员会、科技部、公安部、农业部、国家体育总局、国家能源局、中国民用航空局等部门发布了《无人驾驶航空器系统标准体系建设指南（2017—2018 年版）》。

27 日，国家互联网信息办公室发布《国家网络安全事件应急预案》。

27 日，安恒信息与众安保险联合推出国内首款网络信息安全综合保险。

29 日，中国台湾地区正式成立网络部队。

30 日，中国网络视听节目服务协会正式发布《网络视听节目内容审核通则》。

7 月

3 日，山石网科与中科睿光共同构建云安全生态体系。

3 日，永信至诚“网络空间安全智能仿真和众测关键技术与服务北京市工程实验室”获得正式批复。

4 日，安天获大数据协同安全技术国家工程实验室授牌。

7 日，全国多省爆发大规模软件升级劫持攻击。

7 日，启明星辰发布云审计产品，解决云端数据库和业务系统的数据审计与防护问题。

7 日，指掌易携亚信发布移动办公安全解决方案。

10 日，中国第一个商用量子通信专网测试成功。

11 日，国家互联网信息办公室公布《关键信息基础设施安全保护条例（征求意见稿）》，面向社会公开征求意见。

12 日，国家互联网信息办公室开展互联网直播服务企业备案工作。

12 日，赛尔网络与安恒信息达成战略合作，共同守护高校安全。

13 日，工业和信息化部发布《电信业务经营许可管理办法》。

17 日，苹果公司宣布将在贵州建立中国的第一个数据中心。

18 日，华为迈入 GARTNER 企业防火墙魔力象限的挑战者象限。

18 日，中国电信浙江公司与安恒信息签署《信息安全领域战略合作框架协议》。

19 日，GARTNER 发布 2017 版《全球应用保护市场指南》，梆梆安全作为唯一的中国安全企业入选该名录。

20 日，国务院发布了《新一代人工智能发展规划》。

21 日，中国信息通信研究院泰尔终端实验室宣布将成立安卓统一推送联盟。

21 日，中信银行上线国内首个区块链信用证信息传输系统。

25 日，中央网信办、工信部、公安部、国家标准委等四部门日前联合召开“个人信息保护提升行动”启动暨专家工作组成立会议。

26 日，“墨子号”首次实现白天远距离量子密钥分发。

26 日，工业和信息化部的网络安全局发布《开展 2017 年电信和互联网行业网络安全试点示范工作的通知》。

26 日，2017 网络安全生态峰会在北京举行。

28 日，深信服云安全、蓝盾技术云安全获国内首批 CSA 云安全能力最高级别认证。

28 日，“网络安全万人培训资助计划”备忘录签署仪式在京举行。

31 日，工业和信息化部加快车联网等领域安全防护技术攻坚。

31 日，2017 网络安全生态峰会在在国家会议中心举行。

31 日，2017 世界黑客大会上，腾讯安全实验室联合科恩实验室再次发现特斯拉多个安全漏洞。

8 月

3 日，交通运输部等十部委联合公布《关于鼓励和规范互联网租赁自行车发展的指导意见》。

3 日，深信服与芬兰安全厂商 F – SECURE 达成战略合作。

3 日，安恒信息正式落户武汉国家网络安全人才与创新基地。

4 日，公安部举行全国范围的违法网站一键关停应急处置演练。

7 日，工业和信息化部发布《移动互联网综合标准化体系建设指南》。

7 日，美军命令驻扎全球的各部队均不准使用中国大疆公司生产的无人机。

8 日，通付盾与北京数字认证股份有限公司正式签署战略合作协议。

9 日，亚信安全宣布与腾讯云达成战略合作，携手共筑一体化云安全服务。

11 日，工业和信息化部发布《工业控制系统信息安全防护能力评估工作管理办法》。

14 日，中央网络安全和信息化领导小组办公室秘书局和教育部办公厅联合发布《一流网络安全学院建设示范项目管理办法》，计划用 10 年建 4—6 所国际知名网络安全学院。

18 日，全国青少年科技创新大赛首次设立信息安全创新领域的专项奖。

18 日，蓝盾股份联手五家安全企业打造国家信息安全保密联盟。

25 日，国家互联网信息办公室公布《互联网跟帖评论服务管理规定》。

25 日，在第六届全球 IP 高端论坛 SREXPERTS 上，绿盟科技携手上海诺基亚贝尔推出了更高性能的云安全解决方案。

28 日，淘宝、支付宝服务协议更新，连续一段时间未登录将销号。

30 日，印度政府向 21 家智能手机制造商发出通知，要求将云存储迁移至印境内。涉及的智能手机制造商包括小米、OPPO、VIVO、金立等中国制造商。

31 日，赛迪区块链研究院项目落户青岛崂山。

9 月

1 日，工业和信息化部公布了修订后的《互联网域名管理办法》，自 2017 年 11 月 1 日起施行，原信息产业部 2004 年 11 月 5 日公布的《中国互联网络域名管理办法》同时废止。

1 日，国家安全标准委对安全手机标准正式立项：包括防护能力、安全等级、APP 权限限定等。

2 日，中国联通网络技术研究院与 360 企业安全集团联合成立了“联通 360 企业信息安全联合实验室”。

4 日，赛尔网络与绿盟科技在北京举行战略合作签约仪式。

5 日，国家量子保密通信“京沪干线”通过技术验收。

7 日，国家互联网信息办公室印发《互联网群组信息服务管理规定》，2017 年 10 月 8 日起正式施行。

7 日，国家互联网信息办公室印发《互联网用户公众账号信息服务管理规定》，2017 年 10 月 8 日起正式施行。

7 日，中国电子与电广传媒宣布，在网络安全等领域开展全方位合作。

10 日，补天漏洞响应平台发布《2017 年上半年补天平台漏洞收录分析报告》。

11 日，中德两国首次启动网络安全认证认可合作，会议着眼于促进两国在《中国制造 2025》和《德国工业 4.0》方面的战略合作。

12 日，360 企业安全集团发布协同联动的安全产品和方案。

12 日，中国信息安全测评中心与 360 企业安全集团合作。

12 日，启明星辰与联想云达成战略合作，共建企业云服务新生态。

13 日，华为与软通动力联合发布智慧安全管理解决方案。

13 日，我国首个商用量子通信专网完成验收正式投入使用。

13 日，神华集团与 360 企业安全集团共同成立了大数据协同安全技术国家工程实验室清洁能源大数据安全技术研究中心。

14 日，工业和信息化部关于印发《公共互联网网络安全威胁监测与处置办法》的通知。

14 日，美国总统唐纳德·特朗普发布命令，阻止了中国私募基金 CANYON BRIDGE CAPITAL PARTNERS 对美国芯片制造商莱迪思（LATTICE SEMICONDUCTORS）的收购。

15 日，北京炼石网络技术有限公司宣布完成 3000 万元的 PRE – A 轮融资。

15 日，浙江省公安厅组织开展 2017 年网络安全攻防应急演练。

16 日，中央宣传部、中央网信办、教育部、工业和信息化部、公安部、中国人民银行、新闻出版广电总局、全国总工会、共青团中央等九部委共同举办的 2017 年国家网络安全宣传周在全国范围内顺利举行。

17 日，2017 年网络安全博览会暨网络安全成就展在上海举办。

18 日，安天网络空间安全学院在哈尔滨安天总部正式成立并举行揭牌仪式。

18 日，威马汽车宣布与 360 集团在汽车智能网联安全方面达成合作。

18 日，中央网信办、教育部公布首批一流网络安全学院建设示范高校名单。

21 日，新华三顺利通过软件能力成熟度模型 CMMI 5 级认证。

22 日，华为与 COMMVAULT 宣布在混合云场景的数据保护方面加深合作。

23 日，黑客入侵各省教育系统非法获取贩卖信息。

24 日，个人信息保护倡议书签署仪式在北京举行。

25 日，工业和信息化部公开征求对《国家车联网产业标准体系建设指南（总体要求）（征求意见稿）》《国家车联网产业标准体系建设指南（信息通信）（征求意见稿）》《国家车联网产业标准体系建设指南（电子产品和服务）（征求意见稿）》三部分的意见。

25 日，工业和信息化部正式印发《工业电子商务发展三年行动计划》。

26 日，启明星辰携手指掌易共建移动办公安全态势感知。

26 日，腾讯、新浪微博、百度贴吧因违反《网络安全法》遭重罚。

27 日，国科量子通信网络有限公司发布全球首款 Q－NETBOX 量子安全移动专网应用设备。

27 日，亚信安全与 AI 及医疗大数据平台零氪科技达成战略合作。

27 日，百度公司宣布辟谣平台上线，同时来自全国各地的 372 家网警执法巡查账号正式入驻该平台。

29 日，世界首条量子保密通信干线——“京沪干线”正式开通。

30 日，全球首款 Q－NETBOX 量子安全移动专网应用设备正式发布。

10 月

3 日，中科曙光与国科量子通信网络有限公司联合研发出我国基于量子通信的云安全一体机 QC SERVER。

4 日，中国国务委员、公安部部长郭声琨和美国司法部部长杰夫·塞申斯、国土安全部代理部长伊莲·杜克共同主持了首轮中美执法及网络安全对话。

17 日，阿里巴巴集团安全部宣布阿里将基于数据安全能力成熟度模型推出“数据安全合作伙伴计划”阿里首推“数据安全合作伙伴计划”。

20日，新华三与东安检测缔结五大安全领域战略合作。

30日，国家互联网信息办公室公布《互联网新闻信息服务新技术新应用安全评估管理规定》，自2017年12月1日起施行。

30日，国家互联网信息办公室发布《互联网新闻信息服务单位内容管理从业人员管理办法》，自2017年12月1日起施行。

30日，俄罗斯副总理罗戈津表示，中俄将探讨建造防范网络攻击电信设备。

30日，国务院总理李克强主持召开国务院常务会议，通过《深化“互联网+先进制造业”发展工业互联网的指导意见》。

31日，龙芯7A1000桥片完成样片功能测试，完成相关系统基础开发工作。

11月

1日，由中国行业领袖联合政、产、学、研、用、训、商、资等单位共同发起成立“中国云安全联盟”。

1日，我国研制出首款搭载寒武纪AI芯片的人工智能服务器。

2日，PWN2OWN黑客大会第二天，360安全战队分别利用Wi-Fi漏洞和SAFARI漏洞实现了对IPHONE 7的控制。

3日，中俄信息高速公路正式建成。

3日，中国关键信息基础设施技术创新联盟成立大会预备会在北京召开。

4日，全国人大常委会表决通过了《反不正当竞争法》修订草案。

6日，大陆集团收购网络安全公司ARGUS。

7日，第十九届中国国际工业博览会上，威努特发布工业互联网雷达平台、工控系统行业漏洞库平台两款产品。

7日，公安部专门研究出台意见，部署进一步加强打击金融犯罪工作。

8日，中国区块链生态联盟在青岛成立。

17日，区块链密码创新联盟在深圳市坪山区成立。

18日，2017年全国大学生网络安全邀请赛暨第三届上海市大学生网络安全大赛在东华大学举行。

18日，重庆九龙坡区教委官网不慎泄露上千教师个人信息。

20日，安天携手广州大学共建网络空间高级威胁对抗联合实验室。

20日，多地高校国家奖学金名单公示泄露获奖者隐私，包括身份证号。

21日，国家电投与360企业安全集团联合共建的大数据协同安全技术国家工程实验室智慧能源大数据安全研究中心在北京揭牌成立。

22日，“云上贵州”成全国首个国密算法应用试点项目。

23日，工业和信息化部发布《公共互联网网络安全突发事件应急预案》，自印发之日起实施，2009年9月29日印发的《公共互联网网络安全应急预案》同时废止。

26日，中共中央办公厅、国务院办公厅公布《推进互联网协议第六版（IPV6）规模部署行动计划》。

27日，国务院印发《关于深化“互联网+先进制造业”发展工业互联网的指导意见》。

27日，工业和信息化部发布《关于规范互联网信息服务使用域名的通知》。

28日，中科院上海量子光学重点实验室研发量子间谍卫星，可追踪隐形轰炸机。

29日，中国电信北京研究院携手绿盟科技、安华金和、启明星辰、安恒信息共同发起了安全服务创新联盟。

29日，中国电信北京研究院发布安全帮云WAF。

12月

1日，互联网金融风险专项整治工作领导小组办公室、网络借贷风险专项整治联合工作办公室发布《关于规范整顿“现金贷”业务的通知》。

3日，14项世界最顶尖互联网科技成果发布，中国占8项。

4日，由中国信息通信研究院、华为技术有限公司、三六零科技股份有限公司、安天移动安全公司、北京大学等单位共同发起成立移动安全联盟。

5日，教育部、人社部、财政部三部委办公厅下发《关于在就业补助资金使用信息公开中进一步加强个人信息保护的通知》。

6日，在2017年世界互联网大会的产品发布会上，安恒信息首次发布了7款完全自主可控、自主知识产权的产品。

7日，龙芯中科与紫光股份签署了战略合作协议。

8日，北京知道创宇信息技术有限公司与启明星辰信息技术集团股份有限公司达成重要战略合作，布局未来智慧城市安全。

8日，新华三发布最新安全态势感知系统。

9日，中兴通讯发布UDATASAFE大数据安全技术。

13日，总部位于香港的全球最大比特币交易所BITFINEX遭DDOS攻击。

14日，工业和信息化部印发《促进新一代人工智能产业发展三年行动计划（2018—2020年）》。

14日，吉林12部门联合整治网络市场违法行为，责令整改网站187家。

14日，阿里云成为全球唯一完成德国C5云安全基础附加标准审计的云服务商。

15日，思科设立"中国武汉CYBER RANGE电子攻防实验室"。

15日，360联合多所高校宣布成立360网络安全大学。

19日，芜湖市与360企业安全集团签署战略合作协议。

19日，我国自主研制的北斗安全信息播发系统完成升级改造。

20日，启明星辰信息技术集团股份有限公司SOC平台入围GARTNER SIEM魔力象限。

20日，360企业安全集团与国网辽宁电科院正式签署战略合作协议。

24日，全国人大常委会副委员长王胜俊表示，加快信息安全、网络安全等方面立法进程。

24日，工业和信息化部、北京市签署合作协议，决定共同打造国家网络安全产业园区。

26日，北京优炫软件股份有限公司与绵阳师范学院就共建绵阳师范学院网络空间安全学院达成共识。

27日，第一届国际云安全大会期间举行了全球首批CSA STAR TECH评估证书颁发仪式。

28日，龙芯3A3000/3B3000在多个国产化项目中实现批量部署和应用。

28日，兆芯新一代开先KX－5000系列处理器正式发布。

29日，安全服务提供商西安四叶草信息技术有限公司获得6700万元的A轮融资。

29日，四川省绵阳市人民政府与360企业安全集团正式签署战略合作协议，将建国家级大数据安全实验室。

29 日，工业和信息化部公布《工业控制系统信息安全行动计划（2018—2020 年）》。

29 日，工业和信息化部和国家标准化管理委员会正式对外发布《国家车联网产业标准体系建设指南（智能网联汽车）》。

后 记

赛迪智库网络空间研究所在对政策环境、基础工作、技术产业等长期研究积累的基础上，经过深入研究、广泛调研、详细论证，历时半载完成了《2017—2018 年中国网络安全发展蓝皮书》。

本书由黄子河担任主编，刘权担任副主编，魏书音负责统稿。全书共计 30 余万字，主要分为综合篇、专题篇、政策法规篇、产业篇、企业篇、热点篇和展望篇 7 个部分，各篇撰写人员如下：综合篇（王龙康、孙舒扬）；专题篇（刘金芳、张猛、韦安垒、刘玉琢、王超、王闯）；政策法规篇（张莉、魏书音、李东格）；产业篇（王龙康、王闯、张猛）；企业篇（刘玉琢、李东格、王超）；热点篇（孙舒扬）；展望篇（闫晓丽）。在研究和编写过程中得到了相关部门领导及行业专家的大力支持和耐心指导，在此一并表示诚挚的感谢。

由于能力和水平所限，我们的研究内容和观点可能还存在有待商榷之处，敬请广大读者和专家批评指正。